U0170798

水资源数量动态评价与预测

曾焱　赵和松　蔡思宇　何海　鲁程鹏　著

中国三峡出版传媒

中国三峡出版社

图书在版编目（CIP）数据

水资源数量动态评价与预测／曾焱等著．—北京：中国三峡出版社，2023.12

ISBN 978－7－5206－0202－0

Ⅰ.①水… Ⅱ.①曾… Ⅲ.①水资源-资源评价-研究-中国 Ⅳ.①TV211.1

中国版本图书馆 CIP 数据核字（2021）第 150350 号

责任编辑：彭新岸

中国三峡出版社出版发行

（北京市通州区粮市街 2 号院　101100）

电话：（010）59401514　59401531

http://media.ctg.com.cn

北京世纪恒宇印刷有限公司印刷　新华书店经销

2023 年 12 月第 1 版　2023 年 12 月第 1 次印刷

开本：787 毫米×1092 毫米　1/16　印张：15.25

字数：390 千字

ISBN 978－7－5206－0202－0　定价：75.00 元

前　言

水资源动态评价是水资源精细化管理与科学化调度的基础性工作，是保障我国粮食安全、经济安全、生态安全和能源安全重要的技术支撑。实现水资源动态评价，需要在传统的以年为时间尺度进行水资源评价的基础上，将水资源评价各要素进一步细化为以旬或月为时间尺度开展评价，进而更科学地指导水资源开发利用和空间均衡调配。为了实现将年尺度水资源评价精细化为月尺度的动态评价，在"十三五"国家重点研发计划课题"水资源数量动态评价与预测"项目（2018YFC0407701）的支持下，重点针对旬月尺度降水评价与预测、月尺度地表水资源量评价与预测、地下水资源量评价与预测关键技术及应用开展联合攻关，形成水资源数量动态评价与预测的技术体系。

全书共6章：第1章介绍水资源评价概况、研究现状及研究意义；第2章阐述水资源数量动态评价与预测的基础理论；第3章研究月尺度降水动态评价与预测方法及应用；第4章研究地表水资源量动态评价与预测方法及应用；第5章讨论地下水资源量动态评价与预测；第6章构建水资源数量动态评价模块。各章节内容之间既自成体系，又紧密联系。其中，第2章为水资源数量动态评价与预测提供基础理论支撑；第3章"降水动态评价与预测"为第4章"地表水资源量动态评价与预测"提供降水输入；第4章"地表水资源量动态评价与预测"与第5章"地下水资源量动态评价与预测"相互印证与支撑；第6章集成降水、地表水、地下水动态评价与预测技术，形成水资源数量动态评价技术平台。各章节内容既突出我们致力于解决水资源数量动态评价与预测关键问题的学术思想，又便于广大读者更好地了解水资源数量动态评价与预测的技术环节。

本书主要研究成果是在国家重点研发计划课题（2018YFC0407701）和中央高校基本科研业务费项目（B200204045）共同资助下完成的，水利部信息中心胡健伟、成建国、孙龙，河海大学水文水资源学院李源、李天毅、卢佳赟，以及中国水利水电科学研究院吴梦琪、苑瑞芳参与课题和项目的部分研究工作，在此一并致以衷心的感谢。

限于作者水平和编写时间仓促，书中不足之处在所难免，敬请广大读者不吝批评赐教。

作　者

2023 年 7 月于北京

目　录

第 1 章　绪　论

1.1　我国水资源评价概况

我国水资源时空分布不均，与人口、生产力以及土地等布局不相匹配，需要通过水资源时空的合理调配及水资源管理制度的严格实施才能满足经济社会发展和生态环境改善需求，而水资源合理调配及严格管理的重要基础是科学动态的水资源评价。因此，开展水资源动态评价是水资源精细化管理与科学化调度，保障我国粮食安全、供水安全、经济安全、生态安全和能源安全的基础性研究工作，是实现水资源可持续利用的重要技术支撑。

传统的水资源评价是指按流域或行政区对水资源数量、质量、时空分布特征和开发利用条件、现状、供需发展趋势等方面进行的分析评估，一般是在年时间尺度上进行。随着水资源开发利用程度的加强和保护需求的提高，水资源供需矛盾日益突出，迫切需要对水资源实行更加精细化的管理，而年尺度的水资源评价在时效性和精细化程度上均难以支撑需求日益迫切的水资源精细化管理要求。

20 世纪 80 年代，我国开展了第一次全国水资源评价工作，形成了《中国水资源评价》等成果，初步摸清了我国水资源家底，提出了较为系统的水资源评价理论方法。1999 年，水利部颁布 SL/T 238—1999《水资源评价导则》，对水资源评价的内容及技术方法做了明确的规定。20 世纪 90 年代中期，水利部和一些省的水利部门开始逐年编印《水资源公报》，按年度发布水资源评价成果。2001 年，国家发展改革委和水利部联合开展了"全国水资源综合规划"工作，对我国水资源评价的技术和方法做了进一步的修改和完善。2016 年，开展"第三次全国水资源调查评价"工作，继承并进一步丰富评价内容，改进评价方法，全面摸清 60 余年来我国水资源状况变化。

1.2　水资源评价的国内外研究现状

1.2.1　水资源评价研究进展

在国内外有关文献中水资源的含义有多种提法，但至今并没有形成公认的统一定义。在联合国教科文组织（UNESCO）及世界气象组织（WMO）共同指定的《水资源评价活动——国家评价手册》中，水资源的定义为"可以利用或者有可能被利用的水源，具有足够的数量和可用的质量，并能在某一地点为满足某种用途而被利用"。《中国大百科全书 大气科学 海洋科学 水文科学》定义的水资源是指地球表层可供人类利用的水，包括水量（水质）、水域和水能资源，一般指每年可更新的水量资源（李广贺等，1998）。

水资源评价作为保证水资源可持续开发利用和管理的前提，是进行与水有关活动的基础。1988 年，联合国教科文组织和世界气象组织共同提出，水资源评价的定义为"水资源评价是指对于水资源的源头、数量范围及其可依赖程度、水的质量等方面的确定，并在其基础上评估水资源利用和控制的可能性"（WCED，1989）。

1977 年，联合国在阿根廷马尔德普拉塔召开的世界水会议的第一项决议中明确指出，没有对水资源的综合评价，就谈不上对水资源的合理规划和管理，号召各国要进行专门的国家水平的水资源评价活动。

由于水资源评价的概念具有一定的差异性，各国的水资源评价内容也不尽相同。水资源评价早期，仅局限于系统地整理水文观测资料。

1840 年，美国对俄亥俄州密西西比河的水量进行了统计。20 世纪初，美国编写了《纽约州水资源》《联邦东部地下水》《科罗拉州水资源》等专著。1965 年美国国会通过了水资源规划法案，成立专门的水资源理事会，在美国全境内进行了第一次国家级水资源评价工作，对美国水资源的现状和未来进行了分析研究，提出了 2020 年国内需水展望，1968 年完成报告。1978 年，美国进行了第二次水资源评价工作，分析可供水量和用水需求是此次评价的重点。

1930 年，苏联开始着手编制《国家水资源编目》，主要对其境内天然条件下地表水的数量和化学成分的观测资料进行整理。1960 年以后，又开始进行了第二次《苏联国家水册》的修订，建立了国家水册的统一自动化信息系统，大大提高了水文为生产建设服务的效率。

从 20 世纪 60 年代开始，日本每隔 10 年就进行一次国土规划，其中需水预测则是其进行国土规划的重要依据之一。英国、荷兰、法国、加拿大等国家也相继开展了需水预测的工作，并将预测成果作为制定相关政策或宏观管理的重要手段（冯尚友等，1998）。

联合国世界环境与发展委员会分别在 1987 年和 1992 年出版了《我们共同的未来》和《21 世纪议程》，水资源的中心问题开始围绕着面向未来的可持续发展展开，推动了需水预测研究向更深层次进行。自此，世界其他各国也陆续开展了中长期供需水的预测工作，并开始进行了对水资源需水管理的研究（《中国 21 世纪议程——中国 21 世纪人口、环境与发展白皮书》，1994）。

19 世纪 50 年代之前为地下水评价的早期阶段，仅局限于粗略地定性描述地下水的数量、质量，只有水量多少、淡水和咸水等概念。19 世纪 50 年代至 20 世纪 30 年代是地下水评价的中期阶段。法国水力学家 Darcy H. 于 1856 年通过长期实验得出了水在多孔介质中的渗透定律，即 Darcy（达西）定律，这开启了对地下水运动的定量认识，成为现代地下水运动理论的基础。Dupuit J. 于 1863 年运用达西定律推导了地下水向水井的流动公式，对一维稳定流动及向水井的二维稳定运动进行了研究。Theis C. V. 于 1935 年提出地下水向承压水井的非稳定流公式，开创了现代地下水运动理论的新纪元，此研究使地下水文学的理论基础初步建立。Jacob 于 1940 年利用热传导理论建立了关于地下水渗流运动的基本偏微分方程。Walton 和 Neill 于 1961 年在地下水计算中引入了计算机技术，利用计算机分析、模拟地下水的渗流问题。Tysan H. N. 和 weber E. M. 于 1964 年应用数学模拟技术模拟二维流地下水盆地。托司和弗里茨于 20 世纪 60 年代中期对区域地下水系统的数值解和理论解进行了研究。水文地质学最开始研究的是含水层接近水井的地段，后来扩展到整个含水层，之后的研究中包括了非饱和带与相对隔水层在内的整体，再后来又发展到地下水流动系统，最后发展到把地表水和地下水联系在一起的水文系统（齐学斌，1999）。

从 20 世纪 70 年代开始，开始了区域和流域水资源的联合评价。美国的 Smith 和 Woolhiser 于 1971 年将山坡地下水流模型和坡面漫流模型进行联合评价，提出了山坡水文联合模型（Smith R. E.，1971）。Pinder、Saver 和 Freeze 于 1971 年以地下水动力学为模型基础，联合评价了含水层系统与河流系统，提出以地下水动力学模型为主的联合模型（Pinder G. F.，1971）。

从以上研究成果来看，水资源评价的内容主要包括地表水资源管理平衡评价、地下水资源管理平衡评价、综合水资源管理平衡评价、非点源污染和水资源管理平衡评价、现状和未来水需求评价、水资源评价的地理信息系统和水资源评价中的经济与环境等 7 个方面的内容。

我国在 20 世纪 50 年代对有关大河全流域的河川径流量进行过系统的统计。1963 年出版的《全国水文图集》中，对全国水文资料及统计图表做了比较全面系统的整编，此次整编是我国第一次全国性水资源基础评价的基本雏形，主要评价了水文要素的天然基本情势，并没有涉及水资源利用及其污染问题（叶瑾昭等，1993）。1980 年，我国开始了第一次真正意义上的水资源评价工作，主要分析了水文要素的时空变化，评价了地表水、地下水、水资源总量和水质，于 1987 年完成了《中国水资源评价报告》，其评价成果为全国各地区的水资源评价、水利规划、水利化区划以及农业区划等提供了重要的科学依据，我国水资源开发利用逐渐步入合理发展的道路（丁春梅等，2005；Zhang H. 2005；陈家琦等，2002；UNESCO and WMO，1988；沈振荣等，1992）。水资源科学试验的不断深入研究，逐步揭示了降水、地表水和地下水之间相互转化、相互制约的关系。自 20 世纪 80 年代开始，水资源的评价开始按照降水、地表水和地下水相互转化的系统观点来估算水资源量（石玉波等，1990）。中国水利水电科学研究院分析了华北地区地下水与地表水的相互转化关系，并对其进行了研究，建立了山丘区和平原区"四水"转化模型（贺伟程，1983）。河海大学的赵人俊、郝振纯等以新安江模型和地下水动力学模型为基础，建立了岩溶区的地面、地下水联合评价的模型，对地表水和地下水进行了联合评价，并在模型中对潜水蒸发系数进行了相互验证，由于在计算区域内只选用了一个平均参数值，模型的计算精度受到一定程度的影响。郭洪宇于 2001 年运用模拟技术，建立了以数值模拟为基础的平原区浅层地下水模拟模型和平原区"四水"转化模型，有机结合了水文学中的概念性水文模型和水文地质学中的地下水数值模拟模型，建立了平原区二元耦合的地下水与地表水统一评价模型，对统一评价模型的耦合形式及耦合计算过程进行了详细的论述，丰富了区域水资源的评价方法。

在我国，依据《全国水资源综合规划技术细则》规定的方法，水资源评价从地表水资源、地下水资源和地表地下水资源总量三方面展开，主要强调水量的评价方法，以水资源调查为基础，针对特定区域内的降水、蒸发、径流等要素的变化规律及相互转化关系，研究地表水和地下水资源的数量、质量，同时研究其时空分布特点，从而对需水量和可供水量进行计算和水资源供需分析，最终确定水资源可持续利用最优方案，为区域经济及社会发展提供服务（郭志辉等，2011）。

地表水资源评价中，常用天然河川径流量表示地表水资源量，将水文站的实测径流系列进行"还原"，将人类活动所引起的耗水变化剔除，求得没有人类活动扰动情况下的天然水资源量。通过实测径流还原计算和天然径流系列一致性审查与修正的方法，消除人类活动及下垫面变化对产汇流的影响，可以概括为"实测—还原—修正"的方法（梁犁丽等，2014）。

地下水资源评价主要针对浅层地下水，首先在各个水文地质单元展开，然后归并到各个水资源分区及行政分区。此外，地下水资源评价还可以分为平原区地下水资源评价和山丘区地下水资源评价，平原区采用补给量法，山丘区采用排泄量法（刘长生等，2017）。平原区地下水资源评价方法——补给量法：平原区的补给量之和即为地下水资源量，包括三个部分，一是降水入渗补给量，二是地表水入渗补给量，三是山前侧向入渗补给量，其中地表水体补给量包括河道渗漏补给量、渠系渗漏补给量、库塘渗漏补给量以及地表水为回灌水源的人工回灌补给量等。山丘区地下水资源评价方法——排泄量法：山丘区排泄量总和即为山丘区地下水资源量，包括河川基流量、山前侧向流出量、山前泉水溢出量、浅层地下水实际开采量和潜水蒸发量。

根据《全国水资源综合规划技术细则》的规定，水资源总量为地表水资源量与地下水资源量之和，再扣除二者的重复计算量。

1.2.2 水文模型研究进展

美国的流域水文模型研究起步较早，斯坦福模型（Standford Watershed Model，SWM）是最早也是最有名的流域水文模型，Crawford 和 Linsley 从 1959 年开始研制，到 1966 年完成第Ⅳ号模型（Linsley，1960；Crawford，1966；Donigian）。该模型的特点是物理概念明确，模型结构环环紧扣，层次鲜明，对小流域采用集总模型方式，对大流域采用分块模型方式，模型将降水和蒸发能力作为输入，同时也引入温度、辐射来模拟流域上的融雪径流，是最早的融雪径流模型。但是 SWM 模型参数众多，计算复杂，实际应用比较困难，因此美国国家气象局 Burnash 等在 SWM 模型的基础上研制了 Sacramento 模型，该模型因为最早应用于美国加利福尼亚州 Sacramento 河而得名（Burnash，1995）。Sacrament 模型与 SWM 模型的区别在于 Sacramento 模型上层以渗漏代替入渗，是把水汽输入分成张力水和自由水，而降雨入渗的水先满足张力水，然后再产生自由水，Sacramento 模型功能比较完善，适用于大、中流域；1973 年研制成功日流量模拟程序；1975 年又进一步提出了 6h 时段模拟程序（Todini，1973；Todini，1975）。API（Antecedent Precipitation Index）模型早在 20 世纪 40 年代就提出了以季节、历时、API 为参数的五变量暴雨径流相关图，配合时段单位线技术，成为一种有效的暴雨洪水模型。1969 年美国国家气象局的 Sittner 等在原 API 模型的基础上研制了连续演算模型，把径流分为直接径流和地下径流分别进行模拟，两部分流量过程叠加即得到流域出口断面的流量过程，该模型一直沿用至今（Sittner，1969）。SCS（Soil Conservation Service，1956）模型是美国农业部水土保持局在 20 世纪 50 年代初研制的小流域设计洪水模型，目前已经在美国以及其他一些国家得到了广泛的应用，并不断改进和完善。SCS 模型能得到广泛应用就在于它考虑了流域下垫面的特点，如土壤、坡度、植被、土地利用等，同时可以应用到无资料流域，考虑人类活动对径流的影响，且模型结构简单，便于应用。HEC（1998）则是美国水文工程中心（Hydrologic Engineering Center）对水文计算和水资源系统分析的一系列模型。

菅原正巳在 20 世纪 50 年代提出了水箱模型，又叫 Tank 模型。Tank 模型是一种概念性径流模型，它把由降雨转化为径流的复杂过程简化为流域的蓄水与出流的关系进行模拟。Tank 模型是一种间接的模拟，模型中并无直接的物理量，但模型的弹性比较好，对大、中、小流域和各种地形条件都适用，可以通过设置水箱调整模型的适应性（关志成，2001；胡兴林，2001）。

TOPMODEL（TOPography based hydrological MODEL）是一种以数学方式表示水文循环过程的基于物理机制的半分布式流域水文模型（Brasington，1998；Beven，1995）。其主要特征是数字地形模型的广泛适用性以及水文模型与地理信息系统的结合应用。该模型结构明晰，参数较少且具有明确的物理意义，充分利用了容易获得的地形资料，而且与观测水文物理过程有密切的联系，不但适合于坡地集水区，还能用于无资料流域的产汇流估算。整个水文过程主要用水量平衡和 Darcy 定律来描述，它采用变源面积理论（Variable Source Area Concept，VSAC），即地表径流仅仅产生于流域面积的一小部分，地表径流的产生主要是由于降雨使土壤达到饱和，而饱和区域的面积是受流域地形、土壤水力特性和流域前期含水量控制的。在 TOPMODEL 中，将流域内具有相同地形指数值的区域称为水文相似区，并根据地貌指数的值将流域划分为一系列计算单元。该模型计算过程比较简单，但是对于不同的流域需要进行参数优选，灵活性较差。模型在集总式和分布式流域水文模型之间起到了承上启下的作用，演化出很多相关的模型，如 TOPKAPI 等，并在许多流域得到检验和应用（Ciarapica 和 Todini，2002）。

SHE（System Hydrologic Europea）模型是一个典型的分布式物理模型，该模型主要的水文物理过程均用质量、能量或动量守恒的偏微分方程的差分形式来描述，也采用了一些由独立实验得来的经验关系（Abbott，1986；Bathursta，1996）。SHE 模型考虑了蒸散发、植物截流、坡面和河网汇流、土壤非饱和与饱和状态流、融雪径流、地表和地下水交换等水文过程；SHE 模型参数均有其物理意义，可以通过观测或资料分析得到；流域特性，降水和流域响应的空间分布信息在垂直方向用层来表示，水平方向则采用正交的长方形网格来表示，在 SHE 模型的基础上演化出多种分布式水文物理模型，并在许多流域得到检验和应用。

为了反映流域土壤水空间分布的不均匀性所引起的产流不均匀性问题，新安江模型蓄水容量曲线的思想在国外得到了广泛应用，如由新安江模型而来的 ARNO 模型（Wigmosta，1994）。基于同样的考虑，Wood（1992）提出了一层土壤变化入渗能力（Variable Infiltration Capacity，VIC）模型，该模型吸收了新安江模型蓄水容量曲线的思想，考虑了网格系统内由于地形、土壤及植被的变化产生的下渗能力的变化，对网格的下渗能力采用一个抛物线型函数描述。在以后的研究中，VIC 模型的产流思想不断地被其他陆面参数化方案引用，以改善以往对产流方案的处理，Liang 等（1994；1996；2003）相继提出了 VIC-2L、VIC-3L 以及具有 Horton 和 Dunne 机制的地表径流参数化方法。

除此以外，还有 HBV（Hydrological Simulation）模型（Lindsrom，1997）、CLS（Constrained Linear Simulation）模型、SSARR（Streamflow Synthesis and Reservoir Regulation）模型（Rockwood，1968）以及一些分布式、半分布式流域水文模型都得到了广泛应用。随着科学技术的发展，流域水文模型也在不断地改进和完善。据不完全统计，全球目前至少有上百种流域水文模型。由于流域水文过程的复杂性，不同的气候区，不同的时间和空间尺度，都有不同的模型，在各个国家甚至不同的流域又有不同的水文模型。这些模型不仅模拟流域水文过程，而且也在其他一些领域诸如环境和生态管理中得到应用。在美国，HEC-HMS 和 NWS（National Weather Service）模型（Burnash，1973）是常用的洪水预报模型，SWM 模型现已发展为 HSPF（Hydrologic Simulation Package-Fortran Ⅳ）模型，其水质扩张模型是美国环境保护局的流域水文模型；在加拿大，径流预报常用的模型是 WATFLOOD（Water Flood System）模型（Kouwen，1986；1990）；TOPMODEL 模型和 SHE 模型是欧洲各国常用的水文分析模型；HBV 模型是斯堪的纳维亚地区的径流预报模型；ARNO 模型以及 TOPKAPI 模型在意大利被广泛应用；TANK 模型是日本应用最多的模型。

我国从 20 世纪 70 年代开始，一方面研制适合于我国水文条件的流域水文模型，另一方面也积极引进和研究国外的流域水文模型。新安江模型是我国最具代表性的水文模型之一。赵人俊（1973）等在对新安江水库做预报的工作中，将多年的预报经验归纳成一个完整的可用于湿润地区的降雨径流模型——新安江模型。最初的模型分为两水源——地表径流和地下径流；80 年代初期，赵人俊将 Sacramento 模型和 Tank 模型中用线性水库函数划分水源的概念引入新安江模型，相继提出了三水源新安江模型——地面径流、壤中流、地下径流和四水源新安江模型——地面径流、壤中流、快速地下径流和慢速地下径流。当流域面积较小时，新安江模型采用集总模式；当流域面积较大时，则采用分块计算。新安江模型自提出以来，在湿润、半湿润地区得到了广泛的应用。在 1964—1966 年对陕北黄土高原子洲试验站进行研究时，赵人俊等又提出了适用于干旱、半干旱地区的陕北模型，但由于超渗产流的复杂性，模拟结果不理想，模型的应用有一定的局限性。

在以后的研究中，除了对现行模型的改进完善外，也涌现出数十种自行研制的模型：姜湾径流模型，双超产流模型以及河北雨洪模型（刘为，2010），蓄满—超渗兼容模型，垂向混合模型等。这些模型都是在新安江模型的基础上发展起来的，在生产实践中发挥了应有的作用。同时在引入国外各种流域水文模型的应用过程中，不断吸收和借鉴模型中的一些长处，对模型进行了改进，如 API 模型、Tank 模型、Sacramento 模型、NAM 模型、CLS 模型等在生产实践中通过一定的改进后也取得了较好的应用效果。另外，通过模型应用的不断总结，模型的优化与一些模型参数在地区上的分布也积累了大量的经验。20 世纪 90 年代末期，在分布式流域水文模型的研究中也取得了一些进展，代表性的模型有：李兰等（2000）提出了一个分布式水文物理模型，该模型由各小流域产流、汇流、流域单宽入流和上游入流反演、河道洪水演进四大部分组成。模型可计算出参数、水文物理变量等随时间和空间的分布变化及动态过程，不仅可以用来分析流域内降水径流的演变规律，而且还可以进行实时洪水预报。任立良和刘新仁（1999；2000）在数字高程模型（DEM）的基础上进行子流域集水单元划分、河网生成、河网与子流域编码及河网结构拓扑关系的建立，然后在每一集水单元上建立数字产流模型；再根据河网拓扑结构，建立数字河网汇流模型（分河段马斯京根法），从而形成数字水文模型。郭生练等（2001）提出和建立了一个基于 DEM 的分布式流域水文物理模型，该模型应用数学物理方程详细描述了植物截流、蒸散发、融雪、下渗、地表径流和洪水演进等水文物理过程，被用来模拟一个小流域的降雨径流时空变化过程（空间分辨率 30m×30m，时间分辨率 1h），得到了比较满意的模拟结果。

近年来流域水文模型发展较快，同过去单一的降雨径流模型相比，现代的模型需要考虑水文循环与气候环境变化、生态系统和人类活动影响等综合因素。流域模拟所面临的这些挑战，反映出模型需要直接应用水文、地理、气象、环境等多学科的知识。随着计算机技术和一些交叉学科的发展，流域水文模型的研究方法也开始产生根本性的变化。流域水文模型研究的突出趋势主要反映在计算机技术、空间技术、遥感技术等的应用以及分布式流域水文物理模型的广泛提出。遥感（RS）、地理信息系统（GIS）在水文模拟中的应用给传统的研究方法带来了新的机遇。

1.2.3 多源降水融合及月尺度降水预测研究进展

1. 降水资料融合研究进展

20 世纪 70 年代，国际上开始出现"数据融合"的概念，数据融合是将多种来源的数据信息加以分析和综合，以获得对研究目标更全面准确的解释或描述，从而协助实现相应的评估或决策。因其具有拓展数据覆盖范围、增强数据可信度、提高数据分辨率等优点，数据融合自出现以来被广泛应用于军事、医疗、气象等领域。各种各样的融合方法也随之出现，有Bayes 推理法、表决法、D-S 推理法、神经网络法、客观分析法等（曲晓慧等，2003）。

1995 年，Huffman 等基于误差方差反比加权法提出了 SGM（Satellite-Gauge-Model）模型对卫星反演降水和雨量计观测降水进行分析融合。在此基础上 Huffman 等于 1997 年开发了GPCP 数据集，采用最优权重法对辐射计估计降水和散射计估计降水进行融合，该数据集是国际上最早出现的降水融合产品。此后，相关研究机构陆续开发了许多类似的融合产品（Huffman G J 等，1995、1997）。

2000 年，Bellerby 等基于人工神经网络法，对 TRMM PR 雷达资料和 GEO 多光谱卫星影像进行融合分析，获得较高时空精度的降水数据。2006 年，Sheffield 等通过异常雨日校正和月偏差校正，将全球实测降水数据与美国环境预测中心（NCEP）的再分析数据相结合，构建了一套全球范围历时 50 年，时间分辨率为 3h，空间分辨率为 1.0° 的高分辨率驱动数据。2009 年，Mitra 等以 TRMM 多卫星降水（TMPA）作为区域降水的初估值，利用印度气象部门发布的实测降水（IMD）对多卫星降水的偏差进行分析和校正，构建了基于测站与卫星融合的降水数据集（NMSG）。2009 年，Vila 等比较了加法校正、乘法校正及二者相结合的方法在测站与卫星降水融合研究中应用效果的差异。2010 年，Rozante 等基于改进的客观分析法融合 TRMM 卫星和地面测站降水，并检验了该方法在美国南部地区的应用效果，发现在站网密度较高的地区融合降水精度与单纯站点插值降水相差不大，但是在站点稀疏地区融合对降水精度提高效果明显。

降水融合方法多种多样，最优插值法（OI）是目前应用较为广泛的一种方法，最早由Eliassem 和 Gandin 应用于气象数据同化领域，其优势在于既考虑了各种观测误差的自相关关系，又考虑了不同观测之间误差的相互影响，特别适合对降水这种时空变率大的单要素进行分析。2011 年，Xie 等基于最优插值法构建了卫星反演降水和地面测站降水融合的概念性模型。2012 年，潘旸等、宇婧婧等采用该方法，以 CMORPH 卫星反演降水为背景场，以基于3 万个自动气象站观测的逐时降水量分析的中国降水格点分析产品（CPA）作为观测场，构建了一套中国区域的高分辨率逐时降水产品。融合试验的个例检验表明，该方法在有站点的地区能较好地引入地面观测信息，在没有站点观测的地区则保留 CMORPH 的原始信息。2015 年，潘旸等利用贝叶斯统计对雷达估计和地面观测降水进行加权，以卫星反演降水作为融合的背景场，基于最优插值原理对地面、雷达、卫星等多源降水资料进行融合，结果表明融合后的降水产品的精度优于任何单一来源的降水产品。

2. 月尺度降水预测先验信息估计研究进展

月尺度降水预测先验信息主要来自长序列降水资料，对概率预测模型的构建至关重要。近年来，随着技术的发展，全球地面观测系统得到了极大的改善。目前，世界气象组织（World Meteorological Organization）收集来自全球不同地区的共 10 000 多个国际交换站资料，对降水、气温等变量进行监测。我国已建成的区域气象自动站数量也达到了 57 435 个，观测资料时空密度大幅提高。同时，由于卫星观测具有覆盖范围广、时间间隔短等优点，卫星反演降水产品也得到了广泛的应用。再分析资料利用同化方法将观测资料与数值预报产品进行融合，是构建高时空分辨率降水资料的信息来源之一，为许多领域提供了重要支撑。目前，应用较为广泛的有欧洲中期天气预报中心（European Centre for Medium-Range Weather Forecasts，ECMWF）发布的 ERA-20C、ERA-interim 再分析产品，美国国家环境预测中心（National Centers for Environmental Prediction，NCEP）发布的 CFSR 再分析产品，澳洲气象局（Bureau of Meteorology Australia，BoM）发布的 AWAP，日本气象厅和日本电力中央研究所共同发布的 JRA-55 等。

然而，测站密度、卫星数量、数值模式水平等均随着时间而改变，降水资料的时空分布存在较大的非均一性。我国具有长时间序列降水记录的基准站和基本站数量仅有 726 个，其中，大部分站点建设于 20 世纪 50 年代初。区域自动站建设时间较晚，2001 年在大气监测自动化系统工程的支持下，我国才开始大面积建设区域自动站，因此站点密度较高的自动站降水资料时间序列较短。

相比于测站降水而言，卫星遥感观测降水覆盖范围更广，时空分辨率更高，能够更好地描述降水的空间结构特征。1997 年 11 月热带降雨观测计划（Tropical Rainfall Measuring Mission，TRMM）发射了全球第一台星载降水雷达，基于 TRMM 卫星的 3B42V7 逐 3h 降水产品在世界范围内得到了广泛应用。美国国家海洋和大气管理局基于静止卫星的红外观测生成了 2002 年至今全球的 CMORPH（CPC Morphing technique）降水产品，其中水平分辨率达到了 8km，时间分辨率为 30min（US Army Corps of Engineers，1998）。但与自动站观测降水类似，卫星观测降水产品的开发及研制时间较晚，同时卫星观测降水受到反演算法的限制，精度仍有待提高。

再分析资料的时间序列长度仅取决于计算机运算设置，因此不存在测站和卫星降水时间序列短的问题。同时，再分析资料一般采用相同的数值模式和算法，因此降水的时空分布具有较好的一致性。但目前的数值模式以及算法仍存在一定的缺陷。大部分再分析资料使用的是全球数值模式，分辨率仍无法满足直接解析中小尺度物理过程的需求。其中，ERA-interim 的大气模式水平分辨率为 0.75°，CFSR 的大气模式水平分辨率约为 0.5°。同时，各模式采用的物理过程参数化方案并不能适用于全球所有地区、所有季节，因此其降水产品具有一定的不确定性。

近年来，随着贝叶斯理论的逐步完善，部分学者开展了基于贝叶斯概率的降水融合研究。Andrew 等在构建克里金插值模型时充分考虑模型参数的不确定性，利用马尔科夫链蒙特卡洛（Markov Chain Monte Carlo，MCMC）方法对模型参数的后验分布进行推断，在此基础上将测站降水和卫星降水进行融合，给出月降水集合估计。Jin 等利用最大期望（Expecta-tion-Maximization，EM）算法对贝叶斯时空模型的参数进行估计，对加拿大西南部地区开展降水融合研究。Jiang 等利用贝叶斯平均方法将 TMPA 3B42V6、3B42RT、CMORPH 以及测站降水进行融合，并将融合降水与新安江水文模型进行耦合，对流域的水文过程进行了模拟。

然而，基于贝叶斯理论的降水融合方法仍存在一定问题。目前，大部分贝叶斯融合降水研究主要集中于月降水量的融合，主要是由于月降水量更接近于正态分布，因此更有利于统计推断。而日降水量分布具有明显的偏态性特征，必须通过正态化变换等手段才能够进一步开展统计分析。同时，贝叶斯模型的后验分布往往较为复杂，无法给出解析解，因此需要采用近似的方法进行估计。

3. 月尺度降水预测影响因子敏感性分析研究进展

为建立合理的降水预测模型，需明确降水预测的主要影响因子。然而，由于气候系统的复杂性，影响月尺度降水预测的因素众多。其中，中小尺度物理过程如积云对流过程、陆面过程等与降水的发生发展密切相关，直接影响降水预测的精度。为分析不同中小尺度物理过程对月降水预测的影响，大多数研究采用区域气候模式开展敏感性试验。与全球气候模式相比，区域气候模式通过与全球气候模式进行嵌套，在区域尺度上具有更高的时空分辨率，能够更好地刻画区域气候特征以及中小尺度物理过程，对提高短期气候预测能力具有一定的潜力。近 20 年来，随着计算机水平的不断提高，区域气候模式得到了快速发展。2001—2004年，欧洲 PRUDENCE（Prediction of Regional Scenarios and Uncertainties for Defining European Climate Change Risk and Effects）项目利用多个不同排放情景下的全球气候模式驱动区域气候模式，结果用于评估气候变化对局地水文、农业等的影响。2004—2009 年，在欧洲委员会的资助下，英国气象局哈德利中心（Met Office Hadly Center）开展了 ENSEMBLES 项目，旨在研究月、季、年及更长时间尺度下全球气候模式预测能力，并构建欧洲高分辨率的区域气候模式。

基于区域气候模式的敏感性试验主要通过改变不同中小尺度物理过程的参数化方案，比较不同参数化方案下的预测差异，进行敏感性分析。目前，主要针对辐射过程、积云对流过程、云微物理过程、陆面过程等开展了敏感性分析。积云对流过程描述大气的小尺度局地热对流过程，水平尺度在数百米至 20km 之间，时间尺度在十几分钟至几个小时之间。由于积云对流垂直运动强烈，极易造成强降水等中小尺度灾害性天气，因此一直以来积云对流过程都是降水预测研究的重点内容之一。目前，较为常见的积云对流参数化方案主要有抽吸式方案、对流调整方案、对流质量通量式方案等。然而，不同时间、不同天气过程的对流运动不完全相同，必须针对不同地区开展积云对流过程的敏感性试验，分析积云对流过程对月尺度降水预测的影响。

Liang 等比较了 KF（Kain and Fritsch）方案和 Grell 方案对区域气候的模拟效果，结果表明，KF 方案在北美地区的模拟精度高于 Grell 方案，而 Grell 方案对大西洋以及中西部地区优于 KF 方案。Gochis 等通过对 1999 年北美季风的模拟发现，选用 KF 方案能够更好地模拟大气的垂直运动，因此能够更好地模拟与北美季风密切相关的对流性降水。然而，Xu 等的研究结论与 Gochis 等恰好相反，他们利用 MM5 区域数值模式对北美季风在季节和年际尺度上进行了模拟，结果表明 Grell 方案模拟的降水强度以及分布与实测最为接近。Ratna 等通过构建9km分辨率区域气候模式，比较了KF方案、BMJ（Betts-Miller-Janjic）方案和GDE（Grell-Deveny Ensemble）方案对南非1991年和2010年夏季期间降水量模拟的差异，结果表明BMJ方案模拟夏季降水与实测相关性最高，同时其降水强度也与实测最为接近。

国内也开展了许多积云对流过程的敏感性研究。成安宁等（1998）利用全球大气环流谱模式比较了Manabe方案、Kuo方案和Arakawa-Schubert（A-S）方案对全球气候模拟的影响，结果表明采用Kuo方案对东亚季风降水模拟较好，而A-S方案对热带西太平洋地区模拟较好。伍华平等利用WRF模式比较了KF方案、BMJ方案和GD方案对2007年6月1日—2007年6月2日湖南南部暴雨的模拟精度，其中KF方案和BMJ方案模拟降水均存在虚假的暴雨中心，而GD方案模拟降水偏小。吴胜刚等比较了KF方案、BMJ方案、GF方案、GD方案和NSAS方案对青藏高原南坡2006年7月降水的模拟，当采用GD方案时，其模拟结果优于其他方案。熊喆对2000年1月1日—2000年12月31日黑河流域开展了Grell、Bett-Miller两种积云对流参数化方案的对比试验，结果表明在3km分辨率下Grell方案对黑河流域降水的模拟与实测更加接近。

以上研究均表明积云对流过程对降水模拟预测有很重要影响。然而，目前为止仍没有一种积云对流参数化方案能够完全准确地刻画积云对流过程，不同的参数化方案在不同地区、不同时间的模拟精度均存在差异。同时，随着数值模式的发展以及分辨率的不断提高，相同积云对流参数化方案在不同数值模式下的模拟也存在差异。积云对流过程对月尺度降水的影响仍有待进一步研究。

4. 月尺度降水概率预测不确定性研究进展

月尺度降水概率预测利用概率模型建立预测因子和月尺度降水的关系，对未来降水进行预测。然而，受预测因子、模型结构等因素影响，目前月尺度降水概率预测仍存在较大的不确定性。

预测因子作为概率预测模型重要的输入条件，主要包含了前期大尺度气候异常指数、同期气候模式输出等。其中，前期大尺度气候异常指数主要包括海温、地温、南极涛动、北极涛动、青藏高原位势高度等。目前，基于前期大尺度气候异常指数的月尺度降水概念预测模型仍在业务预测中发挥着重要作用。廖荃荪等基于东亚阻塞形势、厄尔尼诺指数、冬季北太平洋涛动，对我国东部地区夏季3种雨带形式进行了预测，取得了较好的预测效果。董文杰等（2001）分析了青藏高原积雪、黑潮－西风漂流区海温以及赤道东太平洋海温异常对我国汛期降水的影响，在此基础上，采用EOF分解法，对1998年我国汛期降水进行了预测，其预测结果与实况基本一致。林爱兰以前期500hPa高度场、海温场等14个大气环流指数为预测因子，开展了广东省汛期月降水异常预测。

然而，由于气候系统的复杂性，前期大尺度气候异常指数与月尺度降水的关系仍存在较大的不确定性。严华生等分析了我国汛期降水与前期不同时间步长、不同时段高度场和海温场的关系，结果表明，单月滑动的气候因子与汛期降水的相关性高于多月滑动。同时，上一年6—9月海温场提供的预报信息比其他时段提供的预报信息更多，但需要注意的是，这里并不包含同期气候因子信息。赵亚锋等分析了ENSO指数与降水的延时相关特征，指出NI-NO3指数与东南地区降水的响应延时为1～2月。彭兆亮（2014）分析了海温场、高度场与我国季节尺度降水的时滞关系，结果表明，不同气候因子与不同季节尺度降水的时滞关系并不一致，我国季节尺度降水受同期海温和大气状态影响同样显著。

与前期大尺度气候异常指数相比，以气候模式的输出作为预测因子的概率预测在近年来得到了越来越多的关注。基于气候模式输出的概率预测不仅能够考虑数值模式中有效预测信息，同时也能够考虑历史降水信息，因此具有较好的应用前景。目前，大多数机构采用MOS（Model Output Statistics）方法进行概率预测。MOS方法基于统计推断理论对多模式集合成员预测结果进行分析，将模式输出的确定性预报转化为具有动力学意义的概率预测。其中，应用较为广泛的MOS方法有事件概率回归估计、多元判别分析、离散近似估计等。

事件概率回归估计（Regression Estimation of Event Probabilities，REEP）对预报量进行分类，并规定每一类事件出现的概率为1，不出现的概率为0，同时选用多模式输出产品和诊断变量等作为预测因子，构建多元概率回归预测模型。然而，由于事件概率回归估计无法拟合事件发生概率与自变量之间的非线性关系，近年来提出了基于Logistic模型的概率预测方法。Sokol利用Ligistic回归模型对1998年、1999年、2000年夏季多个流域的日降水量进行了概率预测，取得了较好的结果。纪玲玲等比较了Logistic回归和事件回归模型对1999—2001年期间福州地区24h累计降水量概率预测精度，结果表明Logistic回归模型的预测能力高于事件回归模型。

然而，以上的概率预测方法均基于传统的概率统计理论。近年来，随着随机模拟方法的不断发展，特别是马尔科夫链蒙特卡洛方法的出现，解决了贝叶斯概率统计中后验分布的推断难题，使得贝叶斯统计理论得到了快速发展。目前，贝叶斯统计理论已经被广泛应用于各个领域。2005年，Raftery等首次利用贝叶斯平均方法对MM5模式的温度预报进行了后处理，结果表明，贝叶斯平均方法和简单的集合平均方法相比，能够减少模式预报的不确定性并提高预报精度。由于降水、径流等变量往往不符合正态分布特征，Sloughter等利用立方根方法对降水进行正态化变化，采用最大期望算法（EM）确定贝叶斯方法中的参数。Schepen等以前期海温异常指数SOI、NINO3、NINO3.4及POAMA 2.4全球气候模式预测季节尺度降水为预测因子，开展了季节尺度降水概率预测研究，取得了较好的结果。

国内目前多采用贝叶斯平均或朴素贝叶斯等方法开展降水概率预测。钟逸轩等利用贝叶斯平均方法对TIGGE数据中CMA、CMC、ECMWF、NCEP、UKMO五个中心的预测结果进行集成，对大渡河流域开展概率预测研究。梁莉等（2013）利用BMA方法对淮河流域夏季未来72h逐日降水进行了概率预测，并在此基础上耦合VIC水文模型，进行流量概率预报。

然而，不同的预测因子、模型结构等均会对概率预测效果造成影响。因此有必要开展多个不同预测因子和模型结构间的比较研究，从而更加深入地理解贝叶斯方法在月尺度降水预测中的优缺点。在此基础上，提出综合不同预测因子和模型结构的预测方法，进一步提高预测效果。

1.2.4 地下水数量动态预测研究进展

1. 地下水数量动态预测技术

地下水动态预测方法通常是多种多样的，对地下水动态进行预测最早采用的是比较直观也是最为简单的水均衡方法以及水文地质比拟方法（平建华等，2006）。随着科学技术的不断进步，不同的预测方法也相继出现。地下水动态预测从研究方法上可分为确定性方法和非确定性方法，确定性方法包括解析法、数值法、物理模拟法；非确定性方法有回归分析法、频谱分析法、时间序列法以及随机微分方程（张海飞，2016）。近年来，灰色系统理论、模糊理论、神经网络理论等在地下水动态预测中都得到了应用。

1905 年，E. 梅勒第一次用解析法论证了泉水流量的预测方法（Attila Kovács 等，2007）；20 世纪 50 年代后期，卡门斯基在解析法分析群孔潜水动态的基础上，系统研究了降水入渗条件下的有限差分法，并用它来预测地下水动态的变化（Ghasemizadeh R 等，2012）。1978 年，HodgsonFrankD. I.（1978）提出了应用多元线性回归方法模拟地下水响应的思路；1982 年，E. Zaltsberg 将多元回归方程应用于研究苏联的地下水动态预报（Huang X 等，2019）。

在国内，由于水文地质观测站始建于 1958 年，缺乏长期观察资料，在地下水动态预测方面的研究比较薄弱，20 世纪 70 年代中后期开始这方面的研究工作。1976 年，河北地质局水文地质第四大队、河北大学数学系采用了回归方法对太行山地区大清河流域的地下径流进行了分析、预报。1977 年，我国首次由煤炭工业部煤炭科学研究院地质勘察分院、武汉地质学院应用自回归模型进行河北黑龙洞泉的动态预测（董志勇等，2002）。1982 年，邓聚龙创立和发表了灰色系统理论，是基于关联度收敛原理、生成数、灰导数、灰微分方程等观点和方法建立的微分方程型模型（张海飞，2016）。我国现用的模型有两大类：一是数学模型，二是物理模型。而数学模型有三种，即确定性模型和随机性模型，动态模型和静态模型，集中参数模型和分布参数模型。现行的常用模型大多为决定性的动态分布参数模型（李贺丽，2011）。

2. 地下水多源监测数据融合方法

地下水模型研究需要众多的输入数据作为基础，才能获得更为精确的模型，本次研究重点研究多源数据融合技术方法。在该研究领域，国内外均有许多学者针对不同的研究对象开展了一系列研究。

在国外，多源数据融合方法应用于地下水的多个方面。如 2014 年，Kloiber 等（2015）采用半自动多源数据融合方法，为美国明尼苏达州东、中部湿地数据库更新提供了新的思路；2017 年，Snauffer 等（2018）采用神经网络输入多源融合数据，建立了地表雪水当量估计模型，并尝试用于加拿大、英国等部分地区；2019 年，Manzione（2019）收集了详尽的地理空间网格数据，并融合不同的监测数据，用远程传感器采集样本，进而进行地下水位预测。

在国内，多源数据融合方法的应用更为广泛，出现一系列与水相关的研究。2004 年，Lin 等（2004）建立了多源监测数据融合与水环境评价模型；2014 年，马占东等（2014）通过遥感和地理信息系统软件收集多源监测数据，运用市场价值法、碳税法与造林成本法等多种方法对南四湖湿地生态系统服务功能价值进行估算；2016 年，张狄（2016）以半经验数学模型为基础，融合地面站点实测数据、NCEP-FNL 再分析资料、数字高程模型 DEM、数字地貌图等多源数据构建了地形降水增量理论估算模型；苏日图（2018）在 2018 年提出了多源遥感数据融合分类方法，使研究区的地物分类精度得到提高，为土壤含水量监测提供了新的分类支持；2019 年，刘瑀等（2020）在研究碧流河水库多源地形数据构建技术的基础上，对水库现有的声呐探测、历史测量图、人工点测量等多种来源数据进行有效融合，实现了水库库底地形的更新重建；2020 年，李萌等（2020）在构建大坝性状评价体系的基础上，提出了基于多维云模型的大坝安全多源时空数据融合评价方法，为大坝性状评价提供了新思路。

3. 地下水数量滚动预测模型

传统预测模型随着预见期的增加，模型预测精度会有所下降，本次研究采取了滚动模型对预测模型进行优化。新的地下水监测数据获取之后，被补充更新进模型训练集中，模型进行新的训练和参数的调整，以达到减小动态模型误差的作用。在国外，地下水的滚动预测模型研究较少。2012 年，Zhang 和 Vorontcov 等（2012）提出了一种神经网络滚动预测方法，进而对某一特定区域开展水质变化趋势及规律预测。

滚动预测模型在国内的应用较多，陈芝企（2002）将灰度理论应用于广东的地下水位变化预测中，建立了滚动预测模型；2011 年，毛炜峰、陈颖等（2011）以全国 160 站汛期（6～8 月）降水量为预测量，用最新得到的 74 项环流特征量指数为因子，制作了全国 160 站汛期降水滚动预测。2012 年，章树安、束龙仓等（2012）曾利用北京市平原区地下水等有关资料，建立了指数平滑、多元线性回归、神经网络的模型。结果表明三种模型实现了地下水水位短期和长期滚动预测，且拟合和预测的结果较好，可以在本地区应用。短期预测宜采用 Holt-Winters 加法指数平滑模型，而长期预测宜采用 BP 神经网络模型，多元回归模型在此适用性一般。

1.3 水资源动态评价与预测研究意义

随着人类活动对自然水循环影响程度的加深和水资源供需矛盾的加重，为保障水资源可持续开发利用和实施最严格的水资源管理制度，对水资源管理的动态性和精细化要求越来越高。一方面，传统的水资源评价主要服务于水资源规划配置，一般在年时间尺度上进行，在时效性和精细化程度上难以支撑水资源动态管理的需求，迫切需要研究服务于水资源动态调度和严格管理的新型水资源评价理论与方法。另一方面，社会和行业信息化建设的不断推进使数据获取能力不断增强，日益丰富的数据源为提高水资源评价的时效性和准确性创造了契机，迫切需要基于新时期水资源管理的动态特点和新数据获取条件，研究突破月尺度水资源动态评价的关键技术。本书内容基于"十三五"重点研发计划项目"国家水资源动态评价关键技术与应用"的课题一"水资源数量动态模拟评价与预测"的研究成果，形成月尺度水资源数量动态评价与预测的关键技术及应用，以期为水资源动态评价提供技术参考。

第 2 章　水 资 源 数 量 动 态 评 价
基 础 理 论

2.1　水资源数量动态评价理论框架

水资源数量动态评价是指基于行业动态监测和多源大数据融合，考虑天然来水与水资源开发利用过程在月尺度上的动态耦合和互馈机制，对水资源的数量进行月时间尺度量化评价，据此评估水资源情势，支撑水资源动态决策和精细化过程管理。以下分别从评价内容、评价指标、评价方法、评价技术流程等方面进行描述。

2.1.1　评价内容

（1）降水量：当月各省级行政区/各水资源一级区的降水量，以及截止到当前月的累计降水量，并与上年同期降水量和多年平均值进行比较。

（2）产水量：当月各省级行政区/各水资源一级区的产水量（包括地表产水量和地下产水量），以及截止到当前月的累计总产水量，并与上年同期产水量和多年平均值进行比较。

（3）水库蓄水动态：全国6920座水库的当月末蓄水量（包括709座大型水库和2980座中型水库），并与上月同期、上年同期和多年平均值进行比较；44座重要水库月末蓄水量、月末水位、正常蓄水位和死水位。

（4）湖泊蓄水动态：全国32个重要湖泊的月初、月末水位和蓄水量，并与上年同期进行比较。

（5）地下水动态：北方15个省级行政区的平原浅层地下水水位上升区、下降区和相对稳定区分布情况，和水位上升区、下降区和相对稳定区对应的地下水蓄变量情况，并与上月同期进行比较。

（6）江河断面来水：全国26个重要控制断面的当月最高水位、最低水位、平均水位和径流量，以及截止到当前月的累计径流量，并与上年同期和多年平均值进行比较。

（7）水量汇总：当月各省级行政区/各水资源一级区的产水量、地表水蓄变量、地下水蓄变量，各省级行政区的入省境水量和出省境水量，以及截止到当前月的各项累计值。

（8）来水量预测：下月各省级行政区/各水资源一级区的降水量、产水量预测（包括地表和地下产水量），并与上年同期和多年平均值进行比较。

（9）地下水动态预测：下月北方15个省级行政区的平原浅层地下水水位上升区、下降区和相对稳定区分布，水位上升区、下降区和相对稳定区对应的地下水蓄变量预测，并与上年同期和多年平均值进行比较。

（10）江河断面来水预测：全国 26 个重要控制断面的下月最高水位、最低水位、平均水位和径流量预测，并与上年同期流量和多年平均值进行比较。

2.1.2　评价指标

（1）降水距平百分率：某月评价单元内降水量与同期平均状态的偏离程度。

（2）产水量：某月评价单元内地表产水量和地下产水量之和。

（3）地表产水量：某月评价单元内降水超过稳定下渗率的部分形成的地面径流量，包括土壤水径流和地表水径流之和。

（4）地下产水量：某月评价单元内降水按稳定下渗率下渗的水量形成的地下径流量（不包括与地下重合部分）。

（5）大中型水库座数：行政区或流域内大中型水库的总数。

（6）水库月末蓄水量：各水库某月月末水位对应的水库蓄水量。

（7）水库月末水位：各水库某月月末水位。

（8）湖泊月初、末水位：湖泊某月月初、末的水位。

（9）湖泊月初、末蓄水量：湖泊某月月初、末水位对应的湖泊蓄水量。

（10）平原区地下水位上升区面积：月初和月末相比，地下水水位上升 0.5m 以上的区域面积。

（11）平原区地下水位下降区面积：月初和月末相比，地下水水位下降 0.5m 以上的区域面积。

（12）平原区地下水位相对稳定区面积：月初和月末相比，地下水水位变幅在 0.5m 以内的区域面积。

（13）平原区地下水位上升区蓄变量：地下水位上升区月初和月末浅层地下水储存量的差值。

（14）平原区地下水位下降区蓄变量：地下水位下降区月初和月末浅层地下水储存量的差值。

（15）平原区地下水位相对稳定区蓄变量：地下水位相对稳定区月初和月末浅层地下水储存量的差值。

（16）河流控制断面最高/最低/平均/生态水位：某月各断面的实测最高/最低/平均/生态水位。

（17）河流控制断面径流量：某月通过该断面的实测河川径流量。

（18）河流控制断面生态流量：某月该断面保持生态环境所需要的水流流量。

（19）入省境水量：指某月流经该省各入省境断面的河川径流量。

（20）出省境水量：指某月流经该省各出省境断面的河川径流量（包括入省境水量和本地区间降水产生的径流量）。

（21）地表水蓄变量：评价单元内月初和月末在河网水系、水库湖泊等中存蓄的水量差值，即入省境水量和本地区间产水量扣除出省境水量和地下水蓄变量之后的部分。

（22）地下水蓄变量：评价单元内月初和月末地下水储存量的差值，即地下水的降雨入渗补给量扣除地下产水量和地下取用水量之后的部分。

（23）降水预测准确率：基于 GB/T 22482—2008《水文情报预报规范》，将旬月尺度降水划分为 5 个等级，当预测降水和实测降水在同一等级时，则认为预报准确。

2.1.3　评价方法

模型中将二级区套省作为基本计算单元，通过统计模型计算所得的各个二级区套省计算单元的各项数据，如产水量、下渗量等，从而得出各省级行政区和水资源一级区的水资源量评价结果。

地表水资源量的评价指标包括：降水量、地表产水量、地表水蓄变量、入省境水量及出省境水量。地下水资源量的评价指标包括：地下产水量、地下水蓄变量。虽然没有直接对地下水的降雨入渗补给量进行评价，但是作为计算地下水蓄变量的一部分，模型对每个基本计算单元的入渗补给量也进行了输出和统计。各项评价指标计算方法如下：

1. 降水量

采用双线性插值方法，将预测网格降水插值到实测网格上。在此基础上，对降水量预测精度进行评价。

基于 GB/T 22482—2008《水文情报预报规范》，将旬月尺度降水划分为 5 个等级，针对全国行政分区和一级水资源分区不同降水等级预测结果进行评价。旬月尺度降水定性预报评价等级划分见表 2.1 - 1。当预测降水和实测降水在同一等级时，认为预报准确。

表 2.1 - 1　旬月尺度降水定性预报评价等级表

分级	特枯	偏枯	正常	偏丰	特丰
距平值（%）	距平 < - 20%	- 20% < 距平 < - 10%	- 10% ≤ 距平 ≤ 10%	10% < 距平 ≤ 20%	距平 > 20%

2. 地下产水量

地下产水量是指降水按稳定下渗率下渗的水量形成的地下水径流，计算公式如下：

$$RG\_W = Rg \tag{2.1 - 1}$$

式中：

RG_W——地下产水量；

Rg——地下径流量。

模型计算过程中可以直接得到各二级区套省基本计算单元的地下径流量，经过模型的统计功能再得到各省级行政区和水资源一级区的地下产水量。

3. 地表产水量

地表产水量是指降水超过稳定下渗率的部分形成的地面径流，包括土壤水径流和地表水径流，公式如下：

$$R\_W = Ri + Rs \tag{2.1 - 2}$$

式中：

R_W——地表产水量；

Ri——土壤水径流量；

Rs——地表水径流量。

模型计算过程中可以直接得到各二级区套省基本计算单元的土壤水径流量和地表水径流量，经过模型的统计功能再得到各省级行政区和水资源一级区的地表产水量。

4. 产水量

产水量是指降水扣除各项损失后形成径流的那部分水量，即地表产水量与地下产水量之和，公式如下：

$$WR = R\_W + RG\_W \tag{2.1-3}$$

式中：

WR——产水量；

R_W——地表产水量；

RG_W——地下产水量。

5. 地下水蓄变量

地下水蓄变量是指评价单元内计算时段初地下水储存量与计算时段末地下水储存量的差值，模型中计算公式如下：

$$Storage\_G = perco\_W - RG\_W - DXC \tag{2.1-4}$$

式中：

Storage_G——地下水蓄变量；

perco_W——地下水补给量；

RG_W——地下产水量；

DXC——地下取用水量。

上述各项变量可由模型计算得到，从而计算出各二级区套省基本计算单元的地下水蓄变量，经过模型的统计功能再得到各省级行政区和水资源一级区的地下水蓄变量。

6. 地表水蓄变量

地表水蓄变量是指评价单元内月初和月末在河网水系、水库湖泊等中存蓄的水量差值，模型中通过水量平衡公式进行计算，公式如下：

$$Storage\_S = In\_W - Out\_W + WR - Storage\_G \tag{2.1-5}$$

式中：

Storage_S——地表水蓄变量；

In_W——入省境水量；

Out_W——出省境水量；

WR——产水量；

Storage_G——地下水蓄变量。

模型计算过程中，可得到各二级区套省基本计算单元的 In_W、Out_W，各省级行政区的 In_W、Out_W 需按水系的实际情况计算得到，产水量及地下水蓄变量的计算方法如上文所示。

7. 出、入省境水量

入省境水量是指某月流经该省各入省境断面的河川径流量；出省境水量是指某月流经该省各出省境断面的河川径流量（包括入省境水量和本地区间降水产生的径流量）。

对于出、入省境水量的评价计算，主要以二级区套省单元为基本计算单元，在模型中确定河流出、入省境的位置，由模型计算得到各二级区套省基本计算单元的出、入境水量，经过模型的统计功能再得到各省级行政区的出、入省境水量。

8. 水库蓄水动态

统计全国大、中型水库的座数、月末蓄水量，并与上月同期、上年同期和多年平均值进行比较；统计 44 座重要水库的月末蓄水量、月末水位、正常蓄水位和死水位。各项指标均按实测数据进行填写。

9. 湖泊蓄水动态

统计湖泊的月初蓄水量、月末蓄水量、月初水位、月末水位，以及与上年同期的对比情况。有当月观测资料的湖泊直接采用实测值进行填写；没有当月蓄水量但有水位资料的，可根据库容曲线进行计算填写，或根据历史数据进行相似性分析后填写。

10. 断面来水情况

统计河流控制断面的月最高、最低、平均水位、生态水位，以及径流量和生态流量，采用实测的水位和流量数据进行统计计算，并与上年同期及多年平均值进行比较。

2.1.4 评价技术流程

1. 数据输入

数据输入分为气象数据输入、地表水数据输入和地下水数据输入。各输入要素和来源见表 2.1 - 2。

表 2.1 - 2 输入要素和来源

数据类型	输入要素	来源
气象数据	雨量站实测降水数据	信息中心气象处信息服务系统
	气象站日照数据	中国气象数据共享网
	气象站气温（最高、最低、平均）数据	
	气象站风速数据	
	气象站湿度数据	
	气象站气压数据	
	融合降水数据 CHIRPS	ftp：//ftp. chg. csb. edu/pub /org /chg / products /CHIRPS - 2
	大气模式预测降水数据	信息中心气象处信息服务系统
	大气模式预测气温数据	
地表水数据	测站基础信息表	基础数据库
	河道水情表	实时雨水情数据库
	水库水情表	
	降水量表	
	监测点日水量信息表	水资源数据库
地下水数据	各监测站点浅层地下水位监测表	地下水信息服务系统

2. 模拟计算

（1）降水数据融合：多源降水融合方法在传统的最优插值方法基础上，对其初估值进行改进，提出改进后降水融合方法，以提高融合降水效果。

（2）旬月尺度降水预测：应用短期数值预报模式和气候预测模式降水预测结果，通过降尺度方案和偏差订正数据处理方法，获得旬月尺度的降水预测结果。

（3）地表径流的模拟：构建基于单元格的分布式水文模型 WetSpa 对地表径流进行模拟。该分布式水文模型通过对植物截留、填洼、下渗等水文过程的模拟，对控制断面的径流进行模拟。

（4）地表径流的预测：对地表径流的预测是构建基于单元格的分布式水文模型 WetSpa，通过历史气象数据以及断面径流，以纳什效率系数（Nash - Sutcliffe efficiency coefficient，NSE）作为目标函数对模型参数进行率定，获得流域的最优参数。再以预测的气象数据作为驱动，采用最优参数对研究区域进行模拟计算。

（5）地下水水位动态预测：采用长短期记忆模型对地下水水位的动态变化进行预测，将已有的 $t-1$ 时刻的地下水水位时间序列通过小波变换分解为趋势项与周期项，将趋势项与周期项在 t 时刻的预测结果相结合进行序列重构，得到最终的预测值。

（6）地下水蓄变量动态预测：在预测地下水位的基础上考虑水位变化的空间差异和水文地质参数取值，利用不同分区的地下水水位变差预测值与各地计算出的含水层给水度相乘，得到不同分区的地下水蓄变量预测值。

3. 评价指标输出

（1）降水量表。

全国水资源数量动态月报中以一级水资源分区及省级行政区两个维度对降水量进行统计，涉及的评价指标见表 2.1 - 3。

表 2.1 - 3　全国水资源数量动态月报降水量表涉及指标

序号	指标名称	标识符	统计单位	统计维度
1	降水量	P	mm 或亿 m³	一级水资源分区/省级行政区
2	与上年比较		%	
3	与多年平均值比较			

（2）产水量表。

全国水资源数量动态月报中以一级水资源分区及省级行政区两个维度对产水量进行统计，涉及的评价指标见表 2.1 - 4。

表 2.1 - 4　全国水资源数量动态月报产水量表涉及指标

序号	指标名称	标识符	统计单位	统计维度
1	产水量	R	亿 m³	一级水资源分区/省级行政区
2	地表产水量	RS		
3	地下产水量	RG		
4	与上年比较		%	
5	与多年平均值比较			

（3）水量汇总表。

全国水资源数量动态月报中水量汇总表有两种形式，即一级水资源分区和省级行政区。水量汇总表中涉及多种指标，见表 2.1-5。

表 2.1-5 全国水资源数量动态月报水量汇总表涉及指标

序号	指标名称	标识符	统计单位	统计维度
1	地表水蓄变量	Det_S		一级水资源分区/省级行政区
2	地下水蓄变量	Det_G		
3	入省境水量	InW	亿 m³	省级行政区
4	出省境水量	OutW		
5	地下水补给量	perco		一级水资源分区/省级行政区
6	地下取水量	DXC		

（4）地下水动态表。

全国水资源数量动态月报中对北方 15 个省级行政区 67.585 万 km² 的平原地下水开采区进行了统计分析，涉及的评价指标见表 2.1-6。

表 2.1-6 全国水资源数量动态月报地下水动态表涉及指标

序号	指标名称	标识符	统计单位	统计维度
1	面积	Area	km²	地下水位上升区/下降区/相对稳定区
2	蓄变量	GW_SV	亿 m³	

2.2 天然水循环与水资源开发利用过程耦合互馈机制

水循环承受着自然变化和高强度人类活动的双重作用，呈现出明显的"自然-社会"二元特性。在自然因素方面，由于全球气候变化，流域内水循环的外在驱动条件发生改变，使得本已较少且时空分布极不均匀的降水呈现下降趋势。以海河流域为例，据统计，海河流域平均降水量近 26 年（1980—2005 年）为 498.8mm，较前 24 年（1956—1979 年）的 566.5mm 减少 11.9%；而水资源量、地表径流量、入海水量减少的比例更大。

在社会因素方面，由于大规模的人类活动，供水、用水、耗水、排水等社会水循环系统日益复杂，对流域自然水循环系统产生了极大的影响，集中体现在循环通量、循环结构和循环路径的变化上。据统计，近 26 年，社会水循环通量整体呈增加趋势，且与之相伴的循环结构随着供用水结构的变化而变化。在供水方面表现为地表水减少、地下水增加，外调水和非常规水增加的演变趋势；在用水方面表现为生活、工业用水量增加，农田灌溉用水量减少的变化格局。

此外，水利工程的建设和土地利用格局改变引起的流域下垫面变化也直接或间接影响着自然水循环过程。一方面，水利工程的建设以及随之而来的供用水过程，增加了自然水循环通量转化的环节；另一面，土地利用格局的改变影响了流域水资源的产生和消耗。据统计，到 2018 年，全国范围内已建大型水库 669 座、中型水库 3602 座；另外，还有跨流域的南水北调大型调水工程，流域内向城市输水的引提水工程和引黄工程，这都直接影响了自然水循环的产汇流。与此同时，随着城市化和工业化的发展，流域内土地利用格局发生明显改变，耕地面积逐年下降，城镇用地稳定增加，也影响着水循环的路径和通量。

总之，在全球气候变化和人类活动的共同作用下，流域水循环在循环驱动力、循环结构和循环参数等方面均发生了深刻变化，呈现出自然和社会水循环系统相互依存、此消彼长的融合过程，并且在高强度人类活动影响下，循环环节不断增加、循环路径不断延长、循环通量不断变化，与此相伴生的流域水环境、生态系统也随之改变。

因此，基于上述模式内涵分析研究了基于天然水循环与水资源开发利用过程动态耦合的水资源数量评价方法，在构建分布式水循环模拟模型时，需要考虑水库调蓄及人类取用水活动对汇流过程的影响，达到自然－社会二元水循环耦合，研究技术路线如图 2.2-1所示。

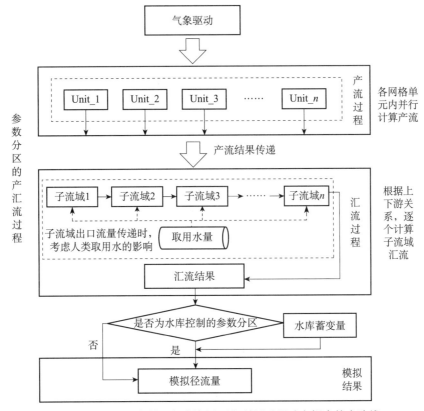

图 2.2-1　天然水循环与水资源开发利用过程动态耦合技术路线

2.2.1　水库调蓄影响

在前期数据预处理中，通过对实测水库数据进行整编，对水库蓄水量（W）进行处理，获得水库的每日蓄变量（S），如图 2.2-2所示。模型在水库数据整编过程中，将原始数据中的蓄水量（W）进行分析计算，将蓄水量减去前一日蓄水量的结果作为水库蓄变量（S）并输出，若数据中蓄水量一列数值缺失，可通过入库水量（INQ）减去出库水量（OTQ）计算得出蓄变量。计算公式如下：

$$S = W(t) - W(t-1) \qquad\qquad (2.2-1)$$

$$S = (\text{INQ} - \text{OTQ}) \times \Delta t \qquad\qquad (2.2-2)$$

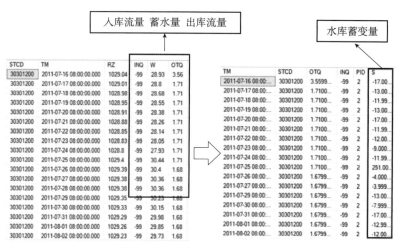

图 2.2-2　水库蓄变量的计算

在汇流计算过程中，考虑水库蓄变量的影响，将水库作为控制站，作为参数分区的划分依据（见图 2.2-3）。在模型计算水库站点流量时，扣除水库调蓄量，获得水库出库模拟流量值；在模型计算水库下游站点流量时，选择水库出库流量作为河道上游来水量进行模拟计算。

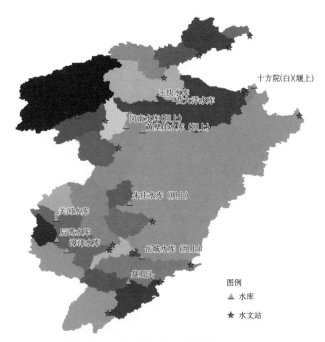

图 2.2-3　控制站点及参数分区的划分

如图 2.2-4 所示为海河流域岗南水库 2018 年 5 月至 2018 年 9 月模拟径流，图 2.2-4（a）

为未添加水库调蓄量的模拟径流过程，图 2.2 - 4（b）为添加水库调蓄量的模拟径流过程。对比可以发现，在添加了水库调蓄量后，模拟结果更接近实测流量过程，模拟精度大大提升。

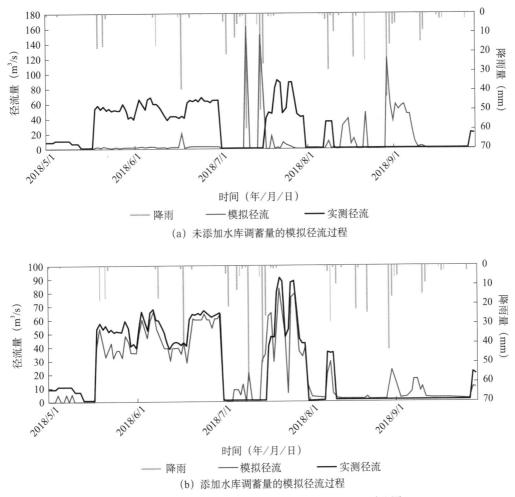

（a）未添加水库调蓄量的模拟径流过程

（b）添加水库调蓄量的模拟径流过程

图 2.2 - 4　是否添加水库调蓄量的模拟径流过程对比图

2.2.2　人类活动取用水影响

在汇流过程中将子流域作为最小计算单元，即在每个子流域内通过汇流参数对上游子流域流入的河道水量进行模拟，得出子流域出口处的流量，继而该子流域出口流量继续向下游传递。因此，此次研究中为了考虑人类取用水对汇流过程的影响，在模型数据整编过程中，将每个取用水测站与子流域通过地理信息进行对应（见图 2.2 - 5、图 2.2 - 6），对每个子流域内的所有取用水测站进行每日取用水量统计，其中包括地表取用水量、地下取用水量及日总取用水量（见图 2.2 - 7）。

由于现有的取用水监测站并没有覆盖全流域的取用水活动，和实际的取用水量存在误差，为了使得模型中添加的取用水量更贴合实际，模型中需要对实测取用水数据进行修正，即利用取用水参数对实测取用水数据进行一定比例的放大，同时利用水资源公报中统计的年

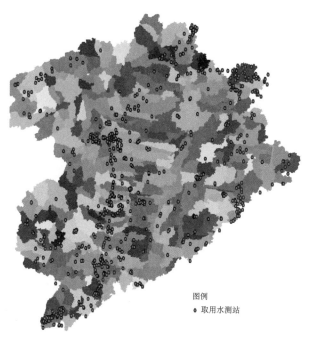

图例
● 取用水测站

图 2.2 – 5　子流域与取用水测站对应

站点分析结果：　子流域编号　取用水测站编码

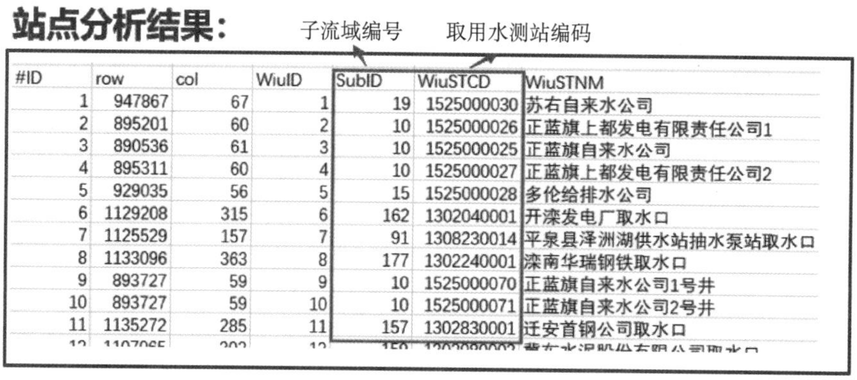

#ID	row	col	WiuID	SubID	WiuSTCD	WiuSTNM
1	947867	67	1	19	1525000030	苏右自来水公司
2	895201	60	2	10	1525000026	正蓝旗上都发电有限责任公司1
3	890536	61	3	10	1525000025	正蓝旗自来水公司
4	895311	60	4	10	1525000027	正蓝旗上都发电有限责任公司2
5	929035	56	5	15	1525000028	多伦给排水公司
6	1129208	315	6	162	1302040001	开滦发电厂取水口
7	1125529	157	7	91	1308230014	平泉县泽洲湖供水站抽水泵站取水口
8	1133096	363	8	177	1302240001	滦南华瑞钢铁取水口
9	893727	59	9	10	1525000070	正蓝旗自来水公司1号井
10	893727	59	10	10	1525000071	正蓝旗自来水公司2号井
11	1135272	285	11	157	1302830001	迁安首钢公司取水口
12	1107065	202	12	159	1302020001	冀东水泥股份有限公司取水口

图 2.2 – 6　子流域与取用水测站对应结果

取用水量对取用水参数进行约束。因此，在模型汇流计算过程中添加了取用水参数 CH_
wiu、B_wiu，并参与模型参数率定，使经过取用水修正过后的实测取用水数据更贴近于真实
值。计算公式如下：

$$\text{flwout}(x) = \text{flwout}(x) - (\text{CH\_ wiu} \times \text{dbc}(i) + \text{B\_ wiu}) \qquad (2.2 - 3)$$

式中：flwout 为子流域出口流量；x 为子流域编号；i 为时间；CH_wiu、B_wiu 为取用水参
数；dbc 为取用水量（地表部分）。

如图 2.2 – 8 所示为海河流域宽城水文站 2017 年汛期模拟径流过程，图 2.2 – 8（a）为
未考虑取用水量的添加时的模拟径流过程，图 2.2 – 8（b）为在汇流过程中添加了人类取用
水量时的模拟结果。可以看出，实测人类取的影响，模拟结果更贴合实际径流过程，使得水
资源评价结果更为精确。

子流域编号	时间	日取水量	日取水量（地表部分）	日取水量（地下部分）
SUBID	DAY	DAY_W(m³)	DBC(m³)	DXC(m³)
9	1	180271.7	177720.7	2551
9	2	1546.2	353.2	1193
9	3	999.2	358.2	641
9	4	983.2	364.2	619
9	5	1020	275	745
9	6	1134.4	329.4	805
9	7	856.1	172.1	684
9	8	1039.8	357.8	682
9	9	1533.8	634.8	899
9	10	1197.5	314.5	883
9	11	1439	399	1040
9	12	1286.3	418.3	868
9	13	1431.5	403.5	1028
9	14	1298.9	419.9	879
9	15	1311	420	891
9	16	1351.5	441.5	910
9	17	1535.1	385.1	1150
9	18	1306.6	386.6	920
9	19	1306.3	403.3	903
9	20	1110.9	401.9	709
9	21	1053.2	398.2	655
9	22	941.9	278.9	663

图 2.2 - 7　每日取用水量统计结果（9 号子流域范围内）

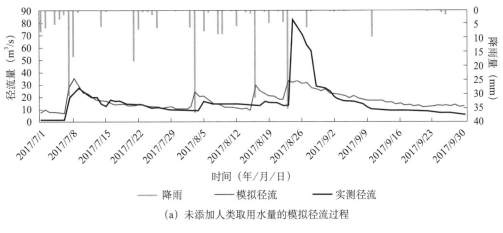

（a）未添加人类取用水量的模拟径流过程

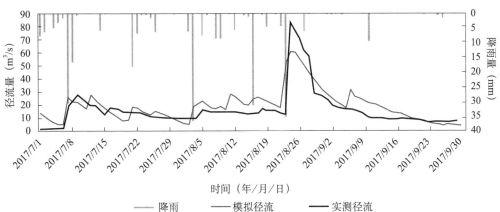

（b）添加人类取用水量的模拟径流过程

图 2.2 - 8　是否添加人类取用水量的模拟径流过程对比图

2.2.3 上游站点实测流量校正

在模拟过程中，可能存在模拟分区上游存在其他分区河流入流情况，如图 2.2-9 所示，河流经过上游洞庭湖分区的九江站与鄱阳湖分区的湖口站点，再与经过太湖分区的石牌和高坦的支流汇流后，流经大通站。在模拟下游大通站的流量时，如若不考虑上游入流量，仅考虑本模拟区域的产汇流情况，则模拟流量将大大偏小，因此，模型中新增区域连接模式，可通过选择上游分区站码及类型，及太湖分区中与上游两个湖区相连的参数分区编号，即可将太湖分区中所计算的大通站与上游其他分区的九江、湖口站相联系，通过上游站点的实测流量计算大通站的流量，从而提高模拟精度。

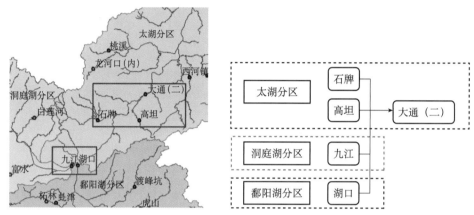

图 2.2-9　区域连接示意图

此外，在同一个模拟分区中也存在上游流量影响着下游站点模拟结果的情况，如图 2.2-10（a）所示，在海河流域的一条支流汇流过程中，河流流经三道营与下堡汇流到张家坟，张家坟与下会汇流到苏庄。因此，在模拟苏庄站流量时，可选择上游实测流量输入模式，将上游张家坟与下会的实测流量作为苏庄水文站所控制的参数分区入流量，进行产汇流计算，获得苏庄站处的模拟流量，如图 2.2-10（b）所示。

传统水文模拟中由模拟分区最上游的参数分区开始计算，依次进行汇流演算继而获得所计算站点处的模拟流量，而本次研究中导入模拟分区上游站点实测流量数据作为该参数分区的入流输入，利用实测数据来校正水文模拟中的误差，减少传统汇流过程中逐个参数分区计算河道径流量并依流向传递导致的误差累积，提升模拟精度。如图 2.2-11 所示为海河流域乌龙矶水文站在输入上游实测流量模拟结果对比图，可明显看出在输入了上游实测流量进行校正 [见图 2.2-11（b）]之后，模拟结果比未输入上游实测流量进行计算 [见图 2.2-11（a）]更为接近实测流量。

2.3　水资源动态评价与传统水资源评价的区别

传统的水资源评价模式为基于"实测—还原"的一元静态评价模式。随着我国工业化水平的不断提高，人口增长速度快，依然采用还原的方法使得还原比例越来越大，一定程度

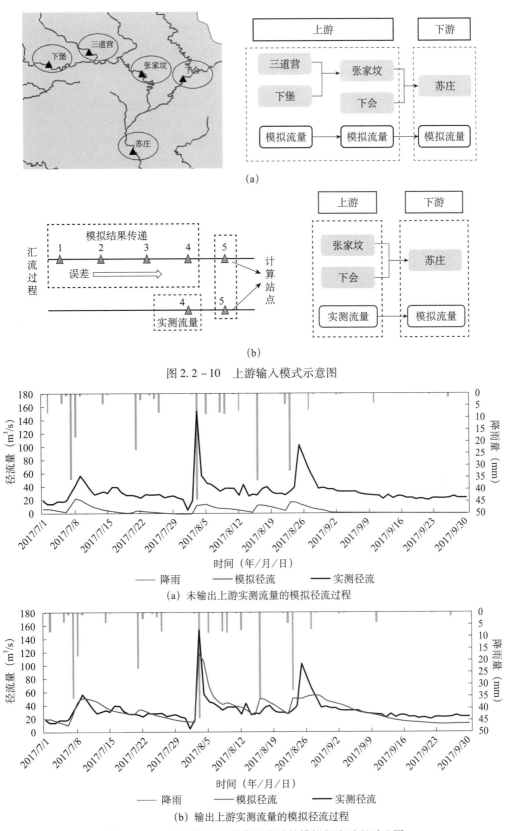

（a）

（b）

图 2.2 – 10　上游输入模式示意图

（a）未输出上游实测流量的模拟径流过程

（b）输出上游实测流量的模拟径流过程

图 2.2 – 11　是否输入上游实测流量的模拟径流过程对比图

上影响了还原的精度。考虑天然来水与水资源开发利用过程在月尺度上的动态耦合和互馈机制，在模拟过程中同时考虑了水库蓄变量及取用水量，全面分析人类活动对水循环的影响，从而对水资源的数量进行月时间尺度量化评价。

1. 时效性

传统的流域水资源评价一般是以年为单位进行评价，但是，这种方法忽视了时间对流域水资源的影响，不能满足水资源规划的动态要求。而以月为评价单位的水资源动态评价则可以对水文要素和水资源量的变化规律进行及时的分析。

2. 多重评价指标

传统的水资源评价主要是通过对水资源量进行勘测，然后进行汇总分析，无法体现水资源的流动与转换关系，无法反映评价区域水资源数量的分布情况与变化情况。水资源动态评价引入了地表/地下产水量、出/入省境水量以及地表/地下水蓄变量等评价指标，实现了水资源分布情况与变化动态的多方位刻画。

3. 分布式评价

传统的水资源评价采用集总式的评价方法，忽略了分区内水文参数和自然地理条件的空间差异性，均化了分区的地貌和水文地质的空间特性，难以反映评价区域内水资源形成和演化的空间分异特性。水资源动态评价采用分布式水循环模拟模型，结合流域的气象、水文资料、下垫面特征以及人类活动影响等空间信息，对模拟分区的参数进行概化，能够准确地反映不同区域间水资源的空间差异。

4. 耦合式评价

在水循环中，降水、地表水、土壤水和地下水之间存在着一定的单向或者双向的转化关系，传统的水资源评价采用地表水、地下水分离评价模式，割裂了地表水与地下水复杂转化相关关系；水资源与开发利用分离评价隔离了人类活动和天然水循环，给水资源综合开发利用与规划带来了很大障碍。水资源动态评价采用自然－社会二元水循环耦合、地表－地下耦合的分布式水循环模拟技术，实现了多层次、全过程、全口径的月尺度水资源数量动态评价。

第3章 降水动态评价与预测

3.1 多源降水融合方法

3.1.1 基础数据来源

降水预测的先验信息主要来自长序列降水资料。近年来，随着科技水平的不断发展，全球降水观测系统得到了极大的改善，自动雨量站、气象卫星雷达等均为降雨的实时监测提供了重要信息。然而，由于自动站、气象卫星雷达等监测手段投入使用时间较短，基于该监测信息的降水资料时间序列往往较短，无法获取有效的先验信息，对概率预测模型的构建具有一定影响。

国家基准气象站和基本气象站建设时间较早，并且对数据进行了严格的质量控制，因此具有较长的时间序列和较高的可靠性。但由于站台数量较少，且空间分布不均匀，降水信息仍不全面。基于全球数值模式的再分析资料覆盖范围广、时间序列长，近年来也逐渐应用于降水数据集的构建中。但由于数值模式自身的缺陷，目前再分析资料仍存在较大的误差，基于再分析资料的降水信息精度仍有待进一步提高。

为解决上述降水预测先验信息获取中存在的问题，本章在正态化变换的基础上，利用贝叶斯理论建立相同时段内高质量、高分辨率降水数据产品与实测站点、再分析降水数据之间的关系。在高质量、高分辨率网格化降水数据产品没有记录时，基于实测站点降水、再分析降水以及参数的后验分布，对汉江流域0.1°网格降水进行估计，构建长序列网格化降水数据集，为概率预测模型提供全面而准确的先验信息。

本研究选用的高质量、高分辨率降水数据产品为中国自动站与CMORPH降水产品融合的逐时降水量网格数据集V 1.0（China Merge Precipitation Analysis Hourly V1.0 product，CM-PA_hourly）。该数据集是由我国国家气象信息中心发布的0.1°逐小时网格降水数据产品。该数据集利用概率密度匹配与最优插值结合的方法，将CMORPH卫星降水数据产品与全国超过30 000个自动气象站降水数据进行融合。由于该数据集包含的自动气象站点数量较多，且经过严格的质量控制，因此具有较高的可信度。研究表明，CMPA_hourly逐小时降水数据集的精度优于国际同类产品在中国区域的精度。目前该数据集已经被用于验证GPM IMERG卫星降水数据产品和水文模拟等领域。然而，由于自动气象站建设时间较晚，该数据集的时间序列较短，目前仅有2008年1月1日以后的资料。

研究选用的长时间序列降水数据集为 ERA-interim 再分析资料和中国地面气候资料日值数据集（V 3.0）。ERA-interim 是 ECMWF 中心发布的全球再分析资料，与上一代再分析资料 ERA-40 相比，ERA-interim 大气模式的分辨率和数据同化方法均得到了极大的改进。ECMWF Integrated Forecast 模式（IFS Cy31r2）的水平分辨率达到了 0.75°，至对流层顶气压（0.1 hPa）的垂直分层为 60 层。同时，利用自适应偏差订正方法对卫星资料进行订正，每 12 h 利用四维同化算法生成基于实测资料和模式初估场的分析场。在此基础上，对未来进行预报，生成 00UTC、06UTC、12UTC、18UTC 四个时刻的预报场。研究表明，ERA-interim 再分析降水资料较之前的 ERA-40 以及 NCEP-NCAR 等再分析产品具有更高的精度，与实际降水过程更为接近。由于再分析资料来自数值模式的输出，因此其时间序列不受测站、卫星等因素影响。目前，ERA-interim 资料的时间序列为 1979 年 1 月 1 日至今。

中国地面气候资料日值数据集（V 3.0）是由我国国家气候中心整编的长时间序列数据集。该数据集包含了全国 824 个基本、基准地面气象观测站 1951 年以来的逐日观测数据，其中主要有日平均气压、日平均气温、日平均风速、降雨量等气象要素。

3.1.2 多源降水融合方法

为开展多源降水融合方法研究，选取我国南水北调中线水源区汉江流域为研究区，对汉江流域日降水量进行估计。首先分别对各数据集数据系列进行预处理，将 CMPA_houly 逐小时降水数据进行累加，生成基于 CMPA_hourly 的逐日降水量数据集（CMPA_daily），时间序列为 2008 年 1 月 1 日—2016 年 12 月 31 日。对于 ERA-interim 再分析资料而言，选取 00UTC、12UTC 为模式预报初始化时间，对预报的未来 12 h 降水量进行累加，生成 ERA-interim 逐日降水资料（Original ERA_daily），时间序列为 1979 年 1 月 1 日—2016 年 12 月 31 日。同时，为了与 Original ERA_daily 时间序列一致，选取 1979 年 1 月 1 日—2016 年 12 月 31 日中国地面气候资料日值数据集逐日降水数据（GAUGE_daily）。汉江流域各数据集基本信息见表 3.1−1。

表 3.1−1　汉江流域 CMPA_daily、Original ERA_daily、GAUGE_daily 日降水数据比较

数据名称	时间序列	空间分辨率
CMPA_daily	2008 年 1 月 1 日—2016 年 12 月 31 日	0.1°
Original ERA_daily	1979 年 1 月 1 日—2016 年 12 月 31 日	0.75°
GAUGE_daily	1979 年 1 月 1 日—2016 年 12 月 31 日	70~80 km

1. 基本原理

在多源数据集基础数据预处理的基础上，基于贝叶斯理论开展了长系列降水融合方法研究。贝叶斯联合概率预测模型（Bayesian Joint Probability，BJP）是由 Wang 等提出的季节径流概率预测模型。由于 BJP 模型具有较高的预测技巧，目前已经被澳大利亚气象局作为其主要的业务预测模型，同时该模型也在美国 NCEP 中心开展了相关试验。在以往的研究中，BJP 模型采用 Metropolis 算法对模型参数的后验分布进行采样。然而，在进行高维数据采样时，Metropolis 算法容易产生维数灾。为解决该问题，本研究采用 Gibbs Sampling 算法，对参数的后验分布进行推断。

在改进的 BJP 预测模型框架下，本研究构建降水估计模型，对汉江流域内 0.1°网格降水进行估计，获取全面且准确的降水预测先验信息。下面对降水估计的原理及步骤进行介绍。

对于目标变量 $\boldsymbol{Y}^{\mathrm{T}} = \begin{bmatrix} y_1 \ y_2 \cdots x_{d_2} \end{bmatrix}$，存在影响因子 $\boldsymbol{X}^{\mathrm{T}} = \begin{bmatrix} x_1 \ x_2 \cdots x_{d_1} \end{bmatrix}$。在影响因子和目标变量均已知的情况下，为建立影响因子 $\boldsymbol{X}^{\mathrm{T}}$ 与目标变量 $\boldsymbol{Y}^{\mathrm{T}}$ 之间的多元正态分布关系，采用 Wang 等提出的 log-sinh 方法对影响因子和目标变量进行正态化变换：

$$x_{\mathrm{norm},i} = \beta_{x,i}^{-1}\ln\left[\sinh(\alpha_{x,i} + \beta_{x,i}\,x_i)\right] \qquad (3.1-1)$$

$$y_{\mathrm{norm},j} = \beta_{y,j}^{-1}\ln\left[\sinh(\alpha_{y,j} + \beta_{y,j}\,y_j)\right] \qquad (3.1-2)$$

式中，$i = 1,\cdots,d_1$，$j = 1,\cdots,d_2$，$\alpha_{x,i},\beta_{x,i}$ 和 $\alpha_{y,j},\beta_{y,j}$ 分别为影响因子和目标变量的正态化变换参数。采用最大化后验概率的方法对正态化变换参数进行点估计。

在此基础上，假定正态化变换后的影响因子 $\boldsymbol{X}_{\mathrm{norm}}^{\mathrm{T}} = \begin{bmatrix} x_{\mathrm{norm},1} \ x_{\mathrm{norm},2} \cdots x_{\mathrm{norm},d_1} \end{bmatrix}$ 和正态化变换后的目标变量 $\boldsymbol{Y}_{\mathrm{norm}}^{\mathrm{T}} = \begin{bmatrix} y_{\mathrm{norm},1} \ y_{\mathrm{norm},2} \cdots y_{\mathrm{norm},d_2} \end{bmatrix}$ 符合多元正态分布：

$$\begin{bmatrix} \boldsymbol{X}_{\mathrm{norm}} \\ \boldsymbol{Y}_{\mathrm{norm}} \end{bmatrix} \sim N(\boldsymbol{\mu}, \boldsymbol{\Sigma}) \qquad (3.1-3)$$

式中，$\boldsymbol{\mu}$ 和 $\boldsymbol{\Sigma}$ 分别为多元正态分布的均值和协方差矩阵：

$$\boldsymbol{\mu}^{\mathrm{T}} = \begin{bmatrix} \mu_1 \ \mu_2 \cdots \mu_{d_1} \ \mu_{d_1+1} \cdots \mu_{d_1+d_2} \end{bmatrix} \qquad (3.1-4)$$

$$\boldsymbol{\Sigma} = \boldsymbol{\sigma}\boldsymbol{R}\,\boldsymbol{\sigma}^{\mathrm{T}} \qquad (3.1-5)$$

$\boldsymbol{\sigma}$ 为标准差向量，$\boldsymbol{R}$ 为相关系数矩阵：

$$\boldsymbol{\sigma}^{\mathrm{T}} = \begin{bmatrix} \boldsymbol{\sigma}_1 \ \boldsymbol{\sigma}_2 \cdots \boldsymbol{\sigma}_{d_1} \ \boldsymbol{\sigma}_{d_1+1} \cdots \boldsymbol{\sigma}_{d_1+d_2} \end{bmatrix} \qquad (3.1-6)$$

$$\boldsymbol{R} = \begin{bmatrix} 1 & \cdots & r_{1,d_1+d_2} \\ \vdots & \ddots & \vdots \\ r_{d_1+d_2,1} & \cdots & 1 \end{bmatrix} \qquad (3.1-7)$$

对于多元正态分布而言，共有 $2(d_1 + d_2) + (d_1 + d_2 - 1)(d_1 + d_2)/2$ 个参数，这里将所有参数定义为 $\boldsymbol{\theta}$。

由贝叶斯理论可知，参数 $\boldsymbol{\theta}$ 的后验分布形式如下：

$$p(\boldsymbol{\theta} \mid \boldsymbol{X}_{\mathrm{norm}}, \boldsymbol{Y}_{\mathrm{norm}}) \propto \mathrm{p}(\boldsymbol{X}_{\mathrm{norm}}, \boldsymbol{Y}_{\mathrm{norm}} \mid \boldsymbol{\theta})p(\boldsymbol{\theta}) \qquad (3.1-8)$$

由于参数 $\boldsymbol{\theta}$ 的后验分布形式复杂，无法通过解析方法获取准确的后验分布形式。为此，本研究采用 Gibbs sampling 算法，对 $\boldsymbol{\theta}$ 的后验分布进行采样，主要步骤如下：

（1）在 $t = 0$ 时刻，从任意值开始初始化 $\boldsymbol{\theta}^0$。

（2）对每一个参数 $\theta_j^0, j = 1,\cdots,2(d_1 + d_2) + (d_1 + d_2 - 1)(d_1 + d_2)/2$，其条件概率分布为：

$$p(\theta_j \mid \theta_{-j}, \boldsymbol{X}_{\mathrm{norm}}, \boldsymbol{Y}_{\mathrm{norm}}) \qquad (3.1-9)$$

式中，θ_{-j} 为不包含 θ_j 的当前参数值。从上述条件概率分布中对 θ_j 进行采样，获得 $t = 1$ 时刻的 θ_j 值，θ_j^1。

（3）遍历所有参数，得到 $t = 1$ 时刻的一组参数 $\boldsymbol{\theta}^1$。

（4）重复上述操作 n 次，获得参数 $\boldsymbol{\theta}$ 的样本空间。

Gibbs sampling 算法是马尔科夫链蒙特卡洛（MCMC）抽样的一种，满足马氏链收敛定理，当抽样次数趋近于无穷大时，参数 $\boldsymbol{\theta}$ 的样本空间将趋近于稳定状态。为节省计算机时，研究采用 trace plot 的方法，绘制迭代次数与样本的关系图，生成马氏链样本路径。当样本路径没有明显趋势及周期性（细致平稳分布）时，认为采样达到收敛。

当目标变量未知时，采用上述研究中获得的正态化变换参数对影响因子 $\boldsymbol{X}^{*\mathrm{T}} = \begin{bmatrix} x_1^* & x_2^* & \cdots & x_{d_1}^* \end{bmatrix}$ 进行正态化变换：

$$x_{\mathrm{norm},i}^* = \beta_{x,i}^{-1}\ln\left[\sinh(\alpha_{x,i} + \beta_{x,i}\,x_i^*)\right] \tag{3.1-10}$$

由贝叶斯理论和多元正态分布理论可知，正态化变换后的目标变量 $\boldsymbol{Y}_{\mathrm{norm}}^{*\mathrm{T}} = \begin{bmatrix} y_{\mathrm{norm},1}^* & y_{\mathrm{norm},2}^* \cdots y_{\mathrm{norm},d_2}^* \end{bmatrix}$ 的分布形式如下：

$$f(y_{\mathrm{norm},j}^*) = \int p(y_{\mathrm{norm},j}^* \mid x_{\mathrm{norm},j}^*,\boldsymbol{\theta})p(\boldsymbol{\theta} \mid \boldsymbol{X}_{\mathrm{norm}},\boldsymbol{Y}_{\mathrm{norm}})d\boldsymbol{\theta} \tag{3.1-11}$$

利用上述正态化变换点估计的参数，对目标变量 $\boldsymbol{Y}_{\mathrm{norm}}^{*\mathrm{T}}$ 进行逆正态化变换，最终得到目标变量的分布 $\boldsymbol{Y}^{*\mathrm{T}} = \begin{bmatrix} y_1^* & y_2^* & \cdots & y_{d_2}^* \end{bmatrix}$：

$$y_j^* = \frac{\mathrm{arcsinh}(e^{\beta_{y,j}y_{\mathrm{norm},j}^*}) - \alpha_{y,j}}{\beta_{y,j}} \tag{3.1-12}$$

式中，$j = 1,\cdots,d_2$。

2. 模型构建

为获取汉江流域全面且准确的降水先验信息，研究以流域内 CMPA 0.1°网格 D 的日降水量为降水估计模型的目标变量 y，选取距离目标网格最近的 ERA-interim 网格日降水量作为影响因子 x_1（见图 3.1-1）。同时，选择距离最近的两个测站日降水量作为影响因子 x_2、x_3（见图 3.1-2）。

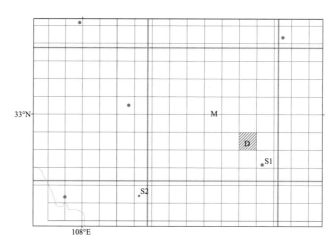

图 3.1-1　降水估计模型示意图

注：D 为 CMPA 网格；M 为 D 所在的 ERA-interim 网格；S1~S2 为网格 D 附近的气象站点。

当 CMPA 有资料时，建立正态转换后的目标变量 y_{norm} 和影响因子 $x_{\mathrm{norm},1}$、$x_{\mathrm{norm},2}$、$x_{\mathrm{norm},3}$ 间的关系：

$$\begin{bmatrix} x_{\mathrm{norm},1} & x_{\mathrm{norm},2} & x_{\mathrm{norm},3} & y_{\mathrm{norm}} \end{bmatrix} \sim \mathrm{N}(\boldsymbol{\mu},\boldsymbol{\Sigma}) \tag{3.1-13}$$

该降水估计模型中共包含了 $\alpha_{x,1},\alpha_{x,2},\alpha_{x,3},\alpha_y,\beta_{x,1},\beta_{x,2},\beta_{x,3},\beta_y$ 8 个正态化变换参数，以及 $\boldsymbol{\mu}$ 和 $\boldsymbol{\Sigma}$ 中所包含的 14 个多元正态分布参数 $\boldsymbol{\theta}$。

研究采用 Gibbs sampling 算法对参数 $\boldsymbol{\theta}$ 重复采样 20 000 次。根据模型 trace plot 中迭代次

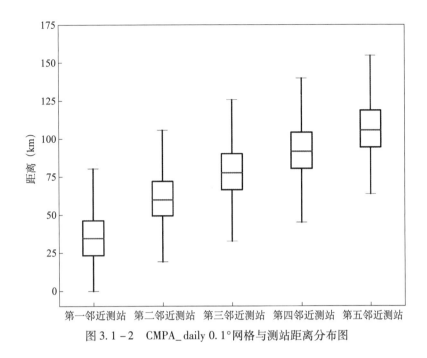

图 3.1 - 2　CMPA_daily 0.1°网格与测站距离分布图

数和样本间的关系，前 5000 次采样作为 burn-in 阶段。从后 15 000 组样本中，再抽取 1000 组样本，用来代表 θ 的后验分布。

当 CMPA 无资料时，研究根据正态化变换后的影响因子 ERA-interim 网格日降水量 $x^*_{\text{norm},1}$、测站日降水量 $x^*_{\text{norm},2}$、$x^*_{\text{norm},3}$、θ 的后验分布，获得目标变量 y^*_{norm} 的分布：

$$f(y^*_{\text{norm}}) = \int p(y^*_{\text{norm}} \mid x^*_{\text{norm},1}, x^*_{\text{norm},2}, x^*_{\text{norm},3}, \theta) p(\theta \mid x_{\text{norm},1}, x_{\text{norm},2}, x_{\text{norm},3}, y_{\text{norm}}) \mathrm{d}\theta$$

$$(3.1 - 14)$$

最后，利用 log-sinh 的逆变换方法，得到目标变量 y^* 的分布：

$$y^* = \frac{\operatorname{arcsinh}(e^{\beta_y y^*_{\text{norm}}}) - \alpha_y}{\beta_y}$$

$$(3.1 - 15)$$

3. 交叉检验

选取 2008 年 1 月 1 日—2016 年 12 月 31 日 CMPA_daily、Original ERA_daily 和 GAUGE_daily 日降水序列进行模型的构建及检验。为方便与 Original ERA_daily 比较，这里将估计日降水量简称为 Calibrated ERA_daily。同时，考虑到不同季节日降水统计特征的差异，研究将 2008—2016 年的日降水量按季节进行划分。其中，春季为 3—5 月的日降水量，夏季为 6—8 月的日降水量，秋季为 9—11 月的日降水量，冬季为 12 月—次年 2 月的日降水量。

为充分检验降水估计模型精度，研究采用 10-fold-cross-validation 的方法进行交叉检验。下面以网格 D 为例，给出具体检验步骤：

（1）将 CMPA_daily、Original ERA_daily、GAUGE_daily 各季节日降水时间序列分为 10 等份。

（2）为获得降水估计模型中各参数的后验分布，从各季节日降水序列中选选取 90% 的

CMPA_daily、Original ERA_daily、GAUGE_daily 数据参与模型的构建及后验分布参数的推断。

（3）根据模型参数的后验分布，以及剩余 10% 的 Original ERA_daily、GAUGE_daily 数据，对目标网格 D 日降水量进行估计。

（4）重复（2）~（3）过程 10 次，直至所有数据均参与参数推断及降水估计。

（5）通过将估计目标网格 D 日降水量 Calibrated ERA_daily 与 CMPA_daily 日降水量进行比较，给出降水估计模型精度及降水估计的不确定性。

与传统的降水估计算法不同，该降水估计模型不仅可以给出定量降水估计（均值），同时也可定量给出降水估计的不确定性。

对于降水估计模型估计日降水量均值 Ensemble mean of Calibrated ERA_daily 而言，主要选用相对偏差（RBIAS）、均方根误差（Root Mean Square Error，RMSE）和纳什效率系数（NSE）对每一个汉江流域 0.1° 网格估计日降水量均值进行检验。

$$RBIAS = \frac{\frac{1}{T} \sum_{t=1}^{T} (\overline{y_t^*} - O_t)}{\overline{O}} \quad (3.1-16)$$

$$RMSE = \sqrt{\frac{1}{T} \sum_{t=1}^{T} (\overline{y_t^*} - O_t)^2} \quad (3.1-17)$$

$$NSE = 1 - \frac{\sum_{t=1}^{T} (\overline{y_t^*} - O_t)^2}{\sum_{t=1}^{T} (\overline{O_t} - O_t)^2} \quad (3.1-18)$$

式中，$\overline{y_t^*}$ 为估计日降水量均值；O_t 为 CMPA_daily 日降水量；T 为参与检验的天数。

同时，利用列联表法对降水估计模型的空间分布进行检验。CSI 和 POD 分别为估计降水空间分布的成功指数和命中率，当 CSI 和 POD 越高时，表明空间分布与实测越接近。FAR 是误警率，表明估计降水发生，而实际降水没有发生。FAR 越大，误警率越高，空间估计能力越差。B 为估计降水和实测降水空间面积比。当 B 为 1 时，表明估计降水和实测降水的空间面积相同；B 小于 1 时估计降水空间面积小于实测降水，而 B 大于 1 时估计降水空间面积大于实测降水。表 3.1-2 即为本次降水估计模型的检验列联表。

表 3.1-2　检验列联表

Ensemble mean of Calibrated ERA_daily/ Original ERA_daily	CMPA_daily	
	发生	未发生
发生	a	b
未发生	c	d

$$CSI = \frac{a}{a+b+c} \quad (3.1-19)$$

$$B = \frac{a+b}{a+c} \quad (3.1-20)$$

$$\text{FAR} = \frac{b}{a+b} \tag{3.1-21}$$

$$\text{POD} = \frac{a}{a+c} \tag{3.1-22}$$

对于估计日降水量的不确定性而言，主要采用 CRPS（Continuous Ranked Probability Score）技巧评分、PIT（Probability Integral Transform）图、$\alpha\_$ index 分析 Calibrated ERA_ daily 分布的精度及可靠性。

CRPS 技巧评分主要用于检验 Calibrated ERA_daily 的精度。CRPS 越低，表明日降水量概率分布与实测值越接近。当 CRPS 为 0 时，表明估计日降水量与实测值一致。GRPS 计算示意图如图 3.1 – 3 所示。

$$\text{CRPS} = \frac{1}{T}\sum_{t=1}^{T}\int \left[F(y_t^*) - H(y_t^* - O_t) \right]^2 \mathrm{d}y \tag{3.1-23}$$

式中：$F(\cdot)$ 为 Calibrated ERA_daily 的累积分布函数；$H(\cdot)$ 为赫维赛德阶跃函数：

$$H(y_t^* - O_t) = \begin{cases} 0 & \text{当} y_t^* < O_i \\ 1 & \text{当} y_t^* > O_i \end{cases} \tag{3.1-24}$$

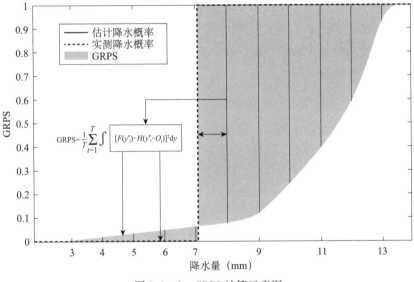

图 3.1 – 3　CRPS 计算示意图

对于 Original ERA_daily 日降水量而言，其 CRPS 评分相当于平均绝对误差。在此基础上，分别计算 Original ERA_daily 和 Calibrated ERA_daily 的 CRPS 技巧评分。对于 Calibrated ERA_daily 而言，其参考估计为 CMPA_daily 日降水量时间序列；对于 Original ERA_daily 而言，其参考估计与 Calibrated ERA_daily 的参考估计相同。CRPS 技巧评分公式如下：

$$\text{CRPS} = \frac{\text{CRPS}_{\text{REF}} - \text{CRPS}}{\text{CRPS}_{\text{REF}}} \times 100\% \tag{3.1-25}$$

式中，REF 为参考估计。

研究采用 PIT 图分析日降水量分布的可靠性。对于 CMPA_daily 日降水量 O_t，在估计日降水量分布下发生小于或等于该降水量 O_t 事件的概率为：

$$\pi_t = F(O_t) \qquad (3.1-26)$$

式中，$F(\cdot)$ 与前述定义相同，为估计日降水量的累积分布函数。

当 Calibrated ERA_daily 分布完全可靠时，π_t 应当符合均匀分布。通过绘制排序后的 π_t 与理论均匀分布散点图，能够分析估计日降水量分布的可靠性。同时，给定 95% 置信区间，利用 Kolmogorov-Smirnov 方法对 π_t 的分布进行检验。

由于一张 PIT 图只能够展示一个 0.1°CMPA 网格估计日降水量分布的可靠性，因此进一步计算 $\alpha\_$ index：

$$\alpha\_\ \text{index} = 1.0 - \frac{2}{n}\sum_{t=1}^{T}\left|\pi_t^* - \frac{t}{T+1}\right| \qquad (3.1-27)$$

式中，π_t^* 为 π_t 排序后的值。当 $\alpha\_$ index 越接近 1 时，表明 Calibrated ERA_daily 分布越可靠。

同时，对 Calibrated ERA_daily 的时空特征也进行检验。由于 Calibrated ERA_daily 具有 1000 个集合成员，分别计算每个集合成员、不同网格之间的 spearman 相关系数（inter-Grid），并与 CMPA_daily 网格之间的相关性进行比较。若 Calibrated ERA_daily 网格间的相关系数与 CMPA_daily 网格间的相关系数分布于 1:1 线附近，表明 Calibrated ERA_daily 的空间降水相关性与实测降水基本一致。同时，计算 Calibrated ERA_daily 每个网格、每个集合成员降水时间序列与滞后一天降水时间序列的 spearman 相关系数（LAG-1），以及 CMPA_daily 各网格时间序列与滞后一天降水的相关性。若两者一致，则表明 Calibrated ERA_daily 具有较好的时间相关性特征。

3.1.3 交叉检验结果分析

1. 均值估计

（1）典型降水分布比较。

图 3.1-4 为 2013 年 5 月 25 日 Original ERA_daily、GAUGE_daily、CMPA_daily、Ensemble mean of Calibrated ERA_daily 降水分布比较。相比于 Original ERA_daily 和 GAUGE_daily，基于降水估计模型的 Ensemble mean of Calibrated ERA_daily 综合了 ERA_daily 和 GAUGE_daily 两者各自的优势，能够更加详尽地描述降水的空间分布特征，与 CMPA_daily 降水分布更加接近。其中，Original ERA_daily 汉江流域下游地区降水存在较大的负偏差，大部分降水在 20mm 以下。然而，GAUGE_daily 中测站降水量级达到了 90mm 以上。Ensemble mean of Calibrated ERA_daily 有效地减小了 Original ERA_daily 在该地区的负偏差，降水量级与测站更为接近。同时，Ensemble mean of Calibrated ERA_daily 参考了 Original ERA_daily 的空间分布特征，与 CMPA_daily 的空间分布更为接近。

（2）精度分析。

图 3.1-5 为 Original ERA_daily 和 Ensemble mean of Calibrated ERA_daily 相对偏差。与 Original ERA_daily 日降水量相对偏差相比，基于降水估计模型的 Ensemble mean of Calibrated ERA_daily 降水偏差明显较小。对于春季日降水量估计而言，Original ERA_daily 约 20% 网格的相对偏差在 1%~5% 之间，而 Ensemble mean of Calibrated ERA_daily 在该范围内的网格占比约为 0，超过 70% 网格的相对偏差在 0%~1% 之间。对于夏季日降水量估计而言，Original ERA_daily 存在较为明显的正偏差，超过 90% 网格的相对偏差在 10% 以上，而 Ensemble mean of Calibrated ERA_daily 没有网格的相对偏差高于 10%，超过 70% 网格的相对偏差在 1%~5% 之间，约 30% 网格的相对偏差在 -1%~1% 之间。秋季日降水量估计存在一

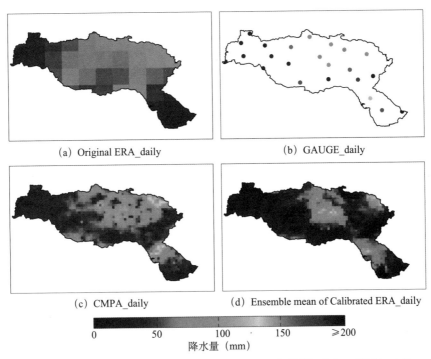

(a) Original ERA_daily　　　　(b) GAUGE_daily

(c) CMPA_daily　　　　(d) Ensemble mean of Calibrated ERA_daily

降水量（mm）

图 3.1-4　2013 年 5 月 25 日 Original ERA_daily、GAUGE_daily、CMPA_daily、
Ensemble mean of Calibrated ERA_daily 降水分布比较

定的负偏差，超过 50% 网格的相对偏差在 -10% ~ -5% 之间。冬季日降水量估计的相对偏差与秋季较为类似，Ensemble mean of Calibrated ERA_daily 约 80% 网格的相对偏差在 -10% ~5% 之间。

与相对偏差的结果相似，基于降水估计模型的 Ensemble mean of Calibrated ERA_daily 均方根误差小于 Original ERA_daily（图 3.1-6）。其中，夏季日降水量估计均方根误差减小较为显著。Original ERA_daily 夏季日降水量的均方根误差大部分在 8mm 以上，而 Ensemble mean of Calibrated ERA_daily 的均方根误差大部分在 3 ~ 8mm 之间。对于春季和秋季日降水量估计而言，Original ERA_daily 的均方根误差大部分在 3 ~ 5mm 之间，而 Ensemble mean of

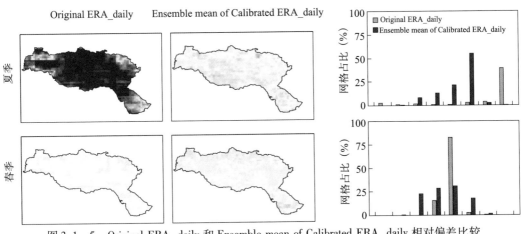

图 3.1-5　Original ERA_daily 和 Ensemble mean of Calibrated ERA_daily 相对偏差比较

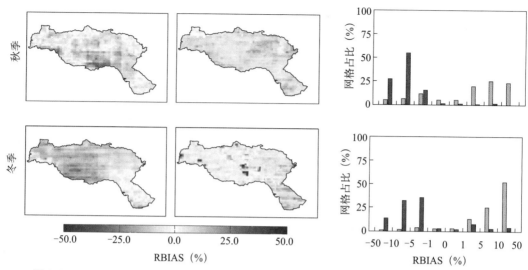

图 3.1-5 Original ERA_daily 和 Ensemble mean of Calibrated ERA_daily 相对偏差比较（续）

Calibrated ERA_daily 的均方根误差在 2～4mm 之间。

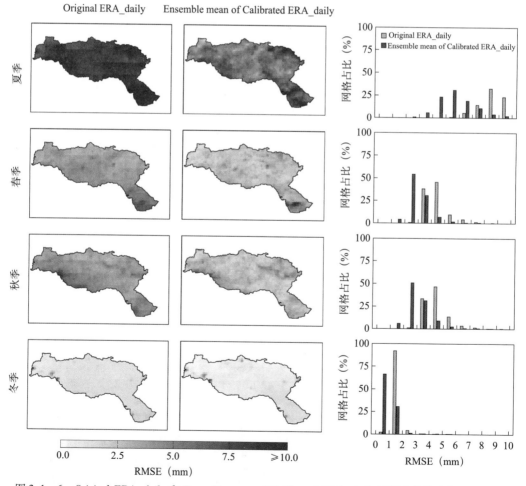

图 3.1-6 Original ERA_daily 和 Ensemble mean of Calibrated ERA_daily 日降水量均方根误差比较

进一步计算 Original ERA_daily 和 Ensemble mean of Calibrated ERA_daily 的纳什效率系数，结果如图 3.1－7 所示。从图中可以看出，Original ERA_daily 日降水量存在较大的误差，大部分网格日降水量纳什效率系数在 0.6 以下，其中，夏季约 70% 以上网格的纳什效率系数低于 0.3，而冬季纳什效率系数低于 0.3 的网格数占总网格数的 80% 以上。Ensemble mean of Calibrated ERA_daily 的纳什效率系数显著高于 Original ERA_daily。春季和秋季日降水纳什效率系数高于 0.6 以上的网格数达到了 80% 以上，而夏季约为 50%。Ensemble mean of Calibrated ERA_daily 冬季日降水纳什效率系数仍然较低，其中约 50% 的网格纳什效率系数低于 0.3。

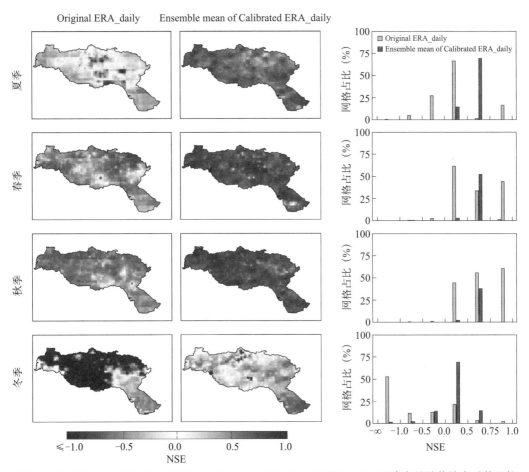

图 3.1－7　Original ERA_daily 和 Ensemble mean of Calibrated ERA_daily 日降水量纳什效率系数比较

进一步分析了 Original ERA_daily 和 Ensemble mean of Calibrated ERA_daily 不同阈值下的 CSI、B、POD、FAR 评分（见图 3.1－8）。与 Original ERA_daily 相比，Ensemble mean of Calibrated ERA_daily 的 CSI 和 POD 评分更高。当降水量达到 50mm 以上时，Original ERA_daily 的 CSI 评分仅有 0.2，而 Ensemble mean of Calibrated ERA_daily 的 CSI 评分仍达到了 0.4 左右。同时，Original ERA_daily 在该降水阈值下的 POD 评分在 0.3～0.4 之间，而 Ensemble mean of Calibrated ERA_daily 的 POD 评分在 0.7 左右。Original ERA_daily 和 Ensemble mean of Calibrated ERA_daily 的 FAR 评分差异不大，在不同降水阈值下，两者的 FAR 评分均在

0.1以下。当日降水量在 15mm 以下时，Ensemble mean of Calibrated ERA_daily 的 B 评分在 1以下，而超过这个阈值后，其 B 评分在 1 以上。当降水量达到了 50mm 以上时，Ensemble mean of Calibrated ERA_daily 的 B 评分在 1.6 左右，表明在该阈值下，其估计降水面积高于CMPA_daily。

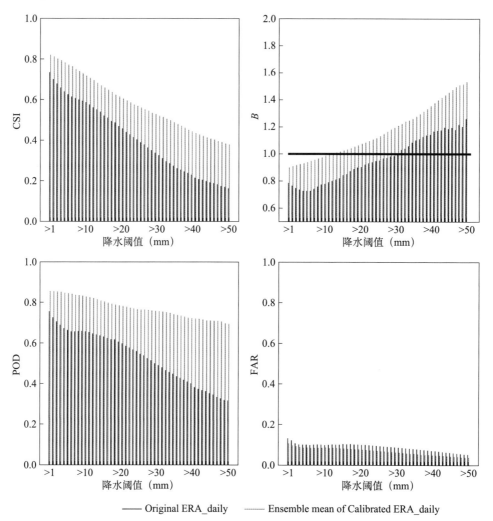

图 3.1-8　Original ERA_daily 和 Ensemble mean of Calibrated ERA_daily 不同阈值下的
CSI、B、POD、FAR 评分比较

　　研究基于 Ensemble mean of Calibrated ERA_daily 估计日降水量，利用面积加权平均方法，生成不同网格尺度（0.25°、0.5°）估计日降水量。同时，对日降水量进行累加，生成不同时间尺度（旬、月）降水。为对不同时空尺度估计网格化降水进行检验，利用上述方法对 CMPA_daily 日降水量进行处理，计算估计降水的均方根误差，如图 3.1-9所示。

　　从图中可以看出，随着时空分辨率的降低，估计降水的精度有了进一步的提高。当估计月降水量的空间分辨率为 0.5°时，不同季节下的均方根误差均低于 1mm/d。

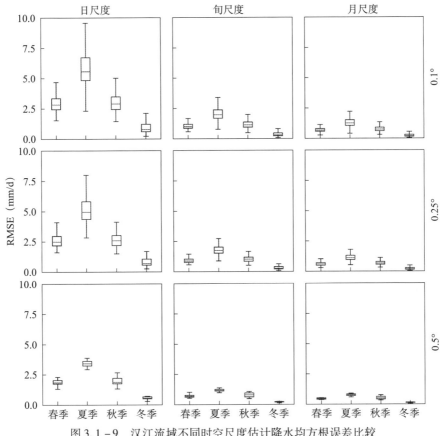

图 3.1-9 汉江流域不同时空尺度估计降水均方根误差比较

2. 集合估计

降水估计模型除了能够给出降水均值估计外，还能够给出降水的集合估计。通过 CRPS 技巧评分和可靠性分析，定量分析降水估计模型估计日降水量的不确定性。

（1）精度分析。

图 3.1-10 为 Original ERA_daily 和 Calibrated ERA_daily 日降水量 CRPS 技巧评分比较。除冬季外，其余季节 Original ERA_daily 和 Calibrated ERA_daily CRPS 技巧评分均为正数，表明其日降水量估计均优于参考估计。然而，Calibrated ERA_daily CRPS 技巧评分高于 Original ERA_daily，表明 Calibrated ERA_daily 估计降水具有更高的精度。Original ERA_daily 冬季日降水量估计的 CRPS 技巧评分存在大量负值，表明其估计值精度低于参考估计。Calibrated ERA_daily 冬季日降水量估计 CRPS 技巧评分高于 Original ERA_daily，但仍存在一定的负值区，这主要与汉江流域冬季气候特征相关。

（2）可靠性分析。

图 3.1-11 为 Calibrated ERA_daily 日降水量估计 α_index 空间分布图及网格 A 的 PIT 图。从图中可以看出，不同季节基于降水估计模型的日降水量估计 α_index 值均在 0.9 以上，表明 Calibrated ERA_daily 具有较高的可靠性。其中，春季和夏季日降水量估计的可靠性比秋季和冬季高。利用 PIT 图分析网格 A 的可靠性，发现 Calibrated ERA_daily 分布下实

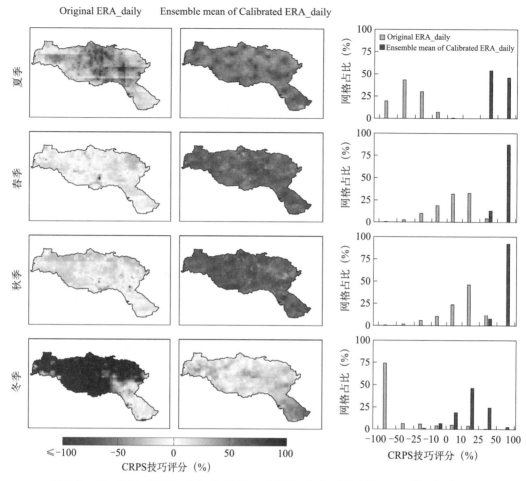

图 3.1 - 10 Original ERA_daily 和 Calibrated ERA_daily 日降水量 CRPS 技巧评分比较

测降水累积概率与理论均匀分布较为接近，其散点图分布在 1∶1 线附近，证明 Calibrated ERA_daily 网格 A 的可靠性较高。同时，Calibrated ERA_daily 分布下实测降水累积概率与理论分布的散点基本在 Kolmogorov-Smirnov 95% 置信区间以内。

（3）时空相关性分析。

图 3.1 - 12 和图 3.1 - 13 分别比较了 Calibrated ERA_daily 与 CMPA_daily 在空间相关性、LAG - 1 时间相关性的差异。从图中可以看出，Calibrated ERA_daily 的空间相关性与 CMPA_daily 的空间相关性基本一致，大部分集合成员网格间的相关系数与 CMPA_daily 网格间的相关系数分布在 1∶1 附近。其中，春季和秋季日降水的空间相关性与实测更为接近，夏季次之，冬季最低。对于 LAG - 1 降水而言，秋季的时间滞后相关性最高，Calibrated ERA_daily 与 CMPA_daily 各集合成员的时间滞后相关系数均在 0.3 ~ 0.4 之间。夏季降水的时间滞后相关性较秋季低，但其集合成员的时间滞后相关性与 CMPA_daily 降水的时间滞后性基本一致。Calibrated ERA_daily 春季日降水的时间滞后相关系数大约在 0.1 ~ 0.3 之间，与 CMPA_daily 降水的时间滞后相关性基本相同。但是对于冬季日降水而言，Calibrated ERA_daily 各集合成员的时间滞后相关性与 CMPA_daily 降水的时间滞后相关性并不一致，大部分

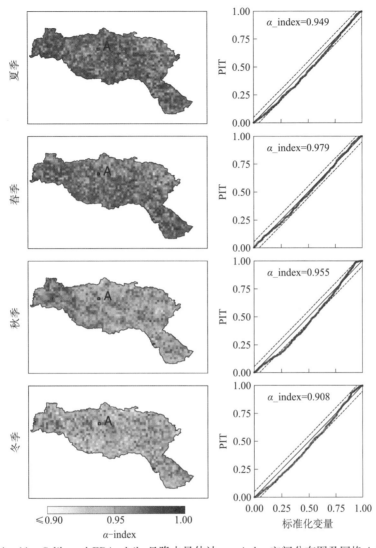

图 3.1－11　Calibrated ERA_daily 日降水量估计 α_index 空间分布图及网格 A PIT 图

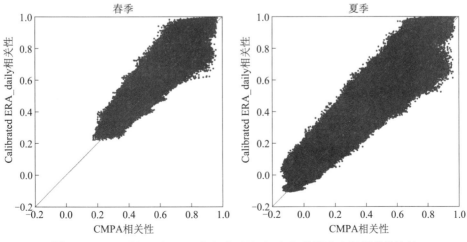

图 3.1－12　Calibrated ERA_daily 与 CMPA_daily 的降水空间相关性比较

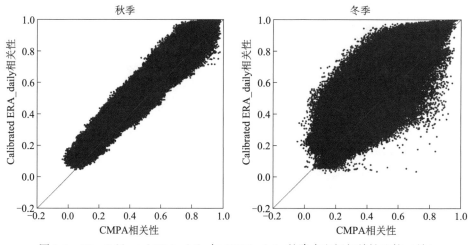

图 3.1-12 Calibrated ERA_daily 与 CMPA_daily 的降水空间相关性比较（续）

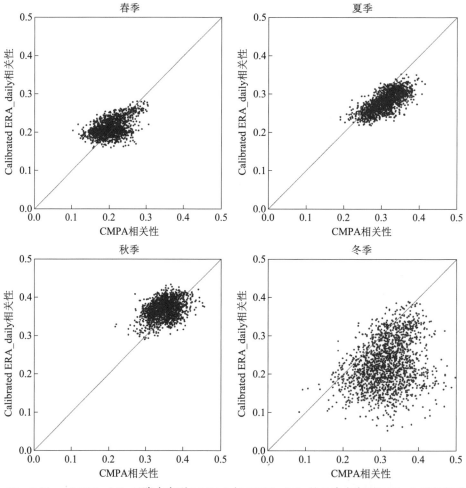

图 3.1-13 Calibrated ERA_daily 日降水序列 LAG-1 与 CMPA_daily 的日降水序列 LAG-1 时间相关性比较

情况下 CMPA_daily 的 LAG－1 相关系数高于 Calibrated ERA_daily 各集合成员。

3.1.4　长序列降水估计

1. 合理性分析

对于 1979—2007 年日降水时间序列而言，缺少高精度高分辨率资料，同时，由于模型采用了测站降水信息，无法对估计的 0.1°网格降水直接进行检验。为分析降水估计模型对 1979—2007 年日降水量估计的合理性，研究仅采用 2008 年 1 月 1 日—2016 年 12 月 31 日 CMPA_daily 和 Original ERA_daily 对降水估计模型参数的后验分布进行推断。以 1979—2007 年 ERA_daily 降水作为影响因子，对汉江流域 0.1°网格日降水进行估计。由于该过程中没有测站降水的参与，因此可以将该结果与测站降水进行比较，从而对 1979—2007 年降水估计的合理性进行验证。

图 3.1－14 比较了 Calibrated ERA 和 Original ERA 与实测站点降水间的差异。从图中可以看出，即使不采用测站降水信息，Calibrated ERA 的降水估计精度仍高于 Original ERA 精度，表明降水估计模型参数的后验分布包含了有效信息，能够用于改善降水估计的精度。

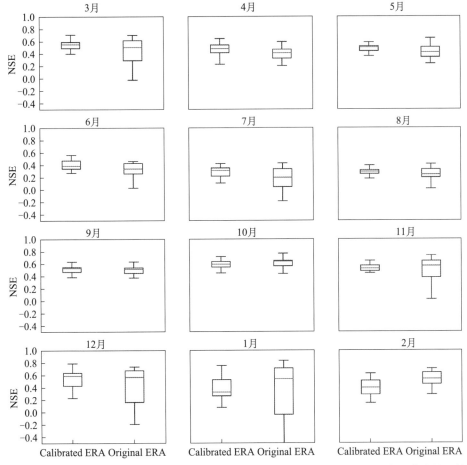

图 3.1－14　1979—2007 年 Clibrated ERA、Original ERA 日降水量和实测站点日降水量比较

在此基础上，利用 2008 年 1 月 1 日—2016 年 12 月 31 日 CMPA_daily、Original ERA_daily、GAUGE_daily 对降水估计模型参数的后验分布进行推断。以 1979—2007 年 ERA_daily 和 GAUGE_daily 降水作为影响因子，对汉江流域 0.1°网格日降水进行估计，最终获得汉江流域 1979 年 1 月 1 日—2007 年 12 月 31 日逐日 0.1°网格降水数据集。

研究选取 1983 年 10 月的一次强降水过程，比较了在有测站参与的情况下，Original ERA_daily、GAUGE_daily 和 Ensemble mean of Calibrated ERA_daily 的差异。

1983 年 10 月，汉江流域出现了一次极端暴雨过程。该暴雨过程持续时间长，降水强度大。其中，丹江口入库流量达到了 34 300 m^3/s，是丹江口水库自建库以来的最大流量。从图 3.1-15 中可以看出，1983 年 10 月 3 日降水量主要集中在汉江流域上游地区，存在两个暴雨中心，一个位于大巴山一带，另一个位于伏牛山一带，降水量均达到了 50mm 以上。1983 年 10 月 4 日，暴雨过程进一步增强，汉江流域上游和中游大部分地区均出现了 50mm 以上的降水。其中，Ensemble mean of Calibrated ERA_daily 汉江流域中游出现了 100mm 以上的大暴雨，而在该地区没有测站记录。1983 年 10 月 5 日，暴雨继续向东南方向迁移，且降雨强度进一步减弱。Ensemble mean of Calibrated ERA_daily 暴雨中心与测站暴雨中心位置基本一致，主要集中于丹江口水库附近和下游地区，进一步证实了降水估计模型估计日降水量的合理性。

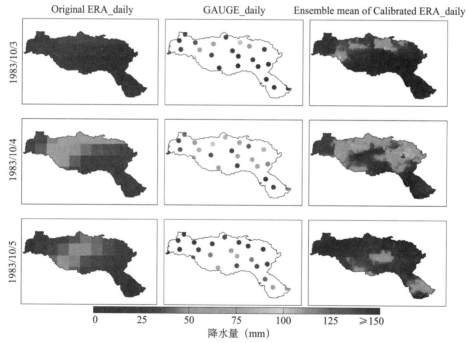

图 3.1-15　1983 年 10 月 3—5 日 Original ERA_daily、GAUGE_daily、
Ensemble mean of Calibrated ERA_daily 逐日降水分布图

2. 时空特征分析

研究基于 1979—2007 年估计 0.1°网格日降水，生成相同空间分辨率下的季尺度和月尺度降水数据。利用经验正交函数法（Empirical Orthogonal Function，EOF），分别对汉江流域

季尺度和月尺度降水的时空分布特征进行分析。

为有效开展 EOF 分解，研究采用下述方法分别对季尺度和月尺度降水进行标准化：

$$s_x = \sqrt{\frac{1}{T}\sum_{i=1}^{T}(x_i - \bar{x})} \tag{3.1-28}$$

$$x' = \frac{x_i - \bar{x}}{s_x} \tag{3.1-29}$$

EOF 将标准化后的降水序列分解为空间函数部分和时间函数部分。其中，空间函数部分主要反映降水的空间特征，不随时间变化。时间函数部分（又称主分量或时间系数）是降水空间特征的线性组合，反映降水空间分布的时间变化特征。各空间函数的重要性则通过方差贡献率衡量，方差贡献率越大，表明该空间分布越典型。通常情况下，前几个主分量的累积方差贡献率较大，因此，仅对少数几个主分量进行研究就可以达到把握场变量总体规律的目的。

3. 月尺度降水估计结果分析

表 3.1-3 为各月降水 EOF 分解不同模态的方差贡献率。与季尺度降水类似，月度降水的前 2 个模态累积方差贡献率也达到了 60% 以上。除 7 月份以外，第一模态的方差贡献率在 58% 以上，第二模态的方差贡献率在 10% 以上。说明汉江流域不同月份的降水空间分布类型主要集中在前 2 个模态。因此，下面主要分析月度降水的第一模态和第二模态特征。

表 3.1-3　月度降水 EOF 分解主分量方差贡献率

月份	主分量序号	1	2	3	4	5	6
1	方差贡献率（%）	58.43	12.02	7.13	5.87	3.32	2.15
	累积方差贡献率（%）	58.43	70.45	77.57	83.45	86.76	88.91
2	方差贡献率（%）	62.88	12.96	6.9	4.67	3.03	1.5
	累积方差贡献率（%）	62.88	75.85	82.75	87.42	90.45	91.95
3	方差贡献率（%）	64.9	11.43	5.91	3.96	3.33	2.16
	累积方差贡献率（%）	64.9	76.33	82.24	86.2	89.52	91.69
4	方差贡献率（%）	59.68	11.54	5.99	4.46	3.14	2.68
	累积方差贡献率（%）	59.68	71.23	77.22	81.68	84.82	87.5
5	方差贡献率（%）	56.78	9.63	7.18	4.93	4.55	3.52
	累积方差贡献率（%）	56.78	66.42	73.6	78.53	83.08	86.59

月份	主分量序号	1	2	3	4	5	6
6	方差贡献率（%）	59.4	13.34	6.05	4.63	3.48	2.46
	累积方差贡献率（%）	59.4	72.74	78.8	83.43	86.91	89.37
7	方差贡献率（%）	49.07	14.33	12.44	4.88	4.06	3.07
	累积方差贡献率（%）	49.07	63.4	75.84	80.72	84.78	87.85
8	方差贡献率（%）	58.82	12.64	8	4.7	3.21	2.26
	累积方差贡献率（%）	58.82	71.46	79.46	84.15	87.37	89.63
9	方差贡献率（%）	60.07	18.96	6.68	3.44	2.53	1.62
	累积方差贡献率（%）	60.07	79.04	85.72	89.16	91.69	93.31
10	方差贡献率（%）	74.00	11.76	3.89	2.86	1.75	1.63
	累积方差贡献率（%）	74.00	85.76	89.65	92.51	94.26	95.89
11	方差贡献率（%）	69.42	10.87	5.35	4.34	3.4	1.72
	累积方差贡献率（%）	69.42	80.29	85.64	89.98	93.38	95.1
12	方差贡献率（%）	64.45	10.07	5.8	5.11	3.89	2.37
	累积方差贡献率（%）	64.45	74.53	80.34	85.44	89.33	91.7

图 3.1-16 为各月降水第一模态空间分布特征。除 6、7 月份以外，其余月份 EOF 分解符号呈现一致性，表明汉江流域不同月份降水也以"全区涝（旱）"的空间格局为主。不同月份的月度降水第二模态空间分布特征出现了较大差异（见图 3.1-17）。其中，除 5、6 月份外，其余月份第二模态特征向量呈现"西正（负）东负（正）"特征，表明月度降水存在"东涝（旱）西旱（涝）"的空间格局。5、6 月份第二模态特征向量主要呈现"南正（负）北负（正）"特征，表明月度降水的空间格局为"南涝（旱）北旱（涝）"型。

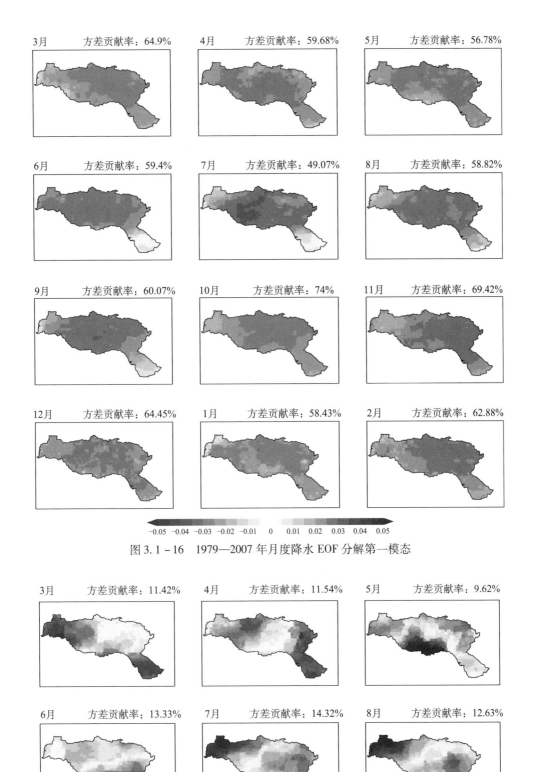

图 3.1 - 16 1979—2007 年月度降水 EOF 分解第一模态

图 3.1 - 17 1979—2007 年月度降水 EOF 分解第二模态

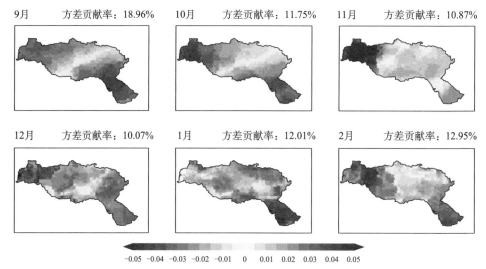

图 3.1 – 17　1979—2007 年月度降水 EOF 分解第二模态（续）

3.2　月尺度降水预测方法

3.2.1　月尺度降水预测方法概述

数值模式是目前开展定量降水预报预测的主要方法。目前提供精度较高的未来 10d 中期定量降水预报结果的全球数值模式有 ECMWF、GFS 和 GEM。

欧洲中期天气预报中心（ECMWF）是一个包括 24 个欧盟成员国的国际性天气预报研究和业务机构。该中心于 1979 年 6 月首次做出了实时的中期天气预报，1979 年 8 月 1 日开始发布业务性中期天气预报，为其成员国提供实时的天气预报服务。ECMWF 主要提供 10 天的中期数值预报产品，各成员国通过专用的区域气象数据通信网络得到这些产品后做出各自的中期预报，同时 ECMWF 也通过由世界气象组织（WMO）维护的全球通信网络向世界所有国家发送部分有用的中期数值预报产品。2012 年，ECMWF 运行的全球数值模式水平分辨率已达到 16km，垂直方向至大气层顶分为 91 层。2016 年 3 月，ECMWF 进一步将全球数值模式分辨率提高至 9km，并考虑了高分辨率可能导致虚报暴雨中心的问题，定量降水预报能力有了进一步的提高。

GFS 模式是由美国国家海洋和大气管理局（NOAA）推出的全球天气预报模式。2005 年 9 月美国国家天气局（NWS）开始发布经过升级后的天气信息，目前应用的天气预报产品主要有飓风、暴雪、干旱、暴雨、航天等。本次升级包括改进大气物理模型、陆面过程模型等，并采用了来自美国国家航空航天局的卫星探测资料。GFS 模式未来 10 天的水平分辨率约为 13km，10～16d 的水平分辨率约为 35km，垂直方向至大气层顶分为 128 层，每日 00 时、06 时、12 时、18 时 4 个时次运行模式（董颜等，2015；梁国华等，2009）。

GEM 模式是由加拿大气象中心（Canadian Meteorological Centre，CMC）和气象研究部（Meteorological Research Branch，MRB）共同研发的全球数值预报模式，该模式采用有限元网格划分方法，对未来 10 天的天气状况进行预报（吴娟等，2012）。目前，GEM 模式的水平分辨率已经达到了 0.24°（约 25km），垂直方向至大气层顶分为 58 层。

与全球气候模式相比，区域气候模式通过与全球气候模式进行嵌套，在区域尺度上具有更高的时空分辨率，能够更好地刻画区域气候特征及中小尺度物理过程，对提高短期气候预测能力具有一定的潜力。近 20 年来，随着计算机水平的不断提高，区域气候模式得到了快速发展。2001—2004 年，欧洲 PRUDENCE（Prediction of Regional Scenarios and Uncertainties for defining European Climate Change Risk and Effects）项目利用多个不同排放情景下的全球气候模式驱动区域气候模式，结果用于评估气候变化对局地水文、农业等的影响。2004—2009 年，在欧洲委员会的资助下，英国气象局哈德利中心（Met Office Hadly Center）开展了 EN-SEMBLES 项目，旨在研究月、季、年及更长时间尺度下全球气候模式预测能力，并构建欧洲高分辨率的区域气候模式。

WRF 模式是由美国国家大气研究中心（NCAR）、美国国家海洋和大气管理局（NOAA）、美国空军气象局（AWFA）等机构共同研发的数值模式，采用非静力平衡的欧拉方程组对大气物理过程进行描述。考虑到下垫面的复杂性，垂直方向采用沿地形追随静力气压欧拉坐标 η：

$$\eta = (p_h - p_{ht})/\mu, \quad \mu = p_{hs} - p_{ht} \qquad (3.2-1)$$

式中：p_h 为计算气压；p_{ht} 为顶层气压；p_{hs} 为近地面气压。

在不考虑水汽作用的情况下，模式控制方程组为：

$$\partial_t U + (\nabla g V u) - \partial_x(p\phi_n) + \partial_x(p\phi_x) = F_u \qquad (3.2-2)$$

$$\partial_t V + (\nabla g V v) - \partial_v(p\phi_n) + \partial_v(p\phi_x) = F_v \qquad (3.2-3)$$

$$\partial_t W + (\nabla g V w) - g(\partial_n p - \mu) = F_w \qquad (3.2-4)$$

$$\partial_t \phi + \mu^{-1}[(Vg\nabla\phi) - gW] = 0 \qquad (3.2-5)$$

$$\partial_t \Theta + (\nabla g V \theta) = F_\Theta \qquad (3.2-6)$$

$$\partial_t \mu + (\nabla g V) = 0 \qquad (3.2-7)$$

比热容与位势高度场的关系为：

$$\partial_n \phi = -\alpha\mu \qquad (3.2-8)$$

状态方程为：

$$p = p_0(R_d\theta/p_0\alpha)^\gamma \qquad (3.2-9)$$

微分算子为：

$$Vg\nabla a = U\partial_x a + V\partial_y a + \Omega\partial_\eta a \qquad (3.2-10)$$

$$Vg\nabla a = U\partial_x a + V\partial_y a + \Omega\partial_\eta a \qquad (3.2-11)$$

式中：$V = (u, v, w)$ 表示三维协变速度；$\Omega = \mu\dot{\eta}$ 为逆变垂直速度；θ 为位温；γ 为比热容，通常为 1.4；p_0 为参考气压，通常取值 1000 hPa；F_u 为物理过程引起的强迫项；F_v 为扰动混合引起的强迫项；F_w 为球面投影引起的强迫项；F_Θ 为地球自转引起的强迫项。

在水汽作用下，垂直坐标进行如下改动：

$$\eta = \frac{(p_{dh} - p_{dht})}{\mu_d}, \quad \mu_d = p_{dhs} - p_{dht} \qquad (3.2-12)$$

式中：p_{dht} 为干对流层顶气压；p_{dhs} 为干大气地面气压；p_{dh} 为干大气气压。

在考虑水汽作用的情况下，模式控制方程为：

$$\partial_t U + (\nabla \cdot Vu)_\eta + \mu_d \alpha \, \partial_x p + \frac{\alpha}{\alpha_d} \partial_\eta p \, \partial_x \phi = F_u \qquad (3.2-13)$$

$$\partial_t V + (\nabla \cdot Vv)_\eta + \mu_d \alpha \, \partial_y p + \frac{\alpha}{\alpha_d} \partial_\eta p \, \partial_y \phi = F_v \qquad (3.2-14)$$

$$\partial_t W + (\nabla \cdot Vw)_\eta - g \left(\frac{\alpha}{\alpha_d} \partial_\eta p - \mu_d \right) = F_w \qquad (3.2-15)$$

$$\partial_t \Theta + (\nabla \cdot V\theta) = F_\Theta \qquad (3.2-16)$$

$$\partial_t \mu_d + (\nabla \cdot V) = 0 \qquad (3.2-17)$$

$$\partial_t \phi + \frac{[(V \cdot \nabla \phi)_n - gW]}{\mu_d} = 0 \qquad (3.2-18)$$

$$\partial_t Q_m + (V \cdot \nabla q_m)_\eta = F_{Qm} \qquad (3.2-19)$$

干比热容与位势高度场的关系为：

$$\partial_\eta \phi = - \alpha_d \mu_d \qquad (3.2-20)$$

状态方程为：

$$p = p_0 \left(\frac{R_d \theta_m}{p_0 \alpha_d} \right)^y, \quad \theta_m = \theta \left[1 + \left(\frac{R_v}{R_d} \right) q_v \right] \approx \theta(1 + 1.61 q_v) \qquad (3.2-21)$$

式中：α_d 为干大气通用变量；q_* 为单位质量混合率（水汽、云、雨、冰等）。

3.2.2 基于 WRF 模式的月尺度降水预测

以 CFSv2 1999—2007 年 9 年汇报资料 CFSRR（Climate Forecast System Reforecast）作为 WRF 模式（版本 3.5）的初始场和边界场，每 6h 更新一次边界场。WRF 模式模拟区域范围中心经纬度为 32.1°N、110.2°E，模拟区域如图 3.2-1 所示。采用双层嵌套方案，外层 D01 水平分辨率为 30km，经向网格数为 56，纬向网格数为 34；内层 D02 水平分辨率为 10km，经向网格数为 91，纬向网格数为 61；D01 时间积分步长为 180s，D02 时间积分步长为 60s。模式垂直分层 38 层，顶层气压为 50 hPa。预报初始化时间是每个季节的前 1 个月，对未来 4 个月进行积分，模式输出时间分辨率为 1d。

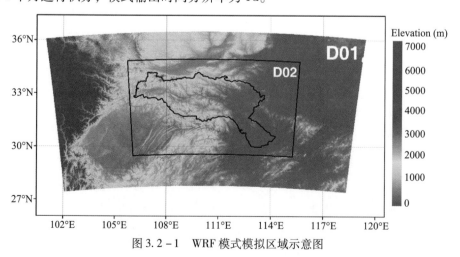

图 3.2-1　WRF 模式模拟区域示意图

预报初始化时间是每个季节的前 1 个月，对未来 4 个月进行积分，第 1 个月作为 spin-up 时间，后 3 个月为有效预测时间。以 2007 年 6、7、8 月降水预测为例，WRF 模式的初始化时间为 2007 年 5 月 1 日，对未来 5—8 月进行积分。由于数值模式是从无云状态开始计算，因此将 5 月份作为模式的 spin-up 时间，预测的有效时间为 6 月 1 日—8 月 31 日。

除积云对流参数化方案和陆面过程参数化方案外，其他物理过程参数化方案选择如下：Ferrier 云微物理过程参数化方案；Yonsei University Scheme（YUS）行星边界层方案；Dudhia 短波辐射方案；RRTM 长波辐射方案。

将选用的 4 种积云对流参数化方案与 2 种陆面过程参数化方案进行组合，共 8 种参数化组合方案，见表 3.2 - 1。

表 3.2 - 1　WRF 模式积云对流参数化方案和陆面过程参数化方案组合

组合方案	积云对流参数化方案	陆面过程参数化方案
K - N	KF	Noah
B - N	BMJ	
G - N	GF	
N - N	NSAS	
K - S	KF	SSiB
B - S	BMJ	
G - S	GF	
N - S	NSAS	

图 3.2 - 2 为 CFSv2、WRF 模式预测面平均雨量相对偏差 BIAS。对于春季各月（3—5 月）降水预测而言，3、4 月预测存在较大的正偏差，无论是 CFSv2 模式还是 WRF 模式不同组合方案，其相对偏差均超过了 100%。5 月预测降水的相对偏差小于 3、4 月，但除 CFSv2 模式外，WRF 模式不同组合方案的相对偏差也都超过了 50%。

CFSv2 模式对夏季各月（6—8 月）降水预测存在负偏差。其中，6 月的相对偏差最小，为 -4.3%。当 WRF 模式采用 N - S 组合方案时，6 月预测降水相对偏差最小，为 1.2%。CFSv2 模式对 7、8 月降水预测相对偏差分别为 -39.5% 和 -31.5%。当 WRF 模式采用 K - N 组合方案时，相对偏差分别为 10.3% 和 -2.4%，有效提高了 7、8 月降水预测精度。

对于秋季各月（9—11 月）降水而言，CFSv2 模式预测的相对偏差较小，其中 9、10 月的相对偏差分别为 -4.9% 和 -1.6%。相比较而言，WRF 模式不同组合方案预测的相对偏差高于 CFSv2 模式。

冬季各月（12 月、1 月、2 月）降水预测相对偏差较大，CFSv2 模式和 WRF 模式不同组合方案预测的相对偏差均达到了 100% 以上。同时，当模式采用 SSiB 陆面过程时，其相对偏差高于模式采用 Noah 陆面过程。

图 3.2 - 3 为 CFSv2 模式和 WRF 模式不同组合方案各月预测面雨量均方根误差。对于春季（3—5 月）和秋季（9—11 月）各月降水而言，CFSv2 模式预测的均方根误差小于 WRF 模式不同组合方案。对于夏季各月（6—8 月）而言，CFSv2 模式预测均方根误差和 WRF 模式预测均方根误差存在差异。其中，CFSv2 模式预测 6 月份降水均方根误差小于 WRF 模式，表明 CFSv2 模式预测精度高于 WRF 模式。但对于 7 月份而言，当 WRF 模式采用 K - N 组合

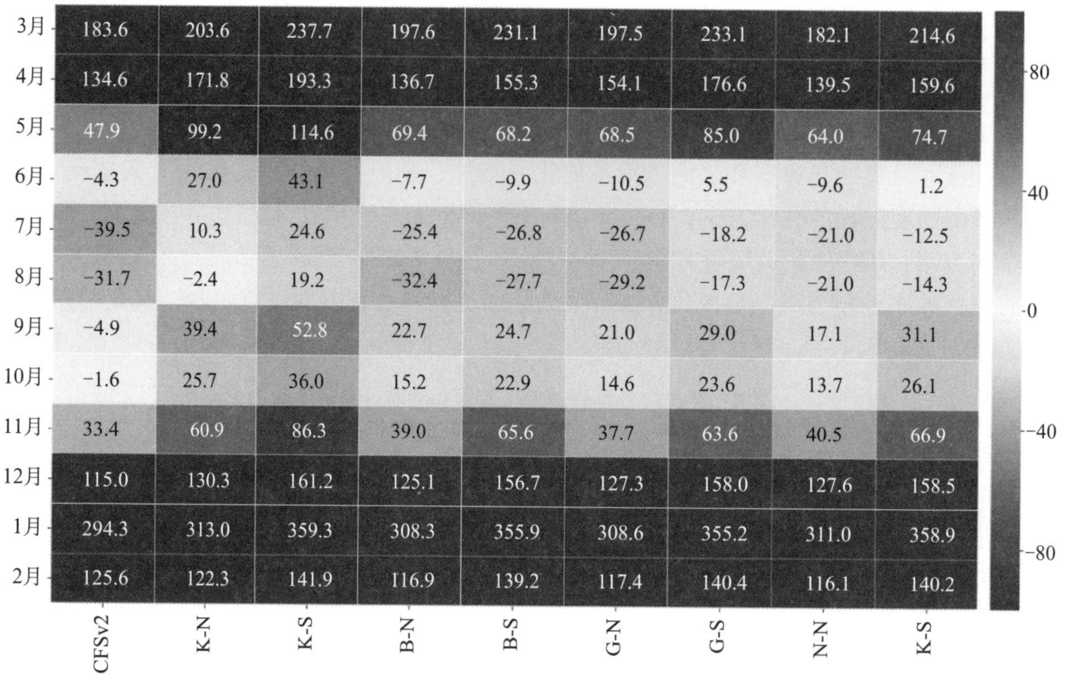
3月 183.6 203.6 237.7 197.6 231.1 197.5 233.1 182.1 214.6
4月 134.6 171.8 193.3 136.7 155.3 154.1 176.6 139.5 159.6
5月 47.9 99.2 114.6 69.4 68.2 68.5 85.0 64.0 74.7
6月 -4.3 27.0 43.1 -7.7 -9.9 -10.5 5.5 -9.6 1.2
7月 -39.5 10.3 24.6 -25.4 -26.8 -26.7 -18.2 -21.0 -12.5
8月 -31.7 -2.4 19.2 -32.4 -27.7 -29.2 -17.3 -21.0 -14.3
9月 -4.9 39.4 52.8 22.7 24.7 21.0 29.0 17.1 31.1
10月 -1.6 25.7 36.0 15.2 22.9 14.6 23.6 13.7 26.1
11月 33.4 60.9 86.3 39.0 65.6 37.7 63.6 40.5 66.9
12月 115.0 130.3 161.2 125.1 156.7 127.3 158.0 127.6 158.5
1月 294.3 313.0 359.3 308.3 355.9 308.6 355.2 311.0 358.9
2月 125.6 122.3 141.9 116.9 139.2 117.4 140.4 116.1 140.2
CFSv2 K-N K-S B-N B-S G-N G-S N-N K-S
80
40
0
-40
-80

图 3.2－2　CFSv2、WRF 模式预测汉江流域不同月份面平均雨量相对偏差 RBIAS（%）

方案时，其均方根误差为 57.6mm，小于 CFSv2 模式的 81.7mm。对于 8 月份而言，当 WRF 模式采用 N－S 组合方案时，预测均方根误差为 35.1mm，小于 CFSv2 模式的 51.3mm。CFSv2 模式和 WRF 模式冬季各月（12、1、2 月）预测降水均方根差异不大。

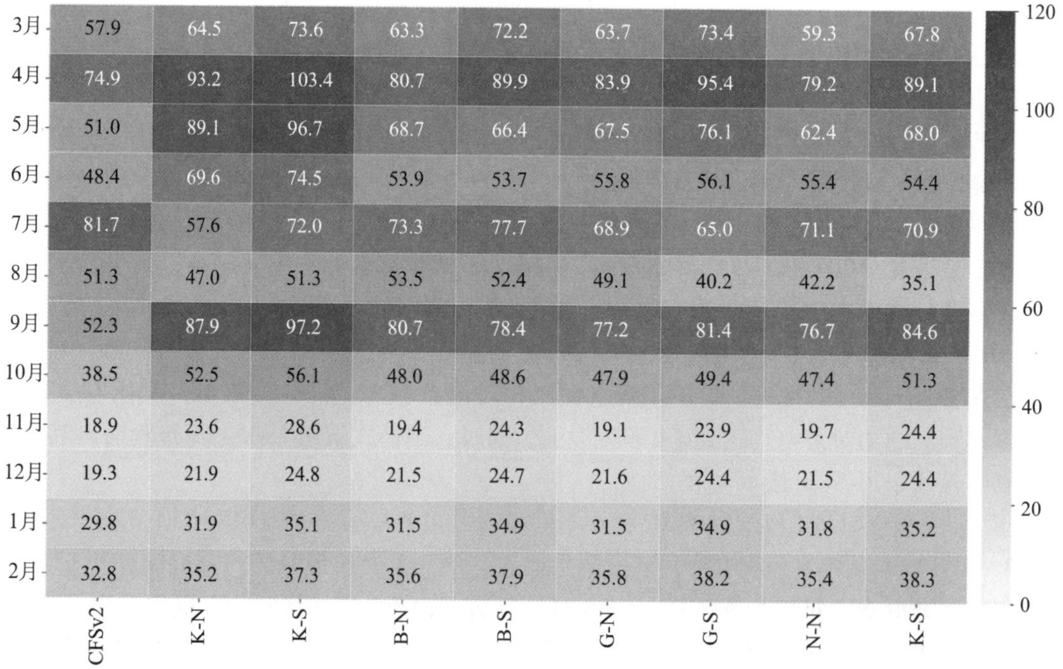
3月 57.9 64.5 73.6 63.3 72.2 63.7 73.4 59.3 67.8
4月 74.9 93.2 103.4 80.7 89.9 83.9 95.4 79.2 89.1
5月 51.0 89.1 96.7 68.7 66.4 67.5 76.1 62.4 68.0
6月 48.4 69.6 74.5 53.9 53.7 55.8 56.1 55.4 54.4
7月 81.7 57.6 72.0 73.3 77.7 68.9 65.0 71.1 70.9
8月 51.3 47.0 51.3 53.5 52.4 49.1 40.2 42.2 35.1
9月 52.3 87.9 97.2 80.7 78.4 77.2 81.4 76.7 84.6
10月 38.5 52.5 56.1 48.0 48.6 47.9 49.4 47.4 51.3
11月 18.9 23.6 28.6 19.4 24.3 19.1 23.9 19.7 24.4
12月 19.3 21.9 24.8 21.5 24.7 21.6 24.4 21.5 24.4
1月 29.8 31.9 35.1 31.5 34.9 31.5 34.9 31.8 35.2
2月 32.8 35.2 37.3 35.6 37.9 35.8 38.2 35.4 38.3
CFSv2 K-N K-S B-N B-S G-N G-S N-N K-S
120
100
80
60
40
20
0

图 3.2－3　CFSv2、WRF 模式预测汉江流域各月面平均雨量均方根误差（mm）

图 3.2 - 4 分析了各月预测面雨量和实测时间序列相关系数 TCC。对于春季（3—5 月）各月降水而言，预测降水和实测降水时间序列的相关性较弱。当 WRF 模式采用 G - N 组合方案时，3 月份预测降水和实测降水的相关系数为 0.117，高于 CFSv2 模式和其他组合方案。CFSv2 模式和 WRF 模式 4 月份预测面雨量和实测降水均为负相关。当 WRF 模式采用 B - S 组合方案时，5 月份预测降水和实测降水的相关系数最高，为 0.250。

对于夏季（6—8 月）各月预测降水而言，WRF 模式预测降水和实测降水的相关性高于 CFSv2 模式。当 WRF 模式采用 B - N 和 B - S 组合方案时，6 月份预测降水和实测降水的相关系数为 0.267 和 0.300，高于 CFSv2 模式（ - 0.133）和其他组合方案（0.067 ~ 0.167）。对于 7 月份而言，当 WRF 模式采用 G - S 方案时，其相关系数最高（0.283）。8 月份 CFSv2 模式预测降水和实测降水具有较好的相关性。当采用 N - S 组合方案时，预测相关系数达到了 0.550。

秋季（9—11 月）各月预测降水的相关性也较弱。其中，CFSv2 模式和 WRF 模式 9 月份预测降水的相关系数均为负数。对于 11 月降水而言，当 WRF 模式采用 K - N、K - S、B - S、N - S 时，相关系数达到了 0.183，高于 CFSv2 模式（ - 0.133）。

冬季 12 月和 1 月预测降水和实测降水存在一定的正相关。其中，CFSv2 模式 12 月份预测相关系数高于 WRF 模式其他组合方案。而对于 1 月份降水而言，当 WRF 模式采用 K - S 和 G - S 组合方案时，其相关系数高于 CFSv2 模式，其余组合方案低于 CFSv2 模式。2 月份 CFSv2 模式、WRF 模式预测降水和实测降水均为负相关。

	CFSv2	K-N	K-S	B-N	B-S	G-N	G-S	N-N	N-S
3月	0.050	0.050	0.050	-0.017	-0.083	0.117	-0.017	0.050	0.050
4月	-0.267	-0.317	-0.183	-0.300	-0.400	-0.083	-0.067	-0.317	-0.300
5月	0.033	0.067	0.183	0.000	0.250	0.067	0.167	0.000	-0.083
6月	-0.133	0.117	0.167	0.267	0.300	0.067	0.117	0.117	0.017
7月	-0.050	0.233	0.217	0.083	0.250	0.150	0.283	0.150	0.150
8月	0.400	0.400	0.450	0.467	0.517	0.433	0.483	0.450	0.550
9月	-0.283	-0.150	-0.267	-0.100	-0.100	-0.100	-0.100	-0.100	-0.067
10月	-0.283	-0.450	-0.450	-0.483	-0.417	-0.483	-0.450	-0.483	-0.583
11月	-0.133	0.183	0.183	0.083	0.183	0.083	0.117	0.117	0.183
12月	0.117	0.067	-0.033	0.017	0.017	0.017	-0.083	0.017	-0.083
1月	0.262	0.238	0.310	0.238	0.262	0.262	0.310	0.262	0.262
2月	-0.381	-0.381	-0.381	-0.262	-0.262	-0.333	-0.333	-0.429	-0.333

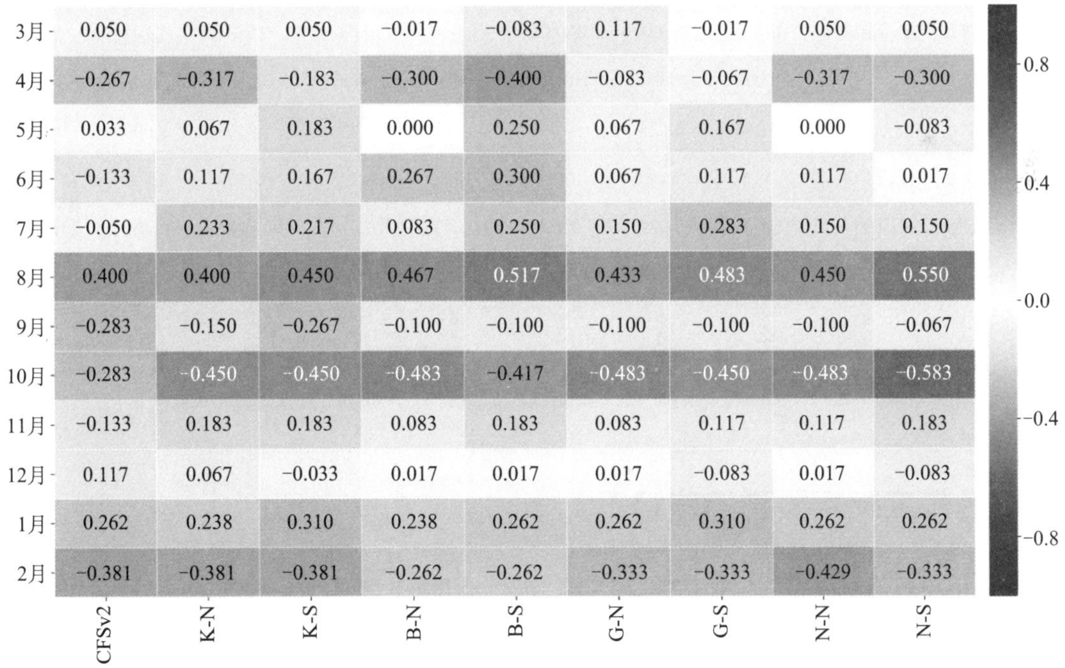

图 3.2 - 4　CFSv2、WRF 模式预测汉江流域各月面平均雨量时间序列相关系数 TCC

图 3.2 - 5 为各月预测降水空间距平相关系数。对于春季（3—5 月）各月而言，WRF 模式预测多年平均空间距平相关系数和 CFSv2 模式差异不大。其中，当 WRF 模式采用 K - S 组合方案时，其 4 月份预测降水多年平均 ACC 最高（0.121）；而采用 B - N 组合方案时，5

月份预测降水多年平均 ACC 最高（0.154）。

对于夏季（6—8 月）各月而言，当 WRF 模式采用 K－N 组合方案时，7 月份预测降水多年平均 ACC 达到了 0.232，高于 CFSv2 模式（0.142）和其他组合方案（0.081～0.168）。而对于 6 月份和 8 月份而言，CFSv2 模式和 WRF 模式预测降水多年平均 ACC 均在 0 左右，预测技巧较低。

秋季（9—11 月）各月预测降水多年平均 ACC 也较低。除 N－S 组合方案外，CFSv2 模式和 WRF 模式其他组合方案预测 9 月份多年平均 ACC 均小于 0.1。CFSv2 模式 10 月份和 11月份预测降水多年平均 ACC 高于 WRF 模式。

对于冬季（12、1、2 月）各月而言，WRF 模式不同组合方案预测 12 月份降水多年平均 ACC 略高于 CFSv2 模式。但对于其他月份而言，WRF 模式预测 ACC 和 CFSv2 模式差异不大。

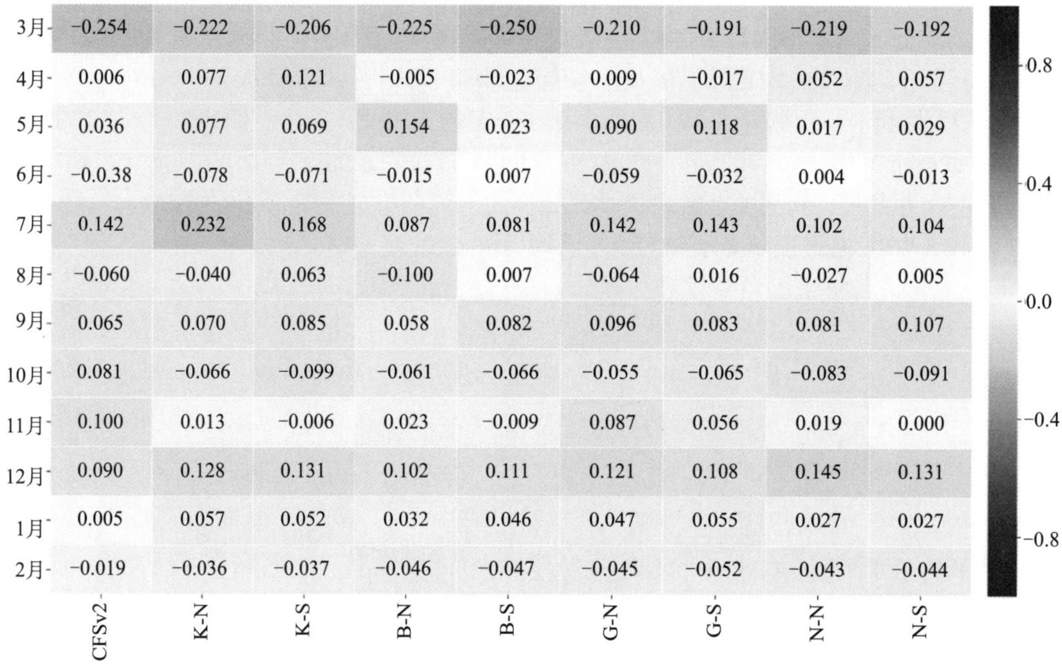

	CFSv2	K-N	K-S	B-N	B-S	G-N	G-S	N-N	N-S
3月	-0.254	-0.222	-0.206	-0.225	-0.250	-0.210	-0.191	-0.219	-0.192
4月	0.006	0.077	0.121	-0.005	-0.023	0.009	-0.017	0.052	0.057
5月	0.036	0.077	0.069	0.154	0.023	0.090	0.118	0.017	0.029
6月	-0.0.38	-0.078	-0.071	-0.015	0.007	-0.059	-0.032	0.004	-0.013
7月	0.142	0.232	0.168	0.087	0.081	0.142	0.143	0.102	0.104
8月	-0.060	-0.040	0.063	-0.100	0.007	-0.064	0.016	-0.027	0.005
9月	0.065	0.070	0.085	0.058	0.082	0.096	0.083	0.081	0.107
10月	0.081	-0.066	-0.099	-0.061	-0.066	-0.055	-0.065	-0.083	-0.091
11月	0.100	0.013	-0.006	0.023	-0.009	0.087	0.056	0.019	0.000
12月	0.090	0.128	0.131	0.102	0.111	0.121	0.108	0.145	0.131
1月	0.005	0.057	0.052	0.032	0.046	0.047	0.055	0.027	0.027
2月	-0.019	-0.036	-0.037	-0.046	-0.047	-0.045	-0.052	-0.043	-0.044

图 3.2－5　CFSv2、WRF 模式预测汉江流域各月空间距平相关系数 ACC

3.3　月尺度降水预测偏差订正

在数值模式降水预报效果评估的基础上，进一步开展了基于数值模式的降水概率预测研究，以减小降水预测的不确定性。本书选取了贝叶斯方法和 EMOS 方法开展偏差订正及评估研究，其中，根据统计模型结构的差别，每种方法又分为两种模型结构展开讨论：贝叶斯方法分为 HIER 层次模型和贝叶斯平均模型（BMA）；EMOS 方法分为对数正态模型（Log-Norm）和截尾移位伽马分布模型（CSGD）。

3.3.1 基于贝叶斯理论的偏差订正方法

贝叶斯定理是描述在一些已知条件下某事件的发生概率，它对于概率的解释为量化不确定性提供了一种相对优化的理论结构。对于贝叶斯方法，不考虑样本数据提供的信息，概率分布 $p(x)$ 可以表示参数向量 x 的所有性质，被称为先验分布。如果考虑到实测数据能够提供关于 x 的信息，这时参数的分布就是条件分布 $P(x|Y)$，也称为后验分布，根据贝叶斯定理可知：

$$P(x|Y) = \frac{P(Y|x)P(x)}{P(Y)} \tag{3.3-1}$$

其中概率分布 $P(Y|x)$ 称为似然函数，分母

$$P(Y) = \int_{\Omega} P(Y|x)P(x)\mathrm{d}x \tag{3.3-2}$$

是一个和参数分布无关的常数，所以

$$P(x|Y) \propto P(Y|x)P(x) \tag{3.3-3}$$

由于该后验分布形式复杂，所以本研究采用 MCMC 中的 Gibbs 算法，该方法是一种简单并且得到广泛应用的方法，常用来对多维随机变量进行抽样。设 x 是一个 n 维随机变量，其概率分布为 $p(x) = p(x_1, x_2, \cdots, x_n)$，令 $x_k = (x_1, \cdots, x_{k-1}, x_{k+1}, \cdots, x_n)$，利用 Gibbs 抽样方法对 x 进行抽样的步骤是：

（1）给定马尔科夫链的初始状态 x_0。

（2）$t = 0, \cdots, n$

①利用条件分布 $p(x_1|X_1^{(t)})$ 对变量 $x_1^{(t+1)}$ 进行抽样。

②利用条件分布 $p(x_2|X_2^{(t)})$ 对变量 $x_2^{(t+1)}$ 进行抽样。

③利用条件分布 $p(x_k|X_k^{(t)})$ 对变量 $x_k^{(t+1)}$ 进行抽样。

④利用条件分布 $p(x_n|X_n^{(t)})$ 对变量 $x_n^{(t+1)}$ 进行抽样。

（3）$X^{(t+1)} = (x_1^{(t+1)}, x_2^{(t+1)}, \cdots, x_n^{(t+1)})$

重复抽样过程得到 n 维随机变量 x 的马尔科夫链 $x^{(1)}, \cdots, x^{(n)}$。

通过该方法获得参数 μ 和 Σ 的后验分布。当预测变量未知时，通过预测因子和参数 θ 的后验分布对 $O^{*\mathrm{T}}$ 进行预测：

$$f(o_{\mathrm{norm},i}^k) = \int p(o_{\mathrm{norm}}^*|f_{\mathrm{norm}}^*,\theta)p(\theta|F_{\mathrm{norm}},O_{\mathrm{norm}})\mathrm{d}\theta \quad (i=1,2,\cdots,d_2) \tag{3.3-4}$$

式中：f_{norm}^* 为正态化变换后的预测因子；$p(\theta|F_{\mathrm{norm}}, O_{\mathrm{norm}})$ 为当预测因子和预测变量均已知时参数 θ 的后验分布。

（1）HIER 层次模型。

通过改进后的贝叶斯联合概率预测模型框架，构建降水估计模型，对长江中下游地区进行降水估计，下面对 HIER 层次模型建立方法进行介绍：

模型中，对于预测变量 $o^{\mathrm{T}} = [o_1, o_2, \cdots, o_{d_2}]$，存在预测因子为 $f^{\mathrm{T}} = [f_1, f_2, \cdots, f_{d_1}]$，为了满足多元正态分布的假设条件，需要对预测因子 f^{T} 和预测变量 o^{T} 进行正态化变换，本研究利用 Box-Cox 正态化方法：

$$f_{\text{norm},i} = \begin{cases} \dfrac{(f_i + 1)^{\lambda_i} - 1}{\lambda_i}, \lambda_i \neq 0 \\ \log(f_i + 1), \quad \lambda_i = 0 \end{cases} \tag{3.3-5}$$

$$o_{\text{norm},i} = \begin{cases} \dfrac{(o_j + 1)^{\lambda_j} - 1}{\lambda_j}, \lambda_j \neq 0 \\ \log(o_j + 1), \quad \lambda_j = 0 \end{cases} \tag{3.3-6}$$

式中：$i = 1$，2，$\cdots$，d_1，$j = 1$，2，$\cdots$，d_2。

在 HIER 层次模型中，假定在第 i（$i = 1$，$\cdots$，T）个时间段内，正态化变换后的预测变量 $o_{\text{norm},i}$ 符合以下分布：

$$o_i \sim l_{\text{norm}}(\mu, \sigma) \tag{3.3-7}$$

参数 σ 符合（0.1，0.1）的 gamma 分布，μ 符合（mm，ss）的正态分布，参数 mm_i 与预测因子 f_i 存在如下线性关系：

$$\text{mm}_i = \alpha_1 + \alpha_2 f_i \tag{3.3-8}$$

式中，α_1 和 α_2 均符合（0，0.01）的正态分布。

（2）贝叶斯平均模型（BMA）。

BMA（Bayesian Model Averaging）是由 Raftery 等人在 2005 年扩展到动态模型的集合，并将其作用于统计后处理方法，用于从集合中生成预测概率分布函数（PDF）形式的概率预测。对任何未来天气预测变量的预测概率分布函数是独立偏差修正预测的加权平均值，其中权值为生成预测模型的后验概率，且反映了预测对训练期间整体预测技能的贡献。最初 BMA 的开发是针对预测概率分布函数近似正常的预测变量，例如海平面压力和温度，并不直接适用于降水。因为降水预测的分布与正态分布相差甚远：第一，当它为 0 时，存在一个正概率；第二，当它不为 0 时，预测概率为偏态。所以在 2006 年 Sloughter J. M. 等人将 BMA 的使用领域扩展到降水，通过将给定集合成员的预测分布建模为零点散点分布和其他位置伽马分布的混合分布模型，并通过实验证明 BMA 可以为概率定量降水预报（PQPFs）提供校准和锐化。

在集合预报的 BMA 中，每个集合成员预测的预测值 f_k 都和条件概率分布函数 $h_k(y \mid f_k)$ 相关，这个条件概率分布函数是预测因子 f_k 条件下的预测变量实测降水 y。在集合中预测因子 f_k 最优的条件下，BMA 的预测概率分布函数为：

$$p(y \mid f_1, \cdots, f_k) = \sum_{k=1}^{K} w_k h_k(y \mid f_k) \tag{3.3-9}$$

式中：w_k 是当 k 为最优时的后验概率，与数据交叉评估得出的 k 有关。w_k 为概率，是非负的且上限为 1，即 $\sum_{k=1}^{K} w_k = 1$。在这里 K 为集合成员的数量。

通过 Sloughter J. M. 等人的评估，发现在累计降水不为零的情况下，其分布呈高度偏态，正态分布不适合这种数据，为了将 BMA 推广到降水领域，建立了一个改善后的 $h_k(y \mid f_k)$ 条件概率分布模型。将该 $h_k(y \mid f_k)$ 模型分为两部分：

第一部分使用逻辑回归和预测幂变换作为预测变量，在该模型中加入了第二个参数 δ_k，当预测因子 $f_k = 0$ 时，$\delta_k = 1$，当 $f_k \neq 0$ 时，该参数为 0。由此得到逻辑回归模型：

$$\mathrm{logit}P(y = 0 \mid f_k) = \log\frac{P(y = 0 \mid f_k)}{P(y > 0 \mid f_k)} \tag{3.3-10}$$
$$= a_{0k} + a_{1k}f_k^{1/3} + a_{2k}\delta_k$$

式中，$P(y > 0 \mid f_k)$ 指在 f_k 预报效果最好时，降水不为零的概率。

第二部分是在降水量不为零的情况下，给定降水量的概率分布函数。早在 1982 年 Coe R 等人就已经发现伽马分布可以用来拟合降水量，因为伽马分布可以适应偏态数据，且十分灵活。所以给定一个关于形状参数 α、尺度参数 β 的概率分布函数：

$$g(y) = \frac{1}{\beta^\alpha \Gamma(\alpha)} y^{\alpha-1} \exp(-y/\beta) \tag{3.3-11}$$

式中，$y > 0$。当 $g(y) = 0$ 时，$y \leqslant 0$。

该分布的均值参数 $\mu = \alpha\beta$，方差参数 $\sigma^2 = \alpha\beta^2$。但是原始观测数据无法得到比较好的拟合，需要对降水量进行开立方处理，再与伽马分布进行拟合。将处理过后的数据拟合，得到如下降水累积条件概率分布模型，关于最优预测因子 f_k 的函数为：

$$h_k(y \mid f_k) = P(y = 0 \mid f_k)I[y = 0] + P(y > 0 \mid f_k)g_k(y \mid f_k)I[y > 0] \tag{3.3-12}$$

式中，y 是降水累计量的立方根，$I[\cdot]$ 为条件函数，当 y 不符合其条件时，该函数值为 0。降水累计量的立方根 y 条件下的条件概率分布函数 $g_k(y \mid f_k)$ 是一个正态的伽马分布：

$$g_k(y \mid f_k) = \frac{1}{\beta^\alpha \Gamma(\alpha)} y^{\alpha_k-1} \exp(-y/\beta_k) \tag{3.3-13}$$

这个分布的参数都与预测因子 f_k 有关，参数服从如下关系：

$$\mu_k = b_{0k} + b_{1k}f_k^{1/3} \tag{3.3-14}$$
$$\sigma_k^2 = c_{0k} + c_{1k}f_k \tag{3.3-15}$$

式中，$\mu_k = \alpha_k\beta_k$ 表示分布的均值，$\sigma_k^2 = \alpha_k\beta_k^2$ 表示它的方差。

对于方差中的参数 c_{0k} 和 c_{1k} 在不同模型之间变化不大，所以可以限制所有集合成员的方差参数为常数，这样可以减少估计参数的数量，简化了模型，使参数估计计算更加简单，从而降低了过拟合的风险。

因此关于降水累计量的立方根 y 的 BMA 预测概率分布函数为：

$$p(y \mid f_1,\cdots,f_k) = \sum_{k=1}^{K} w_k[P(y = 0 \mid f_k)I[y = 0] + P(y > 0 \mid f_k)g_k(y \mid f_k)I[y > 0]] \tag{3.3-16}$$

式中：w_k 是当 k 为最优时的后验概率；f_k 为该成员的原始预测。

EMOS（Ensemble Model Output Statics）即集成模型输出统计法。该方法使用单个参数的概率分布函数，其参数取决于集合成员。本研究采用了 EMOS 方法中的两种分布：

（1）对数正态（Log-normal）模型。

不同初始条件下的多次数值天气预报模型得到了预报的总体效果，通常用于考虑预报的不确定性。然而偏差和分散误差经常出现在预测总体上：它们通常是低分散和未校准的，需要统计后处理。S. Baran 和 S. Lerch 在 2015 年开发出了一个 EMOS 模型，其中实测降水预测概率分布函数服从 Log-normal（对数正态）分布 $\mathcal{L}(\mu,\sigma)$，这个符合位置参数 μ 和形状参数 σ 的概率分布函数为：

$$h(x \mid \mu, \sigma) = \frac{1}{x\sigma}\varphi[(\log x - \mu)/\sigma], \quad x \geqslant 0 \qquad (3.3-17)$$

式中，$\sigma > 0$，且当 $h(x \mid \mu, \sigma) \neq 0$ 时，这个分布中均值 m 和方差 v 为：

$$m = e^{\mu+\sigma^2/2}, \quad v = e^{2\mu+\sigma^2}(e^{\sigma^2} - 1) \qquad (3.3-18)$$

此外，

$$\mu = \log\left(\frac{m^2}{\sqrt{v+m^2}}\right), \quad \sigma = \sqrt{\log\left(1 + \frac{v}{m^2}\right)} \qquad (3.3-19)$$

Log-normal 分布可以由这些量参数化，在本研究中，m 和 v 分别是集合成员和集合方差的仿射函数，即：

$$m = \alpha_0 + \alpha_1 f_1 + \cdots + \alpha_M f_M, \quad v = \beta_0 + \beta_1 S^2 \qquad (3.3-20)$$

均值和方差参数 $a_0 \epsilon R$，$a_1, \cdots, a_m \geqslant 0$ 且 $\beta_0, \beta_1 \geqslant 0$，分别执行最佳得分估计的验证，得出参数的值。$f_x$ 为预测降水。

（2）截尾移位伽马分布（CSGD）模型。

截尾移位伽马分布（Censored and Shifted Gamma Distribution，CSGD）是由 S. Baran 和 D. Nemoda 在 2016 年提出的一种校准降水累计预报集合的方法，该方法最早可以追溯到 MOS 方法，它用于回归，但与传统 MOS 不同的是，它的预测对象是规定降水量分布的参数，而不是降水量，与 MOS 相比，CSGD 更有效地利用了动态模型预报和历史观测，其后处理预报对强降水事件的抑制能力比较弱。该方法直接使用截尾和移位的伽马预测概率分布函数来对降水累积的分布进行建模，其参数依赖于集合成员。该模型为：

假定一个伽马分布 $\Gamma(k, \theta)$ 符合形状参数 k，尺度参数 θ（$\theta > 0$，$k > 0$）的伽马分布，则 $\Gamma(k, \theta)$ 的概率分布函数为：

$$g_{k,\theta}(x) = \begin{cases} \dfrac{x^{k-1}e^{-\frac{x}{\theta}}}{\theta^k \Gamma(k)}, & x > 0 \\ 0, & x \leqslant 0 \end{cases} \qquad (3.3-21)$$

式中 $\Gamma(k)$ 为伽马分布在 k 时的值。同样的，伽马分布可以通过均值 μ 和标准偏差 σ 来参数化表示，其中 $\mu > 0, \sigma > 0$：

$$k = \frac{\mu^2}{\sigma^2}, \quad \theta = \frac{\sigma^2}{\mu} \qquad (3.3-22)$$

设一个参数 δ（$\delta > 0$）并用该参数和 $G_{k,\theta}$ 表示伽马分布的累积分布函数。然后向左移位的伽马分布在 0 处进行截尾，$\Gamma^0(k, \theta, \delta)$ 的累积分布函数由形状参数 k、尺度参数 θ 和位移参数 δ 定义：

$$G^0_{k,\theta,\delta}(x) = \begin{cases} G_{k,\theta}(x+\delta), & x \geqslant 0 \\ 0, & x < 0 \end{cases} \qquad (3.3-23)$$

这个分布将 $G_{k,\theta}(\delta)$ 进行初始化且具有广义的概率分布函数：

$$g^0_{k,\theta,\delta}(x) = \mathbb{I}_{(x=0)} G_{k,\theta}(\delta) + \mathbb{I}_{(x>0)}[1 - G_{k,\theta}(\delta)]g_{k,\theta}(x+\delta) \qquad (3.3-24)$$

式中 $\mathbb{I}_A$ 表示数据集 A 的指标函数。计算表明 $\Gamma^0(k, \theta, \delta)$ 的均值 κ 为：

$$\kappa = \theta\kappa[1 - G_{k,\theta}(\delta)][1 - G_{k+1,\theta}(\delta)] - \delta[1 - G_{k,\theta}(\delta)]^2 \qquad (3.3-25)$$

在式（3.3-25）中，当 $p \leqslant G_{k,\theta}(\delta)$ 时，p 分位数 q_p（$0 < p < 1$）等于 0 时，除此之外，

$G_{k,\theta}(q_p + \delta) = p$ 。

用 f_1, f_2, ···, f_m 来表示给定时空分布的降水累积可区分预报的集合，这就表明，每个集合成员都可以被识别和追踪。由 S. Baran 和 D. Nemoda 提出的这个基于 EMOS 方法的 CSGD 模型中，集合成员都和伽马分布中的均值 μ、方差 σ^2 有关，即下面的等式：

$$\mu = a_0 + a_1 f_1 + \cdots + a_m f_m \qquad (3.3-26)$$

$$\sigma^2 = b_0 + b_1 \overline{f} \qquad (3.3-27)$$

式中 $\overline{f}$ 表示集合平均，均值参数 a_0, a_1, ···, $a_m \geqslant 0$，且方差参数 b_0, $b_1 \geqslant 0$，这两个参数可以通过训练数据来进行估计，训练数据由集合成员和验证前 n 天的实测数据组成，通过一个适当的验证指标即可估计。

为评估模型精度，分别对 4 种后处理模型模拟结果进行相对误差（RB）、CRPSS 评分、纳什效率系数（NSE）和均方根误差（RMSE）评估：

（1）CRPSS 是由连续分级概率评分转变的一个正向技能得分，它是根据预测差值和实测差值计算得出的，该差值是通过预测或实测值与某一特定日期该城市位置的气候值之间的差值计算出来的。该公式为：

$$\text{CRPSS} = 1 - \frac{\text{CRPS}}{\text{CRPS}^*} \qquad (3.3-28)$$

式中 CRPS^* 是 CRPS 的参考估计。CRPS 的计算公式为：

$$\text{CRPS} = \int_{-\infty}^{+\infty} [P_F(x) - P_0(x)]^2 \mathrm{d}x \qquad (3.3-29)$$

式中 P_F 和 P_0 分别是预测和实测的概率连续分布函数。

根据公式可知，CRPSS 越接近 1 表示结果越好。

（2）均方根误差（RMSE）是预测值与观测值偏差的平方与观测次数 n 比值的平方根，它是用来衡量观测值与预测值之间的偏差，其公式为：

$$\text{RMSE} = \sqrt{\frac{1}{T} \sum_{t=1}^{T} (\overline{f_t^*} - O_t)^2} \qquad (3.3-30)$$

式中：$\overline{f_t^*}$ 为降水量均值，O_t 为实测降水量。由公式可知，RMSE 越小，表示模型准确率越高。

3.3.2　降水预测偏差订正效果评估

图 3.3-1～图 3.3-5 为 HIER 层次模型、LogNorm 模型、CSGD 模型和 BMA 模型对长江中下游地区在 1d1d、2d2d、4d4d、1w1w、2w2w 尺度上的评估结果。

如图 3.3-1，当预见期为 1d 时，RB 评分整体效果最好的是 ECMWF 中心、JMA 中心和 KMA 中心，其中 HIER 层次模型对 ECMWF 中心和 JMA 中心后处理结果最好，分别为 -0.34% 和 0.66%，CSGD 模型对 KMA 后处理结果最好，只有 -0.90%；从 CRPSS 评分来看，JMA 中心的评分最高，达到了 0.8，ECMWF 中心、NCEP 中心、UKMO 中心和 KMA 中心评分显示也比较好，均达到了 0.7 以上。对于评分而言，模型之间相差不大，整体来看效果最好的模型是 LogNorm 和 CSGD 后处理模型；从纳什效率系数来看，JMA 中心的 NSE 最高，达到了 0.8 以上，其次是 UKMO 中心、ECMWF 中心和 KMA 中心，纳什效率系数都在 0.7 以上，模型后处理结果相差不大，效果最好的也是 LogNorm 和 CSGD，在 CSGD 模型后处理下，JMA 中心的纳什效率系数达到了 0.82；RMSE 的结果显示，JMA 中心、KMA 中心、UKMO 中心和 ECMWF 中心的结果比较好，JMA 的效果最好，在 CSGD 模型下均方根误差只有 2.4，在 LogNorm 模型下的均方根误差只有 2.5，对于 KMA 中心，LogNorm 模型后处理效果较好，均方根误差为 2.6。综上所述，预见期为 1d 时，结果最好的是 CSGD 模型后处理的 JMA 中心预报数据，CSGD 和 LogNorm 后处理的 ECMWF 中心、UKMO 中心和 KMA 中心的预报数据结果较好。

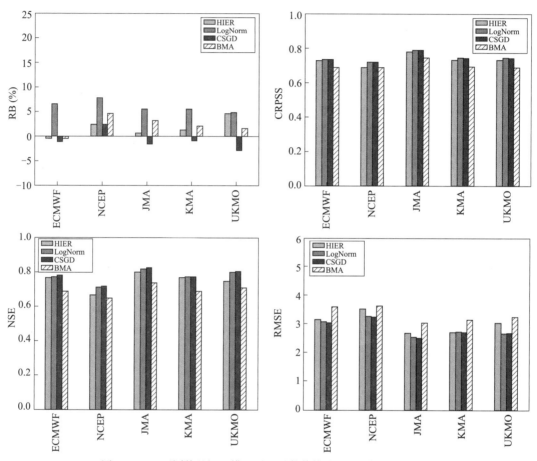

图 3.3 - 1   不同偏差订正模型对 5 种数值模式 1d1d 偏差订正结果

如图 3.3 - 2 所示，当预见期为 2d 时，RB 评分显示 JMA 中心、KMA 中心、UKMO 中心和 ECMWF 中心结果整体较好，其中 HIER 层次模型对 KMA 中心和 ECMWF 中心预报数据后处理结果较好，相对偏差分别为 0.67% 和 0.49%，JMA 中心在 CSGD 模式下后处理结果为 -0.41%；从 CRPSS 评分来看，JMA 中心、ECMWF 中心评分最高，均达到了 0.6 以上，NCEP 中心、KMA 中心效果也比较好，均在 0.5 以上，模型后处理结果差别不大，最好的是 HIER 层次模型下的 JMA 中心数据和 CSGD 模型下的 ECMWF 中心数据，分别为 0.67 和 0.63；其次就是 CSGD 后处理模型对 UKMO 中心数据的后处理结果，达到了 0.55。从 NSE 评分来看，JMA 中心数据的纳什效率系数最高，ECMWF 中心次之，UKMO 中心的评分也比较好，均在 0.65 以上，模型后处理结果和 CRPSS 评分相同，模型之间差别不大，在 HIER 层次模型和 CSGD 模型下，JMA 中心的纳什效率系数达到了 0.74，ECMWF 中心的纳什效率系数达到了 0.72，结果都比较好；均方根误差评分结果显示，ECMWF 中心、JMA 中心、UKMO 中心的均方根误差较低，且 HIER 层次模型、LogNorm 模型和 CSGD 模型结果相近，在模型后处理下，上述三个中心数据的均方根误差基本都为 3.5。综上所述，在预见期为 2d 时，结果最好的是 HIER 层次模型后处理的 JMA 中心数据，CSGD 模型后处理的 ECMWF 中心、UKMO 中心数据结果也比较好。

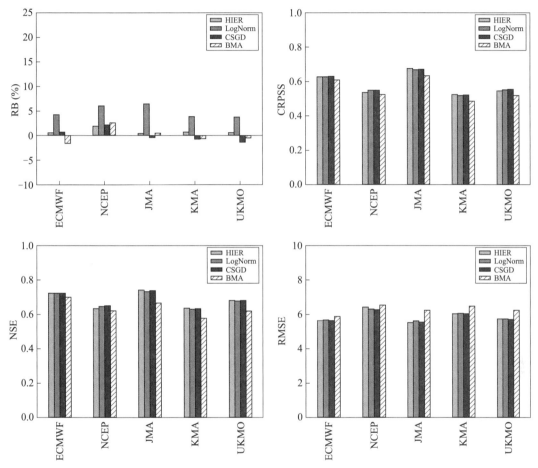

图 3.3 - 2　不同偏差订正模型对 5 种数值模式 2d2d 偏差订正结果

当预见期为 4d 时，如图 3.3 - 3 所示，RB 评分显示 JMA 中心、UKMO 中心整体结果较好；CSGD 模型下，ECMWF 中心和 UKMO 中心后处理数据相对偏差只有 0.06% 和 - 0.2%；HIER 层次模型下，JMA 中心 ECCC 中心后处理数据的相对偏差只有 - 0.03% 和 0.2%；除此之外，BMA 模型下的 KMA 中心后处理数据的相对偏差也较低，只有 0.4%。从 CRPSS 评分来看，JMA 中心和 KMA 中心的整体评分较高，均超过了 0.4；ECMWF 中心和 UKMO 中心次之，评分接近 0.4；LogNorm 模型对 JMA 预报数据后处理的评分最高，为 0.46；HIER 层次模型下，KMA 中心和 UKMO 中心的评分也比较高，分别为 0.40 和 0.41。从纳什效率系数来看，整体纳什效率系数最高的为 KMA 中心、UKMO 中心和 ECMWF 中心，均达到了 0.6 以上。从图中看，HIER 层次模型后处理结果较好，KMA 中心和 UKMO 中心数据的纳什效率系数均达到了 0.64，ECMWF 中心的 NSE 稍低，但也达到了 0.62；RMSE 评分显示，

JMA 中心、KMA 中心和 UKMO 中心的均方根误差较低，模型后处理差别不大，HIER 层次模型结果稍好，HIER 层次模型下，UKMO 中心均方根误差只有 10，为最低，除此之外，ECMWF 中心、JMA 中心和 KMA 中心的 HIER 层次模型后处理结果也较好，RMSE 评分均为11。综上所述，当预见期为 4d 时，结果最好的是 HIER 层次模型下 UKMO 中心的后处理数据，整体来看，HIER 层次模型后处理结果最好，除 UKMO 中心外，KMA 中心和 ECMWF 中心结果显示也较好。

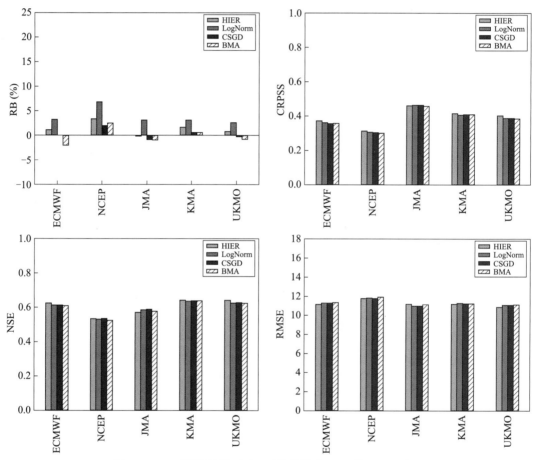

图 3.3 - 3　不同统计模型对 5 种数值模式 4d4d 偏差订正结果

如图 3.3 - 4 所示，当预见期为 1w（一周）时，从 RB 评分来看，KMA 中心和 UKMO 中心相对偏差较低，模型后处理结果比较显示，CSGD 后处理结果较好，KMA 中心相对偏差结果较低，最低有 0.2%，UKMO 中心数据在 HIER 层次模型下后处理结果较好，有 2%；从 CRPSS 评分来看，UKMO 中心和 ECMWF 中心评分较高，JMA 中心和 KMA 中心次之，根据模型后处理结果，可以明显看出 HIER 层次模型后处理效果较好，在该模型下，UKMO 中心和 ECMWF 中心评分均在 0.13 以上，JMA 和 KMA 评分也达到了 0.1 以上，效果最佳的为 UKMO 中心，评分达到了 0.14；NSE 评价指标显示，UKMO 中心、KMA 中心、JMA 中心和 ECMWF 中心纳什效率系数较高，均在 0.4 左右，HIER 层次模型后处理效果较好，在该模式下，UKMO 中心后处理数据的 NSE 达到了 0.45，KMA 中心后处理数据的 NSE 达到了

0.42，ECMWF 中心和 JMA 中心后处理数据的纳什效率系数分别为 0.41 和 0.39，UKMO 中心后处理数据纳什效率系数最高；从 RMSE 评价指标来看，UKMO 中心的均方根误差最低，KMA 中心、JMA 中心和 ECMWF 中心数据的均方根误差也较低，从模型比较来看，模型后处理结果相差不大，HIER 层次模型结果较好，在该模式下，UKMO 中心数据的均方根误差为 18，ECMWF 中心和 KMA 中心数据的均方根误差为 19，UKMO 中心数据的均方根误差最小。整体结果显示，当预见期为 1w 时，HIER 层次模型后处理结果较好，对 UKMO 中心的后处理结果最好，ECMWF 中心和 KMA 中心的后处理结果较好。

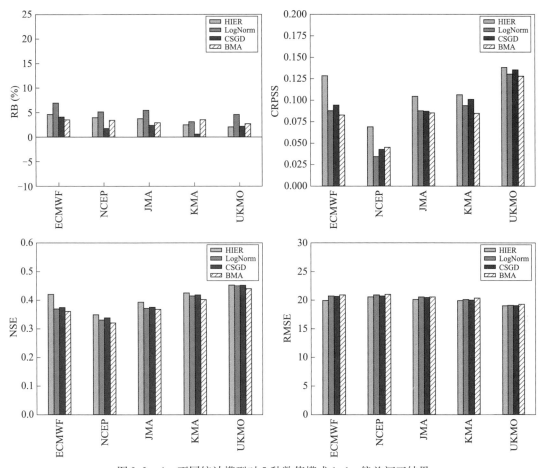

图 3.3 - 4　不同统计模型对 5 种数值模式 1w1w 偏差订正结果

如图 3.3 - 5 所示，当预见期为 2w（两周）时，RB 评分显示，整体效果最好的为 ECMWF 中心、KMA 中心和 UKMO 中心结果显示较好，CSGD 模型后处理的 ECMWF 中心数据和 UKMO 中心数据相对偏差最低，分别为 - 0.6% 和 0.2%，HIER 层次模型后处理的 KMA 中心数据相对偏差为 2.8%；从 CRPSS 评分来看，JMA 中心评分最高，ECMWF 中心和 CNRM 中心次之，从图中可明显看出 HIER 层次模型效果最好，在该模型下，ECMWF 中心数据的评分达到了 0.05，JMA 中心数据在 HIER 层次模型后处理下的评分达到了 0.075，同时可以看出，CSGD 模型对其他中心数据后处理效果明显较差，但对 JMA 中心数据后处理结果较好，评分也达到了 0.07；从 NSE 评价指标来看，结果最好的为 ECMWF 中心，JMA 中心和

KMA 中心纳什效率系数均有 0.5 左右，同 CRPSS 相同，模型后处理结果仍为 HIER 层次模型最好，在该模式下 ECMWF 中心、JMA 中心和 KMA 中心数据的纳什效率系数均为 0.5，同时在 CSGD 模型下，JMA 中心数据的 NSE 也为 0.5；从均方根误差来看，11 种数值模式结果相近，JMA 中心和 NCEP 中心均方根误差较小，同样，后处理方法中仍为 HIER 层次模型为最优，在该模型下，NCEP 中心的均方根误差最小，为 29，ECMWF 中心和 JMA 中心的 RMSE 指标次之，为 30。整体结果显示，当预见期为 2w 时，HIER 层次模型的后处理结果最好，ECMWF 中心和 JMA 中心的后处理结果最好，KMA 中心和 UKMO 中心次之。

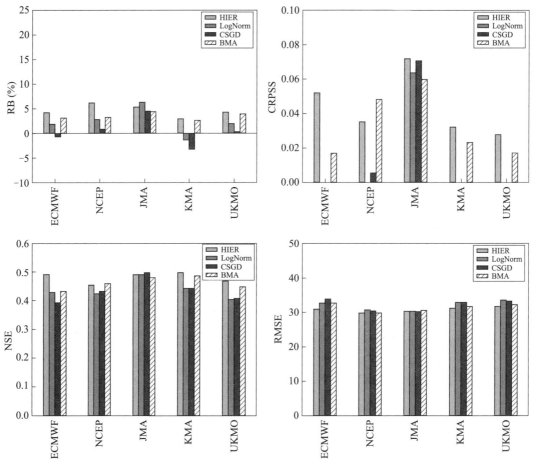

图 3.3 - 5 不同统计模型对 5 种数值模式 2w2w 偏差订正结果

综上所述，整体来看，当预见期为 1~4d 时，CSGD 模型后处理效果最好，JMA 中心数据的评价指标结果最好，ECMWF 中心、UKMO 中心和 KMA 中心次之。随着预见期的增长，CSGD 模型效果明显变差，但对 JMA 中心的后处理结果较好，而 HIER 层次模型后处理结果开始变好。且分析发现，HIER 层次模型对 ECMWF 中心和 UKMO 中心数据的后处理结果较好，效果明显。

不同预见期各模式评估结果见表 3.3 - 1，该表将 5 种数值模式（ECWMF 模式、JMA 模式、KMA 模式、NCEP 模式和 UKMO 模式）利用统计方法后处理的结果进行了排序，展示了在不同尺度下对降雨量级评估结果较好的后处理统计方法。该结果表明，当预见期为 1~

4d 时，CSGD 后处理模型对数值模式降雨量级预报结果后处理结果较好，且当预见期为 4d 时，可以发现，CSGD 后处理模型对 JMA 模式降雨量级预报结果较好，而 HIER 层次后处理模型对其余数值模式预报的偏差订正结果开始变好。当预见期为 1w 和 2w 时，可以发现，HIER 层次后处理模型偏差订正结果最好。

表 3.3 – 1　不同预见期各模式评估结果

预见期	优→差				
1d1d	JMA + CSGD	UKMO + CSGD	KMA + CSGD	ECMWF + CSGD	NCEP + CSGD
2d2d	JMA + HIER	ECMWF + CSGD	UKMO + CSGD	KMA + HIER	NCEP + CSGD
4d4d	JMA + CSGD	KMA + HIER	UKMO + HIER	ECMWF + HIER	NCEP + HIER
1w1w	UKMO + HIER	ECMWF + HIER	KMA + HIER		
2w2w	JMA + HIER	ECMWF + HIER	NCEP + HIER		

基于上述偏差订正方法对数值模式预报偏差订正结果的分析，本节选用 HIER 层次后处理模型和 CSGD 后处理模型对 5 种数值模式的降水空间分布结果进行偏差订正，并利用 CRPSS 评分、纳什效率系数、均方根误差和相对偏差这四种评分对降水空间分布偏差订正结果进行评估。研究关注月尺度降水分布，所以本节仅对 2w2w 时间尺度的降水分布偏差订正结果进行评估。

图 3.3 – 6 展示了 2w2w 时间尺度下长江中下游地区 HIER 层次后处理模型降水分布偏差订正评估结果。从 CRPSS 评分来看，ECMWF 数值模式在研究区域的 CRPSS 高于其他数值模式，这说明 ECMWF 模式的概率预报和观测频率相匹配程度较高，空报率较低，而其他数值模式中，可以发现，NCEP 模式、KMA 模式和 UKMO 模式对研究区域的中部和东南部预报结果的 CRPSS 评分较高，而 JMA 模式对研究区域的东部和南部预报结果的 CRPSS 评分较高；从纳什效率系数评分来看，所有数值模式预报偏差订正结果相差不大，研究区域大部分地区纳什效率系数都显示为 0.4 ~ 0.5 之间，表明偏差修正结果较好，HIER 层次后处理模型可信度较高，可以发现，ECMWF 模式、JMA 模式、KMA 模式和 UKMO 模式在长江中下游地区东南部地区的纳什效率系数更高，约在 0.6 ~ 0.7 之间，证明偏差订正结果对东南部地区预报结果更好；从均方根误差来看，超过 80% 的地区显示均方根误差在 25 ~ 35 左右，而研究区域西南部和东部均方根误差较高，证明研究区域西南部和东部的偏差订正结果和观测值相差较大。从相对偏差评分来看，模式之间偏差订正结果差别不大，大部分地区均呈现负偏差，且在 – 10% 左右，证明偏差订正结果均比观测值小。

图 3.3 – 7 展示了 2w2w 时间尺度下长江中下游地区 CSGD 后处理模型降水分布偏差订正的评估结果。从 CRPSS 评分来看，与 HIER 层次后处理模型偏差订正结果相同，ECMWF 数值模式在研究区域的 CRPSS 仍高于其他数值模式，这说明 ECMWF 模式的概率预报和观测频率相匹配程度较高，空报率较低，而其余数值模式在研究区域中部和南部的 CRPSS 评分较高；从纳什效率系数来看，NCEP 模式、JMA 模式纳什效率系数评分高于其他数值模式，证明 CSGD 后处理模型对这两个数值模式偏差订正结果较好，模型可信度较高，同时 KMA 模式和 UKMO 模式在研究区域南部和东部预报偏差订正结果较好；从均方根误差来看，与 HIER 层次后处理模型结果不同，有 50% 左右的网格呈现出较高的均方根误差，而研究区域

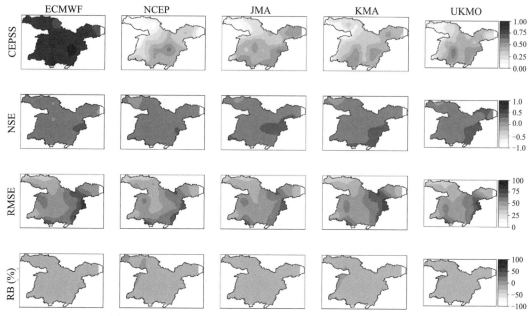

图 3.3 - 6　HIER 层次后处理模型降水分布偏差订正评估结果

西北部和中部均方根误差较小；从相对偏差评分来看，与 HIER 层次后处理模型偏差订正结果相同，大多网格呈现 -10% 左右负偏差，同样证明偏差订正结果稍小于观测结果，而 EC-MWF 模式和 KMA 模式分别在研究区域中西部和东北部呈现更高的负偏差。

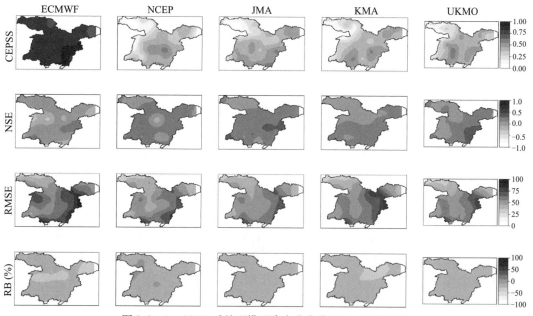

图 3.3 - 7　CSGD 后处理模型降水分布偏差订正评估结果

　　综上所述，HIER 层次后处理模型和 CSGD 后处理模型对数值模式降水空间分布的偏差订正结果大致相同。但由于统计方法的结构不同，偏差订正结果也不全相似，比如 CRPSS

评分中，CSGD 后处理模型下的 ECMWF 模式 CRPSS 评分较高的网格数多于 HIER 层次后处理模型，纳什效率系数分布结果大部分都不同。

3.4　降水动态评价与预测应用

3.4.1　全国层面

3.4.1.1　全国旬月尺度降水评价

采用多源降水融合技术，对我国 2020 年 1—6 月旬月尺度降水进行评价。以 2020 年 1 月份为例，2020 年 1 月上旬降水主要集中在湖北中东部、安徽中部以及云南西部一带，累计降水量达到了 50mm 以上。其余地区累计降水量小于 50mm。从降水距平百分率来看，四川、广东、黑龙江、吉林、辽宁、新疆、内蒙古西部一带降水量较多年平均降水量严重偏少，其余地区降水量偏多。

与 2020 年 1 月上旬降水量相比，2020 年 1 月中旬降水量偏少，降水主要集中在浙江、江西、广西一带，降水量在 25～50mm 之间。与 2020 年 1 月上旬不同，2020 年 1 月中旬全国大部分地区降水量较多年平均降水量偏少，浙江、江西、广西、新疆、西藏西南部一带降水量偏多。

2020 年 1 月下旬降水主要集中在浙江、江西、湖南一带，降水量高于 50mm。2020 年 1 月下旬我国南部地区降水量较多年平均降水量偏多，而北部地区降水量偏少。

2020 年 1 月累计降水主要集中在浙江北部、江西南部以及湖南一带，累计降水量达到了 100mm 以上。从降水距平百分率来看，四川、广东、福建、黑龙江、吉林、辽宁、新疆南部一带降水量较多年平均降水量偏少，其余地区降水量偏多。

3.4.1.2　全国旬月尺度降水预测

基于全球多模式数据以及统计后处理技术，对全国旬月尺度降水进行预测。

预测 2020 年 2 月上旬降水主要集中在湖南、广西一带，预测降水量略高于 50mm。从降水距平百分率来看，江苏、安徽、河南、山东、内蒙古、新疆一带降水量较多年平均降水量严重偏少，其余地区降水量偏多。

预测 2020 年 2 月中旬降水分布与 2020 年 2 月上旬降水分布较为一致，降水主要集中在湖南、广西一带。从降水距平百分率来看，除新疆部分地区外，全国大部分地区 2020 年 2 月中旬降水量偏多。

预测 2020 年 2 月下旬降水分布与 2020 年 2 月上旬、中旬降水分布较为一致，降水仍主要集中在湖南、广西一带。从降水距平百分率来看，除新疆、内蒙古部分地区外，全国大部分地区 2020 年 2 月下旬降水量偏多。

2020 年 2 月累计降水主要集中在广西、广东、湖南、江西、福建一带，累计降水量达到了 100mm 以上。从降水距平百分率来看，除新疆中部部分地区外，全国大部分地区 2020 年 2 月降水量偏多。

3.4.2　流域分区层面

3.4.2.1　各流域旬月尺度降水评价

表 3.4－1 为我国水资源分区 2020 年 1 月上旬降水量。与多年平均值比较，黄河区、淮

河区、西南诸河区、海河区分别偏多731.2%、647.5%、592.3%、523.6%，珠江区偏少45.4%；与2019年1月上旬比较，黄河区、淮河区、松花江区降水量分别偏多2193.0%、467.8%、459.7%，珠江、东南诸河区偏少75.6%、72.3%。

表3.4-2为我国水资源分区2020年1月中旬降水量。与多年平均值比较，西北诸河区、西南诸河区分别偏多137.9%、89.2%，海河区、松花江区、淮河区分别偏少64.9%、61.8%、46.3%；与2019年1月中旬比较，西南诸河区、淮河区、黄河区降水量分别偏多247.4%、223.8%、89%，松花江区、珠江区偏少20.3%、10.7%。

表3.4-3为我国水资源分区2020年1月下旬降水量。与多年平均值比较，长江区（含太湖流域）、珠江区、东南诸河区分别偏多196.4%、136.0%、127.1%，辽河区、海河区、松花江区分别偏少86.6%、62.2%、55.4%；与2019年1月下旬比较，东南诸河区、珠江区、长江区分别偏多2677.2%、1923.9%、277.1%，西南诸河区、西北诸河区分别偏少58.9%、58.9%。

表3.4-1　2020年1月上旬各一级水资源分区降水量

一级水资源分区	当年降水量（mm）	当年降水量（亿m³）	上年同期降水量（mm）	与上年比较（%）	多年平均同期降水量（mm）	与多年平均值比较（%）
全国	9.8	924.2	8.3	17.5	3.7	166.6
松花江区	1.9	21.5	0.3	459.7	2.0	-4.2
辽河区	1.5	5.3	0.0	—	1.5	5.8
海河区	9.2	30.4	0.1	—	1.5	523.6
黄河区	8.8	71.0	0.4	2193.0	1.1	731.2
淮河区	49.2	158.7	8.7	467.8	6.6	647.5
长江区	22.4	374.9	18.8	19.3	7.4	202.2
（太湖流域）	(26.0)	(9.6)	(41.3)	(-37.1)	(13.8)	(88.7)
东南诸河区	10.9	24.0	39.4	-72.3	14.5	-24.5
珠江区	7.1	36.7	29.3	-75.6	13.1	-45.4
西南诸河区	14.4	111.9	15.0	-4.2	2.1	592.3
西北诸河区	1.3	44.9	0.6	110.0	0.9	46.3

表3.4-2　2020年1月中旬各一级水资源分区降水量

一级水资源分区	当年降水量（mm）	当年降水量（亿m³）	上年同期降水量（mm）	与上年比较（%）	多年平均同期降水量（mm）	与多年平均值比较（%）
全国	3.6	336.7	2.8	27.0	3.9	-9.0
松花江区	0.5	5.4	0.6	-20.3	1.3	-61.8
辽河区	0.4	1.5	0.1	—	0.8	-42.6
海河区	0.2	0.7	0.0	—	0.6	-64.9
黄河区	1.2	9.3	0.6	89.0	1.2	-6.7
淮河区	3.3	10.5	1.0	223.8	6.1	-46.3

续表

一级水资源分区	当年降水量（mm）	当年降水量（亿 m³）	上年同期降水量（mm）	与上年比较（%）	多年平均同期降水量（mm）	与多年平均值比较（%）
长江区（太湖流域）	7.3（23.2）	121.6（8.6）	5.4（13.9）	34.4（66.2）	9.5（24.2）	−23.1（−4.2）
东南诸河区	16.9	37.1	16.3	3.6	20.9	−19.4
珠江区	7.1	36.3	7.9	−10.7	10.9	−35.0
西南诸河区	3.9	30.3	1.1	247.4	2.1	89.2
西北诸河区	1.9	67.5	1.9	2.4	0.8	137.9

表 3.4－3　2020 年 1 月下旬各一级水资源分区降水量

一级水资源分区	当年降水量（mm）	当年降水量（亿 m³）	上年同期降水量（mm）	与上年比较（%）	多年平均同期降水量（mm）	与多年平均值比较（%）
全国	9.5	896.8	3.3	189.0	4.1	129.5
松花江区	0.7	7.3	0.8	−19.3	1.5	−55.4
辽河区	0.1	0.5	0.1	—	1.0	−86.6
海河区	0.3	1.0	0.5	−33.1	0.8	−62.2
黄河区	1.2	10.0	2.6	−52.1	1.1	16.6
淮河区	9.5	30.6	16.0	−40.6	4.8	99.2
长江区（太湖流域）	27.8（79.3）	465.4（29.3）	7.4（13.7）	277.1（479.3）	9.4（17.9）	196.4（343.5）
东南诸河区	55.3	121.7	2.0	2677.2	24.4	127.1
珠江区	32.4	166.3	1.6	1923.9	13.7	136.0
西南诸河区	2.1	16.4	5.2	−58.9	2.8	−25.5
西北诸河区	0.5	16.6	1.1	−58.9	0.6	−22.5

　　表 3.4－4 为我国水资源分区 2020 年 1 月降水量。与多年平均值比较，淮河区、海河区、黄河区分别偏多 255.9%、234.7%、233.0%，松花江区、辽河区分别偏少 35.4%、34.5%；与 2019 年 1 月上旬比较，海河区、黄河区、淮河区分别偏多 1697.9%、212.0%、141.5%。

表 3.4－4　2020 年 1 月各一级水资源分区降水量

一级水资源分区	当年降水量（mm）	当年降水量（亿 m³）	上年同期降水量（mm）	与上年比较（%）	多年平均同期降水量（mm）	与多年平均值比较（%）
全国	22.8	2157.7	14.4	58.4	11.7	94.9
松花江区	3.1	34.2	1.8	74.0	4.8	−35.4
辽河区	2.1	7.3	0.1	—	3.2	−34.5
海河区	9.7	32.2	0.5	1697.9	2.9	234.7
黄河区	11.2	90.3	3.6	212.0	3.4	233.0
淮河区	61.9	199.8	25.6	141.5	17.4	255.9

一级水资源分区	当年降水量（mm）	当年降水量（亿 m³）	上年同期降水量（mm）	与上年比较（%）	多年平均同期降水量（mm）	与多年平均值比较（%）
长江区 （太湖流域）	57.5 （128.5）	961.9 （47.4）	31.6 （68.9）	82.1 （86.5）	26.3 （55.8）	119.0 （130.1）
东南诸河区	83.1	182.8	57.7	44.2	59.8	39.1
珠江区	46.6	239.3	38.8	20.2	37.7	23.7
西南诸河区	20.4	158.7	21.3	−4.2	7.0	192.6
西北诸河区	3.7	129.0	3.6	1.1	2.3	60.3

3.4.2.2 各流域旬月尺度降水预测

表3.4-5为预测我国一级水资源分区2020年2月上旬降水量。与多年平均值比较，辽河区、西南诸河区、松花江区、长江区分别偏多412.6%、206.6%、164.7%、126.3%，淮河区偏少16.7%；与2019年2月上旬比较，珠江区、松花江区、辽河区分别偏多2897.2%、642.5%、272.3%，西北诸河区偏少46.8%。

表3.4-5 2020年2月上旬各一级水资源分区降水量预测

一级水资源分区	当年降水量（mm）	当年降水量（亿 m³）	上年同期降水量（mm）	与上年比较（%）	多年平均同期降水量（mm）	与多年平均值比较（%）
全国	7.8	739.9	3.9	101.4	3.9	98.2
松花江区	2.4	26.9	0.3	642.5	0.9	164.7
辽河区	2.7	9.4	0.7	272.3	0.5	412.6
海河区	1.8	5.9	0.6	220.9	0.9	93.9
黄河区	1.7	14.0	1.4	24.6	1.2	48.2
淮河区	4.4	14.1	6.8	−35.9	5.2	−16.7
长江区 （太湖流域）	19.4 （14.3）	323.8 （5.3）	8.0 （27.1）	141.0 （−47.4）	8.6 （12.3）	126.3 （15.7）
东南诸河区	30.6	67.4	26.5	15.7	24.1	27.2
珠江区	28.8	147.8	1.0	2897.2	13.0	122.2
西南诸河区	10.4	81.1	6.3	65.6	3.4	206.6
西北诸河区	1.1	38.2	2.0	−46.8	0.6	72.9

表3.4-6为预测我国一级水资源分区2020年2月中旬降水量。与多年平均值比较，西南诸河区、西北诸河区、黄河区分别偏多217.0%、151.4%、142.4%；与2019年2月中旬比较，松花江区、西南诸河区、西北诸河区分别偏多748.2%、80.9%、64.3%，东南诸河区偏少37.8%。

表3.4-7为预测我国一级水资源分区2020年2月下旬降水量。与多年平均值比较，西南诸河区、西北诸河区、松花江区分别偏多243.8%、215.5%、206.9%；与2019年2月下旬比较，松花江区、海河区、淮河区分别偏多1719.6%、1118.7%、159.1%。

表 3.4 - 6　2020 年 2 月中旬各一级水资源分区降水量预测

一级水资源分区	当年降水量（mm）	当年降水量（亿 m³）	上年同期降水量（mm）	与上年比较（%）	多年平均同期降水量（mm）	与多年平均值比较（%）
全国	12.9	1221.8	11.7	10.2	6.5	100.0
松花江区	2.8	31.4	0.3	748.2	1.7	67.3
辽河区	3.4	11.7	2.2	51.3	2.2	53.8
海河区	4.2	13.8	4.1	0.8	2.7	54.3
黄河区	5.9	47.3	3.8	53.5	2.4	142.4
淮河区	18.4	59.5	15.6	18.2	11.5	60.6
长江区	31.0	517.9	27.2	13.9	14.7	110.4
（太湖流域）	(39.2)	(14.5)	(84.4)	(-53.6)	(22.8)	(71.8)
东南诸河区	44.1	96.9	70.8	-37.8	35.3	24.7
珠江区	37.9	194.7	41.3	-8.1	18.4	106.4
西南诸河区	15.0	116.7	8.3	80.9	4.7	217.0
西北诸河区	2.5	86.6	1.5	64.3	1.0	151.4

表 3.4 - 7　2020 年 2 月下旬各一级水资源分区降水量预测

一级水资源分区	当年降水量（mm）	当年降水量（亿 m³）	上年同期降水量（mm）	与上年比较（%）	多年平均同期降水量（mm）	与多年平均值比较（%）
全国	12.1	1144.1	8.5	42.4	5.7	111.0
松花江区	4.3	47.4	0.2	1719.6	1.4	206.9
辽河区	5.1	17.6	0.0	—	2.0	148.6
海河区	3.6	12.1	0.3	1118.7	1.7	115.0
黄河区	4.9	39.1	3.6	34.9	2.1	131.7
淮河区	10.5	33.8	4.0	159.1	8.6	22.2
长江区	25.8	432.1	17.0	52.2	13.2	95.3
（太湖流域）	(25.6)	(9.5)	(20.0)	(28.5)	(22.9)	(11.8)
东南诸河区	55.4	121.8	64.3	-13.9	31.2	77.3
珠江区	39.7	203.6	25.3	56.9	18.3	116.7
西南诸河区	14.5	112.3	11.2	29.7	4.2	243.8
西北诸河区	2.2	78.4	1.2	87.5	0.7	215.5

　　表 3.4 - 8 为预测我国一级水资源分区 2020 年 2 月降水量。与多年平均值比较，西南诸河区、西北诸河区、松花江区分别偏多 223.3%、149.7%、138.2%；与 2019 年 2 月比较，松花江区、辽河区、海河区分别偏多 964.5%、273.8%、91.9%。

表 3.4-8　2020 年 2 月各一级水资源分区降水量预测

一级水资源分区	预测降水量（mm）	预测降水量（亿 m³）	上年同期降水量（mm）	与上年比较（%）	多年平均同期降水量(mm)	与多年平均值比较（%）
全国	32.8	3105.7	24.1	36.2	16.1	103.5
松花江区	9.6	105.8	0.9	964.5	4.0	138.2
辽河区	11.2	38.7	3.0	273.8	4.8	134.1
海河区	9.6	31.8	5.0	91.9	5.3	80.5
黄河区	12.5	100.5	8.8	41.4	5.7	119.1
淮河区	33.3	107.3	26.4	25.8	25.3	31.6
长江区	76.2	1273.7	52.2	45.9	36.5	108.7
太湖流域	79.1	29.2	131.4	-39.8	58.1	36.2
东南诸河区	130.1	286.0	161.6	-19.5	90.7	43.5
珠江区	106.4	546.1	67.5	57.5	49.6	114.3
西南诸河区	39.9	310.1	25.8	55.0	12.3	223.3
西北诸河区	5.8	203.2	4.7	22.2	2.3	149.7

3.4.3　省市行政区层面

3.4.3.1　各省市旬月尺度降水评价

表 3.4-9 为我国行政分区（香港、澳门、台湾未统计）2020 年 1 月上旬降水量。2020 年 1 月上旬全国平均降水量 9.9mm，比 2019 年 1 月上旬降水量 8.3mm 偏多 17.5%，比多年平均值 3.7mm 偏多 166.6%。其中，24 个省（自治区、直辖市）1 月上旬降水量比多年平均值偏多，7 个省（自治区、直辖市）比多年平均值偏少。

表 3.4-10 为我国行政分区 2020 年 1 月中旬降水量。2020 年 1 月中旬全国平均降水量 3.6mm，比 2019 年 1 月中旬降水量 2.8mm 偏多 27.0%，比多年平均值 3.9mm 偏少 9.0%。其中，5 个省（自治区、直辖市）1 月上旬降水量比多年平均值偏多，26 个省（自治区、直辖市）比多年平均值偏少。

表 3.4-11 为我国行政分区 2020 年 1 月下旬降水量。2020 年 1 月下旬全国平均降水量 9.5mm，比 2019 年 1 月下旬降水量 3.3mm 偏多 189.0%，比多年平均值 4.1mm 偏多 129.5%。其中，21 个省（自治区、直辖市）1 月下旬降水量比多年平均值偏多，10 个省（自治区、直辖市）比多年平均值偏少。

表 3.4-9　2020 年 1 月上旬各行政分区降水量

行政分区	当年降水量（mm）	当年降水量（亿 m³）	上年同期降水量（mm）	与上年比较（%）	多年平均同期降水量(mm)	与多年平均值比较（%）
全国	9.8	924.2	8.3	17.5	3.7	166.6
北京	3.9	0.6	0.0	—	1.2	216.3
天津	3.6	0.4	0.0	—	1.5	136.6

行政分区	当年降水量（mm）	当年降水量（亿 m³）	上年同期降水量（mm）	与上年比较（%）	多年平均同期降水量（mm）	与多年平均值比较（%）
河北	5.8	10.9	0.0	—	1.3	356.7
山西	14.8	23.2	0.1	—	1.3	1001.1
内蒙古	2.0	23.0	0.2	942.1	0.8	152.2
辽宁	1.5	2.1	0.0	—	2.0	−27.5
吉林	3.3	6.3	0.1	—	2.4	36.5
黑龙江	1.3	5.9	0.3	278.7	2.3	−44.1
上海	21.2	1.7	36.4	−41.9	13.5	56.8
江苏	38.1	38.8	20.7	83.9	9.6	298.1
浙江	25.3	26.0	63.1	−59.9	15.4	64.2
安徽	57.7	80.7	31.1	85.1	13.0	343.4
福建	1.8	2.1	25.0	−92.9	14.3	−87.6
江西	20.5	34.3	63.0	−67.4	18.8	9.2
山东	29.0	45.2	1.8	1511.5	3.8	658.8
河南	50.1	83.1	5.7	782.7	4.9	924.2
湖北	66.6	123.8	16.8	297.3	9.8	582.3
湖南	32.0	67.7	43.3	−26.1	17.1	87.1
广东	0.0	0.0	6.0	−99.6	16.5	−99.8
广西	5.0	11.8	38.7	−87.1	14.5	−65.4
海南	1.3	0.4	14.3	−91.2	6.3	−79.8
重庆	32.5	26.7	7.1	357.7	5.7	468.0
四川	4.9	23.7	1.5	219.3	1.8	174.8
贵州	20.7	36.4	31.1	−33.6	8.5	144.8
云南	29.8	114.1	43.6	−31.7	4.7	535.6
西藏	5.3	63.3	1.4	265.0	0.8	539.0
陕西	14.0	28.9	0.8	1750.4	1.6	796.0
甘肃	2.1	9.0	0.2	1165.7	0.6	227.8
青海	3.7	25.7	1.2	198.2	0.7	399.6
宁夏	3.1	1.6	0.0	—	0.6	393.2
新疆	0.4	6.3	0.6	−33.0	1.2	−68.2

表 3.4-10　2020 年 1 月中旬各行政分区降水量

行政分区	当年降水量（mm）	当年降水量（亿 m³）	上年同期降水量（mm）	与上年比较（%）	多年平均同期降水量（mm）	与多年平均值比较（%）
全国	3.6	336.7	2.8	27.0	3.9	-9.0
北京	0.0	0.0	0.0	—	0.2	-100.0
天津	0.0	0.0	0.0	—	0.3	-86.9
河北	0.1	0.1	0.0	—	0.4	-86.7
山西	1.2	1.9	0.0	—	1.3	-8.2
内蒙古	0.5	5.3	0.2	148.6	0.6	-26.4
辽宁	0.6	0.8	0.1	—	1.1	-48.5
吉林	1.2	2.2	0.2	407.1	1.3	-11.8
黑龙江	0.3	1.5	1.0	-69.0	1.4	-76.8
上海	18.2	1.4	14.1	29.3	23.3	-21.7
江苏	9.3	9.5	5.6	66.4	13.1	-28.7
浙江	30.7	31.6	22.5	36.5	25.0	22.4
安徽	14.1	19.7	5.9	140.7	17.6	-20.2
福建	9.3	11.2	10.2	-9.4	18.2	-49.1
江西	23.5	39.3	15.5	51.5	25.1	-6.2
山东	0.6	1.0	0.2	172.0	1.6	-61.8
河南	2.2	3.6	0.1	—	4.6	-53.3
湖北	6.3	11.8	2.4	159.1	10.2	-38.2
湖南	16.3	34.5	15.2	7.2	20.8	-21.7
广东	2.5	4.5	2.9	-11.5	12.0	-78.9
广西	14.0	33.0	12.3	13.5	13.3	4.8
海南	2.7	0.9	5.6	-52.5	5.3	-50.0
重庆	1.6	1.3	4.5	-64.9	7.1	-77.8
四川	1.4	6.7	1.0	42.6	2.6	-46.4
贵州	5.9	10.4	9.1	-35.2	8.8	-32.8
云南	0.5	2.1	2.8	-80.6	3.5	-84.6
西藏	3.7	44.8	0.9	329.8	1.0	258.5
陕西	1.4	2.9	0.0	—	2.0	-31.2
甘肃	0.7	2.8	2.0	-67.8	0.8	-16.8
青海	1.2	8.7	2.7	-54.0	0.9	31.8
宁夏	1.1	0.6	0.1	—	0.8	33.8
新疆	2.6	42.8	2.1	22.5	1.1	139.6

表 3.4-11 2020 年 1 月下旬各行政分区降水量

行政分区	当年降水量（mm）	当年降水量（亿 m³）	上年同期降水量（mm）	与上年比较（%）	多年平均同期降水量（mm）	与多年平均值比较（%）
全国	9.5	896.8	3.3	189.0	4.1	129.5
北京	0.2	0.0	0.0	—	0.5	−70.5
天津	0.1	0.0	0.0	—	0.6	−83.4
河北	0.2	0.4	0.1	—	0.6	−66.1
山西	0.8	1.2	2.5	−68.9	1.1	−30.4
内蒙古	0.4	4.1	0.4	−12.3	0.5	−33.2
辽宁	0.2	0.3	0.1	217.2	1.5	−84.9
吉林	0.3	0.6	0.2	36.3	1.5	−79.0
黑龙江	0.5	2.4	1.0	−46.0	1.8	−71.0
上海	80.6	6.4	12.6	540.1	17.3	365.7
江苏	26.2	26.7	22.8	14.6	9.0	190.2
浙江	76.7	79.0	3.2	2293.7	25.6	199.6
安徽	50.5	70.7	20.6	145.2	14.0	261.7
福建	42.7	51.7	0.1	—	24.2	76.6
江西	85.0	142.0	2.7	3063.3	27.9	204.3
山东	1.2	1.8	3.0	−61.7	1.7	−29.8
河南	6.2	10.3	14.8	−58.2	3.7	68.6
湖北	26.0	48.4	18.3	42.5	9.5	174.7
湖南	63.9	135.4	9.0	612.2	22.3	187.0
广东	31.0	54.6	0.2	14872.1	16.6	86.9
广西	40.6	95.8	1.4	2711.0	16.2	149.9
海南	19.1	6.5	5.6	240.1	5.1	273.2
重庆	14.2	11.7	9.4	51.2	6.2	128.9
四川	5.5	26.7	2.7	106.2	2.8	94.7
贵州	33.4	58.9	7.7	337.0	8.4	299.7
云南	5.4	20.9	4.4	23.3	5.2	4.2
西藏	1.3	16.1	4.3	−68.6	1.2	9.3
陕西	2.2	4.4	6.0	−64.1	1.5	43.5
甘肃	0.8	3.4	1.1	−27.1	0.8	7.0
青海	1.0	6.6	1.8	−48.3	0.8	20.2
宁夏	1.2	0.6	1.2	1.0	0.6	99.7
新疆	0.6	9.1	0.9	−38.4	0.8	−26.9

表 3.4-12 为我国行政分区 2020 年 1 月降水量。2020 年 1 月全国平均降水量 22.8mm，

比 2019 年 1 月降水量 14.4mm 偏多 58.4%，比多年平均值 11.7mm 偏多 94.9%。其中，29个省（自治区、直辖市）1 月上旬降水量比多年平均值偏多，4 个省（自治区、直辖市）比多年平均值偏少。

表 3.4-12　2020 年 1 月各行政分区降水量

行政分区	当年降水量（mm）	当年降水量（亿 m³）	上年同期降水量（mm）	与上年比较（%）	多年平均同期降水量（mm）	与多年平均值比较（%）
全国	22.8	2157.7	14.4	58.4	11.7	94.9
北京	4.1	0.7	0.0	—	2.0	106.1
天津	3.8	0.4	0.0	—	2.4	54.8
河北	6.1	11.4	0.1	—	2.4	157.9
山西	16.8	26.3	2.6	541.0	3.8	346.5
内蒙古	2.8	32.4	0.8	261.2	1.9	44.7
辽宁	2.2	3.3	0.1	—	4.6	-51.0
吉林	4.8	9.1	0.6	731.8	5.2	-9.0
黑龙江	2.2	9.7	2.4	-9.0	5.5	-61.2
上海	120.0	9.5	63.1	90.2	54.1	121.9
江苏	73.6	75.0	49.1	49.7	31.7	132.3
浙江	132.7	136.7	88.8	49.5	66.0	100.9
安徽	122.2	171.1	57.6	112.3	44.6	174.0
福建	53.8	65.1	35.3	52.5	56.7	-5.1
江西	129.1	215.6	81.2	58.9	71.8	79.7
山东	30.8	48.0	5.1	507.7	7.1	333.1
河南	58.4	97.0	20.5	184.8	13.2	343.7
湖北	98.9	184.0	37.5	164.1	29.4	235.9
湖南	112.1	237.6	67.4	66.4	60.1	86.5
广东	33.6	59.1	9.1	269.9	45.1	-25.4
广西	59.6	140.6	52.5	13.6	44.1	35.2
海南	23.0	7.8	25.5	-9.8	16.7	37.7
重庆	48.2	39.7	20.9	130.3	19.0	154.1
四川	11.7	57.1	5.2	127.8	7.2	64.0
贵州	60.0	105.6	47.9	25.4	25.6	134.6
云南	35.8	137.1	50.8	-29.6	13.5	165.9
西藏	10.4	124.3	6.6	56.8	3.1	234.2
陕西	17.6	36.2	6.8	159.4	5.1	244.0
甘肃	3.6	15.2	3.3	8.0	2.2	63.6
青海	5.9	41.0	5.8	1.8	2.5	137.9
宁夏	5.4	2.8	1.3	312.3	2.0	165.0
新疆	3.6	58.3	3.6	-1.6	3.1	16.1

3.4.3.2　各省市旬月尺度降水预测

表 3.4-13 为预测 2020 年 2 月上旬各行政分区降水量。预测 2020 年 2 月上旬全国平均降水量 7.8mm，比 2019 年 2 上旬降水量 3.9mm 偏多 101.4%，比多年平均值 3.9mm 偏多 98.2%。其中，25 个省（自治区、直辖市）2 月上旬降水量比多年平均值偏多，6 个省（自治区、直辖市）比多年平均值偏少。

表 3.4-14 为预测 2020 年 2 月中旬各行政分区降水量。预测 2020 年 2 月中旬全国平均降水量 12.9mm，比 2019 年 2 月中旬降水量 11.7mm 偏多 10.2%，比多年平均值 6.5mm 偏多 100.0%。31 省（自治区、直辖市）2 月中旬降水量均比多年平均值偏多。

表 3.4-15 为预测 2020 年 2 月下旬各行政分区降水量。预测 2020 年 2 月下旬全国平均降水量 12.1mm，比 2019 年 2 月下旬降水量 8.5mm 偏多 42.4%，比多年平均值 5.7mm 偏多 111.0%。其中，21 个省（自治区、直辖市）1 月下旬降水量比多年平均值偏多，10 个省（自治区、直辖市）比多年平均值偏少。

表 3.4-13　2020 年 2 月上旬各行政分区降水量预测

行政分区	当年降水量（mm）	当年降水量（亿 m³）	上年同期降水量（mm）	与上年比较（%）	多年平均同期降水量（mm）	与多年平均值比较（%）
全国	7.8	739.9	3.9	101.4	3.9	98.2
北京	2.6	0.4	0.7	303.7	0.5	419.8
天津	2.0	0.2	0.0	—	0.5	287.8
河北	2.1	3.8	0.4	400.0	0.7	211.9
山西	2.0	3.1	0.8	166.1	1.2	70.1
内蒙古	1.3	14.7	0.3	364.4	0.6	129.1
辽宁	3.3	4.8	0.7	376.8	0.7	403.5
吉林	4.1	7.8	1.2	241.7	0.9	344.7
黑龙江	2.5	11.2	0.2	953.9	1.1	127.4
上海	16.1	1.3	25.3	−36.2	11.5	39.9
江苏	7.3	7.5	12.5	−41.7	7.9	−7.0
浙江	27.0	27.8	34.2	−21.1	21.7	24.4
安徽	11.0	15.4	26.6	−58.7	12.8	−14.0
福建	20.8	25.2	19.4	7.5	24.8	−16.2
江西	36.1	60.3	24.6	46.7	26.8	35.0
山东	2.3	3.6	0.5	329.8	2.0	16.9
河南	2.1	3.5	2.8	−25.6	2.8	−25.2
湖北	14.7	27.3	11.4	28.4	9.0	63.4
湖南	45.9	97.4	12.1	281.3	19.2	138.9
广东	18.8	33.1	1.9	868.2	20.5	−8.2

续表

行政分区	当年降水量（mm）	当年降水量（亿 m³）	上年同期降水量（mm）	与上年比较（%）	多年平均同期降水量(mm)	与多年平均值比较（%）
广西	41.4	97.6	1.3	3123.1	14.9	177.2
海南	7.6	2.6	0.1	5631.4	9.1	−17.0
重庆	18.5	15.2	2.7	584.9	4.7	297.3
四川	8.5	41.4	2.0	322.4	2.6	232.1
贵州	41.2	72.6	2.6	1477.4	7.8	425.6
云南	12.7	48.6	0.2	6241.6	5.5	129.6
西藏	6.0	72.1	6.1	−2.1	1.4	343.7
陕西	4.1	8.5	1.0	322.4	1.6	152.7
甘肃	1.0	4.1	0.9	7.6	0.7	42.0
青海	1.7	11.5	1.8	−9.0	0.7	136.3
宁夏	1.0	0.5	0.1	1612.2	0.7	46.2
新疆	1.0	16.8	2.3	−55.3	0.8	24.6

表 3.4-14　2020 年 2 月中旬各行政分区降水量预测

行政分区	当年降水量（mm）	当年降水量（亿 m³）	上年同期降水量（mm）	与上年比较（%）	多年平均同期降水量(mm)	与多年平均值比较（%）
全国	12.9	1221.8	11.7	10.2	6.5	100.0
北京	2.8	0.5	2.0	44.4	2.3	25.0
天津	2.7	0.3	2.4	12.8	2.3	17.3
河北	3.3	6.2	3.5	−5.4	2.2	52.7
山西	5.5	8.6	4.4	25.0	2.6	109.7
内蒙古	2.3	26.7	1.7	32.9	0.9	150.4
辽宁	4.4	6.4	2.5	74.1	3.2	37.8
吉林	4.0	7.7	2.1	90.3	2.7	47.0
黑龙江	2.9	13.1	0.0	—	1.9	54.6
上海	38.1	3.0	92.8	−58.9	22.3	71.3
江苏	24.4	24.9	34.0	−28.4	15.0	62.6
浙江	48.2	49.6	102.3	−52.9	30.6	57.7
安徽	39.3	55.1	68.0	−42.1	25.4	54.7
福建	42.2	51.0	40.6	3.8	37.5	12.5
江西	60.9	101.7	85.6	−28.8	40.3	51.0
山东	8.3	12.9	5.0	64.8	4.6	81.3
河南	13.1	21.7	6.6	97.9	7.7	70.8

行政分区	当年降水量（mm）	当年降水量（亿 m³）	上年同期降水量（mm）	与上年比较（%）	多年平均同期降水量（mm）	与多年平均值比较（%）
湖北	38.9	72.4	32.8	18.5	21.0	85.1
湖南	63.7	135.0	57.8	10.2	30.9	105.8
广东	37.6	66.2	49.6	-24.1	30.6	22.9
广西	50.3	118.7	67.8	-25.9	22.5	123.9
海南	9.5	3.2	14.2	-32.6	7.0	36.8
重庆	31.6	26.0	1.4	2192.4	9.3	239.2
四川	11.3	54.7	3.4	232.9	4.4	158.6
贵州	47.5	83.6	15.2	213.6	10.7	343.8
云南	18.3	70.0	7.9	132.5	6.8	170.5
西藏	8.2	97.9	4.9	66.8	2.1	286.4
陕西	11.2	23.1	2.5	348.4	4.4	154.2
甘肃	3.3	13.9	1.7	97.9	1.2	185.1
青海	3.6	25.4	1.7	112.7	1.0	259.8
宁夏	4.1	2.1	2.2	88.0	1.4	194.2
新疆	2.5	40.1	1.2	106.8	1.3	84.6

表 3.4 – 15　2020 年 2 月下旬各行政分区降水量预测

行政分区	当年降水量（mm）	当年降水量（亿 m³）	上年同期降水量（mm）	与上年比较（%）	多年平均同期降水量（mm）	与多年平均值比较（%）
全国	12.1	1144.1	8.5	42.4	5.7	111.0
北京	2.4	0.4	0.2	1161.9	0.8	198.7
天津	3.1	0.4	0.0	—	1.1	170.7
河北	3.1	5.7	0.4	609.1	1.2	168.1
山西	4.7	7.3	0.3	1259.0	1.9	148.6
内蒙古	2.5	28.6	0.1	—	0.7	256.0
辽宁	6.6	9.6	0.0	—	3.2	107.8
吉林	7.1	13.5	0.1	7081.2	2.5	178.1
黑龙江	4.6	21.0	0.4	1026.0	1.5	206.3
上海	25.9	2.1	16.0	61.9	22.0	17.7
江苏	14.6	14.9	8.1	80.4	12.2	19.6
浙江	49.2	50.7	58.3	-15.6	28.3	73.7
安徽	26.3	36.8	22.5	16.7	23.3	12.8
福建	54.1	65.4	76.9	-29.6	31.4	72.4

续表

行政分区	当年降水量（mm）	当年降水量（亿 m³）	上年同期降水量（mm）	与上年比较（%）	多年平均同期降水量（mm）	与多年平均值比较（%）
江西	63.2	105.5	77.1	-18.0	37.4	69.2
山东	5.2	8.0	0.1	—	4.0	29.9
河南	8.2	13.6	0.6	1346.3	5.1	61.2
湖北	24.6	45.7	12.8	91.5	17.0	44.4
湖南	53.1	112.6	30.6	73.3	27.3	94.2
广东	51.1	89.9	56.6	-9.8	28.6	78.8
广西	50.4	119.0	25.6	97.2	22.1	128.0
海南	17.0	5.8	2.3	629.0	9.4	80.7
重庆	20.2	16.7	3.2	523.9	7.8	160.7
四川	11.1	53.8	7.2	54.7	4.0	174.5
贵州	37.3	65.7	6.3	493.4	10.5	256.6
云南	17.3	66.4	8.4	105.8	7.0	145.9
西藏	7.7	92.8	7.6	1.9	1.7	358.9
陕西	8.2	16.8	4.9	65.6	3.2	152.3
甘肃	3.3	13.9	3.0	10.0	1.1	193.2
青海	3.7	25.4	3.0	19.7	1.2	217.1
宁夏	3.3	1.7	2.1	54.2	1.1	214.5
新疆	2.1	34.3	0.5	316.7	0.9	136.3

表 3.4-16 为预测我国行政分区 2020 年 2 月降水量。预测 2020 年 2 月全国平均降水量 32.8mm，比 2019 年 2 月降水量 24.1mm 偏多 36.2%，比多年平均值 16.1mm 偏多 103.5%。31 个省（自治区、直辖市）2 月降水量均比多年平均值偏多。

表 3.4-16　2020 年 2 月各行政分区降水量预测

行政分区	预测降水量（mm）	预测降水量（亿 m³）	上年同期降水量（mm）	与上年比较（%）	多年平均同期降水量（mm）	与多年平均值比较（%）
全国	32.8	3105.7	24.1	36.2	16.1	103.5
北京	7.9	1.3	2.8	181.4	3.6	120.4
天津	7.8	0.9	2.4	225.1	4.0	96.8
河北	8.5	15.7	4.3	94.4	4.0	112.4
山西	12.2	19.1	5.5	121.7	5.7	114.4
内蒙古	6.1	70.0	2.1	185.3	2.2	178.8
辽宁	14.3	20.9	3.2	343.5	7.0	103.8
吉林	15.2	29.0	3.4	345.8	6.2	144.9

续表

行政分区	当年降水量（mm）	当年降水量（亿 m³）	上年同期降水量（mm）	与上年比较（%）	多年平均同期降水量（mm）	与多年平均值比较（%）
黑龙江	10.0	45.2	0.7	1406.6	4.5	123.6
上海	80.1	6.4	134.0	−40.2	55.8	43.7
江苏	46.3	47.2	54.7	−15.3	35.1	32.0
浙江	124.4	128.1	194.8	−36.2	80.6	54.3
安徽	76.6	107.3	117.1	−34.6	61.5	24.5
福建	117.1	141.6	136.8	−14.5	93.7	24.9
江西	160.2	267.6	187.3	−14.4	104.5	53.4
山东	15.7	24.5	5.6	179.3	10.5	49.8
河南	23.4	38.8	10.0	133.5	15.6	50.3
湖北	78.1	145.3	57.1	36.8	47.0	66.2
湖南	162.7	345.0	100.5	62.0	77.5	109.9
广东	107.5	189.2	108.1	−0.6	79.7	34.9
广西	142.1	335.3	94.7	50.1	59.5	138.8
海南	34.1	11.5	16.6	105.2	25.5	33.7
重庆	70.3	57.9	7.3	860.4	21.7	223.7
四川	30.9	149.9	12.6	145.7	11.0	181.7
贵州	126.1	221.9	24.1	424.1	29.0	334.5
云南	48.3	185.0	16.5	193.0	19.3	149.8
西藏	21.9	262.9	18.6	17.7	5.2	325.2
陕西	23.5	48.4	8.4	179.4	9.3	153.3
甘肃	7.5	31.9	5.5	36.0	2.9	155.4
青海	8.9	62.3	6.6	36.0	2.9	212.5
宁夏	8.3	4.3	4.4	91.2	3.1	169.3
新疆	5.6	91.2	4.0	39.7	3.1	83.4

3.4.4　降水预测结果评价

3.4.4.1　全国层面预测降水评价

2020 年 2 月上旬降水主要发生在湖南、江西、广东、广西一带，东北、内蒙古、新疆一带降水偏少。预测 2020 年 2 月上旬湖南、广西一带降水偏多，与实测基本一致。然而，2020 年 2 月上旬预测东北一带降水偏多，与实测不符。

2020 年 2 月中旬降水主要发生在广东、广西、浙江以及山东、河北一带，山西、宁夏、陕西一带降水偏少。预测 2020 年 2 月中旬全国除新疆外，其余大部分地区降水偏多，与实测降水存在一定偏差。

2020 年 2 月下旬降水主要发生在湖北、河南、山东一带，广东、广西以及内蒙古、新疆一带降水偏少。预测 2020 年 2 月下旬全国除新疆外，其余大部分地区降水偏多，与实测降水存在一定偏差。

我国东南部和东北部地区 2020 年 2 月降水距平百分率预测与实测较为一致，然而，内蒙古西部以及新疆大部分地区降水距平百分率预测与实测相差较大。

3.4.4.2 流域分区层面预测降水评价

基于 GB/T 22482—2008《水文情报预报规范》中长期定性预报等级，将旬月尺度降水划分为 5 个等级（见表 3.4-17），针对全国行政分区和一级水资源分区不同降水等级预测结果进行评价。当预测降水和实测降水在同一等级时，认为预报准确。

表 3.4-17 旬月尺度降水定性预报评价等级表

分级	特枯	偏枯	正常	偏丰	特丰
距平值（%）	距平＜-20%	-20%＜距平＜-10%	-10%≤距平≤10%	10%＜距平≤20%	距平＞20%

表 3.4-18 为 2020 年 2 月上旬各一级水资源分区降水量预测结果评价。其中，海河区、长江区、珠江区、西南诸河区预报准确，松花江区、辽河区、黄河区、淮河区、东南诸河区、西北诸河区预报偏多，太湖流域（属于长江区）预报偏少，2020 年 2 月上旬降水预测准确率为 36.4%。

表 3.4-18 2020 年 2 月上旬各一级水资源分区降水量预测结果评价

一级水资源分区	预测	实测	预测评价	准确率（%）
松花江区	特丰	偏枯	偏多	
辽河区	特丰	平水	偏多	
海河区	特丰	特丰	准确	
黄河区	特丰	平水	偏多	
淮河区	偏枯	特枯	偏多	
长江区（太湖流域）	特丰（偏丰）	特丰（特丰）	准确（偏少）	36.4
东南诸河区	特丰	平水	偏多	
珠江区	特丰	特丰	准确	
西南诸河区	特丰	特丰	准确	
西北诸河区	特丰	特枯	偏多	

表 3.4-19 为 2020 年 2 月中旬各一级水资源分区降水量预测结果评价。其中，松花江区、辽河区、海河区、淮河区、长江区、东南诸河区、珠江区、西北诸河区预报准确，黄河区、太湖流域、西南诸河区预报偏多，中旬预测准确率为 72.7%。

表 3.4 – 19　2020 年 2 月中旬各一级水资源分区降水量预测结果评价

一级水资源分区	预测	实测	预测评价	准确率（%）
松花江区	特丰	特丰	准确	
辽河区	特丰	特丰	准确	
海河区	特丰	特丰	准确	
黄河区	特丰	特枯	偏多	
淮河区	特丰	特丰	准确	
长江区	特丰	特丰	准确	72.7
（太湖流域）	（特丰）	（偏丰）	（偏多）	
东南诸河区	特丰	特丰	准确	
珠江区	特丰	特丰	准确	
西南诸河区	特丰	特枯	偏多	
西北诸河区	特丰	特丰	准确	

表 3.4 – 20 为 2020 年 2 月下旬各一级水资源分区降水量预测结果评价。其中，松花江区、辽河区、海河区、黄河区、淮河区、西南诸河区、西北诸河区预报准确，长江区、太湖流域、东南诸河区、珠江区预报偏多，预测的 2020 年 2 月下旬降水准确率为 63.6%。

表 3.4 – 20　2020 年 2 月下旬各一级水资源分区降水量预测结果评价

一级水资源分区	预测	实测	预测评价	准确率（%）
松花江区	特丰	特丰	准确	
辽河区	特丰	特丰	准确	
海河区	特丰	特丰	准确	
黄河区	特丰	特丰	准确	
淮河区	特丰	特丰	准确	
长江区	特丰	偏丰	偏多	63.6
（太湖流域）	（偏丰）	（偏枯）	（偏多）	
东南诸河区	特丰	特枯	偏多	
珠江区	特丰	特枯	偏多	
西南诸河区	特丰	特丰	准确	
西北诸河区	特丰	特丰	准确	

表 3.4 – 21 为 2020 年 2 月各一级水资源分区降水量预测结果评价。其中，松花江区、辽河区、海河区、黄河区、淮河区、长江区、珠江区、西南诸河区预报准确，太湖流域、东南诸河区、西北诸河区预报偏多，准确率为 72.7%。

表 3.4 – 21　2020 年 2 月各一级水资源分区降水量预测结果评价

一级水资源分区	预测	实测	预测评价	准确率（%）
松花江区	特丰	特丰	准确	
辽河区	特丰	特丰	准确	
海河区	特丰	特丰	准确	
黄河区	特丰	特丰	准确	
淮河区	特丰	特丰	准确	
长江区	特丰	特丰	准确	72.7
（太湖流域）	（特丰）	（偏丰）	（偏多）	
东南诸河区	特丰	平水	偏多	
珠江区	特丰	特丰	准确	
西南诸河区	特丰	特丰	准确	
西北诸河区	特丰	平水	偏多	

3.4.4.3　省市行政区层面预测降水评价

表 3.4 – 22 为 2020 年 2 月上旬各行政分区降水量预测结果评价。其中，预报准确 14 个，偏多 14 个，偏少 3 个，预测准确率为 45.2%。

表 3.4 – 22　2020 年 2 月上旬各行政分区降水量预测结果评价

行政分区	预测	实测	预测评价	准确率（%）
北京	特丰	特丰	准确	
天津	特丰	特丰	准确	
河北	特丰	特丰	准确	
山西	特丰	偏丰	偏多	
内蒙古	特丰	特枯	偏多	
辽宁	特丰	偏丰	偏多	
吉林	特丰	特枯	偏多	
黑龙江	特丰	平水	偏多	45.2
上海	特丰	特丰	准确	
江苏	平水	特枯	偏多	
浙江	特丰	特丰	准确	
安徽	偏枯	特丰	偏少	
福建	偏枯	平水	偏少	
江西	特丰	特丰	准确	

行政分区	预测	实测	预测评价	准确率（%）
山东	偏丰	特枯	偏多	
河南	特枯	特枯	准确	
湖北	特丰	特丰	准确	
湖南	特丰	特丰	准确	
广东	平水	特丰	偏少	
广西	特丰	特丰	准确	
海南	偏枯	特枯	偏多	
重庆	特丰	特丰	准确	
四川	特丰	特丰	准确	45.2
贵州	特丰	特丰	准确	
云南	特丰	特丰	准确	
西藏	特丰	特枯	偏多	
陕西	特丰	偏丰	偏多	
甘肃	特丰	特枯	偏多	
青海	特丰	特枯	偏多	
宁夏	特丰	特枯	偏多	
新疆	特丰	特枯	偏多	

表 3.4 - 23 为 2020 年 2 月中旬全国范围各行政分区降水量预测结果评价。其中，有 15 个行政区预测准确，预测偏多行政区 14 个，偏少 2 个，降水预测准确率为 48.4%。

表 3.4 - 23　2020 年 2 月中旬各行政分区降水量预测结果评价

行政分区	预测	实测	预测评价	准确率（%）
北京	特丰	特丰	准确	
天津	偏丰	特丰	偏少	
河北	特丰	特丰	准确	
山西	特丰	特枯	偏多	
内蒙古	特丰	特丰	准确	
辽宁	特丰	特丰	准确	48.4
吉林	特丰	特丰	准确	
黑龙江	特丰	特枯	偏多	
上海	特丰	特丰	准确	
江苏	特丰	偏丰	偏多	
浙江	特丰	特丰	准确	

续表

行政分区	预测	实测	预测评价	准确率（%）
安徽	特丰	平水	偏多	
福建	偏丰	特丰	偏少	
江西	特丰	特丰	准确	
山东	特丰	特丰	准确	
河南	特丰	平水	偏多	
湖北	特丰	平水	偏多	
湖南	特丰	特丰	准确	
广东	特丰	特丰	准确	
广西	特丰	特丰	准确	
海南	特丰	特丰	准确	
重庆	特丰	特丰	准确	48.4
四川	特丰	偏枯	偏多	
贵州	特丰	特丰	准确	
云南	特丰	特枯	偏多	
西藏	特丰	特枯	偏多	
陕西	特丰	特枯	偏多	
甘肃	特丰	特枯	偏多	
青海	特丰	特枯	偏多	
宁夏	特丰	特枯	偏多	
新疆	特丰	偏丰	偏多	

表3.4-24为2020年2月下旬各行政分区降水量预测结果评价。其中，预报准确的行政区有20个，偏多9个，偏少2个，降水预测准确率为64.5%。

表3.4-24　2020年2月下旬各行政分区降水量预测结果评价

行政分区	预测	实测	预测评价	准确率（%）
北京	特丰	特丰	准确	
天津	特丰	特丰	准确	
河北	特丰	特丰	准确	
山西	特丰	特丰	准确	
内蒙古	特丰	特丰	准确	64.5
辽宁	特丰	特丰	准确	
吉林	特丰	特丰	准确	
黑龙江	特丰	特丰	准确	
上海	偏丰	特枯	偏多	

行政分区	预测	实测	预测评价	准确率（%）
江苏	偏丰	特丰	偏少	
浙江	特丰	特枯	偏多	
安徽	偏丰	特丰	偏少	
福建	特丰	特枯	偏多	
江西	特丰	特枯	偏多	
山东	特丰	特丰	准确	
河南	特丰	特丰	准确	
湖北	特丰	特丰	准确	
湖南	特丰	特枯	偏多	
广东	特丰	特枯	偏多	
广西	特丰	特枯	偏多	64.5
海南	特丰	特枯	偏多	
重庆	特丰	特丰	准确	
四川	特丰	特丰	准确	
贵州	特丰	特丰	准确	
云南	特丰	特丰	准确	
西藏	特丰	特丰	准确	
陕西	特丰	特丰	准确	
甘肃	特丰	特丰	准确	
青海	特丰	特丰	准确	
宁夏	特丰	特丰	准确	
新疆	特丰	平水	偏多	

表 3.4 – 25 为 2020 年 2 月各行政分区降水量预测结果评价。其中，预报准确 22 个，偏多 9 个，偏少 0 个，降水预测准确率为 71.0%。

表 3.4 – 25　2020 年 2 月各行政分区降水量预测结果评价

行政分区	预测	实测	预测评价	准确率（%）
北京	特丰	特丰	准确	
天津	特丰	特丰	准确	
河北	特丰	特丰	准确	
山西	特丰	特丰	准确	71.0
内蒙古	特丰	特丰	准确	
辽宁	特丰	特丰	准确	
吉林	特丰	特丰	准确	

续表

行政分区	预测	实测	预测评价	准确率（%）
黑龙江	特丰	特丰	准确	
上海	特丰	偏丰	偏多	
江苏	特丰	偏丰	偏多	
浙江	特丰	特丰	准确	
安徽	特丰	特丰	准确	
福建	特丰	平水	偏多	
江西	特丰	特丰	准确	
山东	特丰	特丰	准确	
河南	特丰	特丰	准确	
湖北	特丰	特丰	准确	
湖南	特丰	特丰	准确	
广东	特丰	特丰	准确	
广西	特丰	特丰	准确	71.0
海南	特丰	特枯	偏多	
重庆	特丰	特丰	准确	
四川	特丰	偏丰	偏多	
贵州	特丰	特丰	准确	
云南	特丰	特丰	准确	
西藏	特丰	特丰	准确	
陕西	特丰	特丰	准确	
甘肃	特丰	平水	偏多	
青海	特丰	平水	偏多	
宁夏	特丰	偏枯	偏多	
新疆	特丰	偏枯	偏多	

第4章　地表水资源量动态评价与预测

4.1　基础数据来源与处理

4.1.1　基础数据

采用的基础数据包括地理空间数据、气象数据、降雨资料、水文监测数据、取用水监测资料等。

1. 地理空间数据

地理空间数据包括河网水系、DEM 数据、土壤类型、土地利用类型。将 DEM 数据、土壤类型、土地利用类型等基础数据进行分析处理，生成每个网格的潜在径流系数、填洼存储容量、田间持水量、产流参数等模型参数。

（1）河网水系。

为了得到既反映真实情况，又在模型中便于模拟的河网，对水系 shp 文件在 Arcgis 中进行了简化及修正，具体步骤包括：

①将实测河网中的河道两岸以单线进行概化；

②将原始河网中的环状水系及平行水系按照水文年鉴进行简化；

③将原始河网中的水库面以主河道进行替换。

（2）DEM 数据。

原始数字高程模型，即 DEM 包含了大量的空间信息，因其能够反映地势高低及在空间的分布，可用于提取数字河网进行建模。但是，在平坦地区或地势复杂地区，由 DEM 提取的河网与实际河网存在较大的误差，比如在自动提取河网时存在受洼地或平原地区的影响会产生不连续或者平行的错误河网。因此首先基于全国河网水系，对河网进行烧录，即对水系所在栅格进行加深处理。

在每一个网格中有一个单位的水量，根据汇流累积量可以知道每个栅格中汇集的水量，从而知道水量汇入该栅格的面积总量，汇流网格个数 × 独立网格面积 = 测站控制面积。因此，在已知站点集雨面积的情况下，可以通过控制其汇流累积量的数值，来使其测站控制面积误差处于可接受的范围内。即为了保证由 DEM 生成的数字河网较为准确，除了河网烧录外，还需对水文站进行控制面积误差校正，使得由 DEM 生成的汇流累积量栅格文件中水文站的控制面积计算值与实测的集雨面积数值处于一定的误差范围内。

（3）土壤类型、土地利用类型。

土壤基础信息基本矢量图为第二次全国土壤普查的《1:100 万中国土壤分类图》，土层厚度及土壤质地信息源于《中国土种志》。土壤质地特征直接影响水循环的入渗过程，是一种非常关键的土壤信息。土壤数据根据土壤层深度分为 0~10cm、10~20cm、20~30cm、30~70cm 和 70cm 以上土壤数据。对应深度的土壤数据包含参数为黏土百分含量和沙土百分含量。在综合土壤质地信息的基础上根据 WetSpa 土壤类型分类标准进行重分类后得到输入 WetSpa 模型的 1km 土壤类型栅格数据。土壤类型名称见表 4.1-1。

表 4.1-1 土壤类型

序号	土壤质地	序号	土壤质地
1	砂土	7	砂质黏壤土
2	壤质砂土	8	粉质黏壤土
3	砂质壤土	9	黏质壤土
4	粉砂壤土	10	砂质黏土
5	粉砂土	11	粉质黏土
6	壤土	12	黏土

对来源于《1:1000000 中国植被图集》的 1km 植被类型空间分布栅格数据按照 WetSpa 模型的土地利用分类标准进行重分类。在此基础上根据以美国陆地卫星 Landsat 遥感影像数据作为主信息源，通过人工目视解译获取的 1km 中国 2000 年土地利用土地覆被遥感监测栅格数据加入城镇、水域、荒地和雪原得到输入 WetSpa 模型的 1km 土地利用栅格数据。土地利用类型的见表 4.1-2。

表 4.1-2 土地利用类型

序号	土地利用类型	序号	土地利用类型
1	常绿针叶林	10	草地
2	常绿阔叶林	11	沼泽
3	落叶针叶林	12	农业用地
4	落叶阔叶林	13	城镇
5	混交林	14	雪原
6	郁闭灌丛	15	荒地
7	稀树灌丛	16	水域
8	多树草原	17	草地
9	稀树草原		

2. 气象数据

气象资料来自"中国地面气候资料日值数据集（V 3.0）"。该数据集是我国国家气候中心整编的长时间序列数据集，包含了全国 824 个基本、基准地面气象观测站 1951 年 1 月以来的逐日观测数据，其中主要有日平均气压、日平均气温、日平均风速、日降雨量等气象要素。

由于缺少全国蒸发站的信息，蒸散发数据是根据气象站点收集到的日照时数、风速、温度和气压等采用彭曼公式计算得到的。

蒸发蒸腾量是根据 1948 年彭曼提出的计算参考作物蒸发蒸腾量计算公式，后经多次修改后形成的修正彭曼公式，采用联合国粮农组织（FAO）年推荐的修正公式（FAO-56）：

$$\mathrm{ET_0} = \frac{0.480\Delta(R_\mathrm{n} - G) + \gamma\dfrac{900}{T + 273}u_2(e_\mathrm{s} - e_\mathrm{a})}{\Delta + \gamma(1 + 0.34u_2)} \qquad (4.1-1)$$

式中：$\mathrm{ET_0}$ 为参考作物蒸发蒸腾量（mm/d）；R_n 为输入冠层净辐射量 $[\mathrm{MJ}/(\mathrm{m}^2 \cdot \mathrm{d})]$；$T$ 为 2m 高处日平均气温（℃）；μ_2 为 2m 高处风速（m/s）；e_s 为饱和水汽压（kPa）；e_a 为实际水汽压（kPa）；Δ 为饱和水汽压与温度关系曲线上某处的斜率（kPa/℃）；γ 为湿度计常数（kPa/℃）。

3. 降雨资料

研究中使用的降雨资料包括雨量站监测数据、TRMM 卫星数据、再分析数据（EAR5、CFSR 等）、CHIRPS 降水融合产品、全球数值模式资料等。

雨量站监测数据资料主要来自"中国地面气候资料日值数据集（V3.0）"。

研究选用的卫星降水产品为 TRMM 3B42。TRMM（Tropical Rainfall Measuring Mission）卫星是在 1997 年 11 月 27 日发射、由美国国家宇航局（National Aeronautic and Space Administration，NASA）和日本国家空间发展局（National Space Development Agency，NASAD）共同研制、第一颗专门用于定量测量热带/亚热带地区降雨的气象卫星。TRMM 降水产品共分为三级：一级产品是将原始资料转化成 HDF 格式；二级产品是对一级产品进行处理之后的产品；三级产品则是针对二级产品中的降水强度和三维反射率处理后形成的 5 天、30 天降水图像和降水三维结构。采用的 TRMM 3B42 降水产品主要由星载雷达 PR 的降水资料计算而得，并用 TMI、VIRS 等降水资料和其他卫星资料进行校正。3B42 降水产品的空间分辨率为 0.25°×0.25°，时间分辨率为 3 小时，覆盖全球纬度 50°S~50°N。

研究选用的 ERA-interim 是 ECMWF 中心发布的全球再分析资料。与上一代再分析资料 ERA-40 相比，ERA-interim 大气模式的分辨率以及数据同化方法均得到了极大的改进。ECMWF IFS Cy31r2 数值模式的水平分辨率达到了 0.75°，至对流层顶气压（0.1 hPa）的垂直分层为 60 层。同时，利用自适应偏差订正方法对卫星资料进行订正，每 12 小时利用四维同化算法生成基于实测资料和模式初估场的分析场。在此基础上，对未来进行预报，生成 00UTC、06UTC、12UTC、18UTC 四个时刻的预报场。研究表明，ERA-interim 再分析降水资料较之前的 ERA-40 以及 NCEP-NCAR 等再分析产品具有更高的精度，与实际降水过程更为接近。由于再分析资料主要来自数值模式的输出，因此其时间序列不受测站、卫星等因素影响。目前，ERA-interim 资料的时间序列为 1979 年 1 月 1 日至今。

CHIRPS（Climate Hazards Group Infrared Precipitation with Station data）降水融合产品空间覆盖范围为 50°N~50°S，180°W~180°E，空间分辨率最大为 0.05°，提供 1981 年至今的全球小时、日及月降水数据，最新的产品为 V2.0 版本，其在 2015 年 2 月被制作完成并发布，该产品的下载地址为 ftp://ftp.chg.ucsb.edu/pub/org/chg/products/CHIRPS-2.0。CHIRPS 为采用多源数据融合后产生的降水量产品，多源数据包括：基于 FAO（Food and

Agriculture Organization）and GHCN（Global Historical Climatology Network）雨量站数据制作的 CHPclim（Monthly Precipitation Climatology）、TRMM 3B42 降水数据、来自 CFSv2 的再分析降水资料、雨量站降水资料，其中雨量站降水资料被用作融合生成的 CHIRPS 降水量产品测雨精度偏差校正。

研究采用的预报降水产品主要来自全球 11 个全球预报中心的 S2S（次季节到季节尺度）预报产品，预见期均在 30 天以上，各预测模式主要特征见表 4.1 - 3。不同预报中心预报数值模式在物理机制上存在一定差异：①预报的时间尺度为 32 天到 60 天不等；②大气模型的水平分辨率从数百公里到 30 公里不等；③集成成员数量在 4 个到 51 个之间变化；④初始化预测概率各不相同，一些模型以突发模式运行，以次周为基础，具有较大的集成规模（如 ECMWF，BoM，ECCC），而其他模型则每天以连续模式运行，总体规模较小（如 NCEP，UKMO，CMA，KMA）；⑤一些模型具有与海洋和海冰模型耦合的大气成分（如 UKMO，NCEP，CNRM，CMA），而另一些模型则结合初始条件的持久性和气候学来定义海洋和海冰边界条件（如 JMA，ECCC）。因此不同模式降水预测存在较大差异。

表 4.1 - 3　11 个全球预测模式的主要特征

模式	预见期（d）	分辨率	集合成员（个）	海洋耦合	海冰耦合
BoM	62	$2° \times 2°$，L17	33	是	否
CMA	60	$1° \times 1°$，L40	4	是	是
ECCC	32	$0.45° \times 0.45°$，L40	21	否	否
ECMWF	46	$0.25° \times 0.25°$（前 10d），$0.5° \times 0.5°$（10d 之后），L91	51	是	否
HMCR	61	$1.1° \times 1.4°$，L28	20	否	否
CNR-ISAC	31	$0.8° \times 0.56°$，L54	41	否	否
JMA	33	$0.5° \times 0.5°$，L60	25	否	否
KMA	60	$0.5° \times 0.5°$，L85	4	是	是
CNRM	61	$0.7° \times 0.7°$，L91	51	是	是
NCEP	44	$1° \times 1°$，L64	16	是	是
UKMO	60	$0.5° \times 0.8°$，L85	4	是	是

注：其中海洋耦合表示大气成分是否与海洋动力学模型耦合，海冰耦合表示是否包含主动动力海冰模型。

4. 水文监测资料

水文数据包含建模所选用水库和水文站的历史逐日径流数据及调度信息。其中，水文站和水库监测数据来源于全国实时水雨情数据库，部分流量缺测值采用水文年鉴进行补充。

5. 取用水监测资料

由于水资源评价涉及径流资料的还原，还需收集取用水数据。取用水监测资料来源于国家水资源监控能力建设项目建设的国控取用水监测站，包括地表取用水量和地下取用水量。

4.1.2　异常数据清洗

水文数据异常值产生的原因一般有 3 个方面：一是水文监测设备原因。当水文监测设备在运行过程中有元件损坏，监测结果将出现异常值。二是人为原因。在水文监测过程中由于人为操作失误等产生异常值。三是水文监测环境原因。水文数据异常值一般明显偏离它所属样本的其余观测值，极大地降低了水文监测数据的准确性，因此在进行水文监测数据分析研究时，首先需要进行异常值的识别和剔除。采用的异常值识别方法主要包括 3 种：拉依达准则法、箱形图法、水位阈值判别法。

1. 异常值判定方法

（1）拉依达准则法。

拉依达准则法一般假定数据具有正态分布，则基本分布的均值和标准差可以通过计算数据的均值和标准差来估计，然后可以估计每个对象在该分布下的概率。正态分布概率如图 4.1-1 所示。

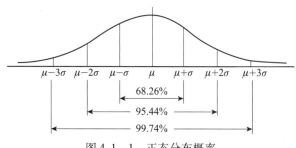

图 4.1-1　正态分布概率

由图 4.1-1 可以看出，数值分布在 $(\mu-\sigma, \mu+\sigma)$ 中的概率为 0.6826，数值分布在 $(\mu-2\sigma, \mu+2\sigma)$ 中的概率为 0.9544，数值分布在 $(\mu-3\sigma, \mu+3\sigma)$ 中的概率为 0.9974。由此可以认为，Y 的取值几乎全部集中在 $(\mu-3\sigma, \mu+3\sigma)$ 区间内，超出这个范围的可能性仅占不到 0.3%。根据拉依达准则法，处于 $(\mu-3\sigma, \mu+3\sigma)$ 区间内的区域水文监测数据可以视为正常值，反之为异常值。

（2）箱形图法。

箱形图法是将基本统计量中的中位数、下四分位数、上四分位数用箱形图的形式表现出来，如果两端存在异常值和极端值，会在箱形图的顶部和底部用特殊的符号标记出来。由于箱形图法会以一种特殊的标记来呈现离群点，为此常用来作为一种直观的数据预处理方法。箱形图法既可以用作服从正态分布数据异常值的判断，也可以用作不服从正态分布数据异常值的判断，因此广泛地应用于数据分析中。

定义：某数据集有 N 个元素，$Q_1 = [(N+1)/4]$ 为下四分位数，$Q_2 = [(N+1)/2]$ 为中位数，$Q_3 = [3(N+1)/4]$ 为上四分位数，四分位距 $IQR = Q_3 - Q_1$。

确定 Q_1、Q_2、Q_3 的位置与对应数据值，数据集视为数轴集合，确定数据集上边缘 UpperLimit 和下边缘 LowerLimit：

$$UpperLimit = Q_3 + n \times IQR$$
$$LowerLimit = Q_1 - n \times IQR$$

式中：n 为分位系数，当 $n=1.5$ 时为数据集上下边缘，当 $n=3$ 时成为数据集外限和内限，分别用 OuterLimit、InsideLimit 表示；当数值属于 [LowerLimit，UpperLimit] 区间内时为正常数据，当数值在 [InsideLimit，LowerLimit] 或者 [UpperLimit，OuterLimit] 区间内时为温和

异常值，这个区间值暂时保留，剩余区间数值即为极端异常数据，做剔除处理，如图 4.1 - 2 所示。

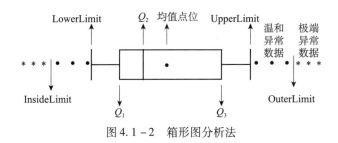

图 4.1 - 2　箱形图分析法

（3）水位阈值法。

水文数据清洗采用全局阈值法，判断对象为水文站的水位监测数据。将水文站的水位监测数据按照时间顺序组成水文时间序列 $\{S_1, S_2, S_3, \cdots, S_n\}$，设定水位阈值 S，如果满足判断条件

$$|S_i - S_{i-1}| \geqslant S \quad 且 \quad |S_i - S_{i+1}| \geqslant S$$

则判断 i 时刻的水位值异常。其中，阈值的判断需要使用试算法进行确定。

2. 异常值判定结果

以北道 2019 年 1 月 1 日—2019 年 12 月 31 日的水位监测数据为例，利用三种异常数据判断方法进行判断：利用拉依达准则法判断可以发现一个明显异常值（圆圈内），如图 4.1 - 3 所示；箱形图法判断异常值分为 2 组，其中一组为极端异常数据（圆圈内），另一组为温和异常数据（虚线椭圆内），如图 4.1 - 4 所示；水位阈值法判断出一个明显异常值（圆圈内），如图 4.1 - 5 所示。三种方法确定的明显异常值为同一数值，确定 2019 年 5 月 17 日 14:00 时刻水位值为异常值。

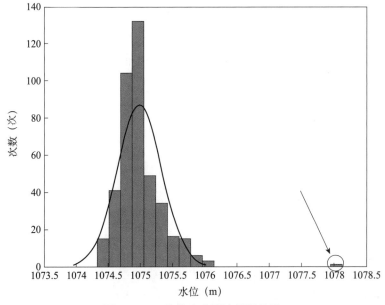

图 4.1 - 3　拉依达准则法判断结果

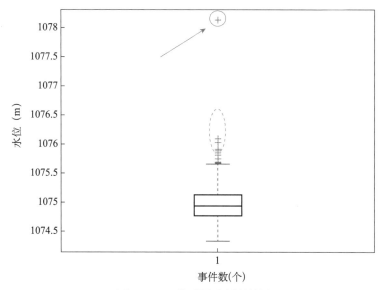

图 4.1 - 4　箱形图法判断结果

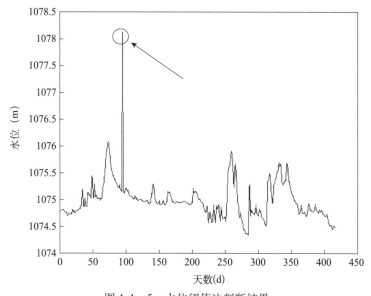

图 4.1 - 5　水位阈值法判断结果

以松花江流域嫩江（江桥、大赉、扶余）、黄河流域渭河（北道、华县、林家村）、长江流域汉江（安康、黄庄、黄家港）三区九站为例，利用上述三种方法对历史监测数据进行异常值判断，并最终进行综合判断，异常值判断结果见表 4.1 - 4。

表 4.1 - 4　异常值判断结果

站点		江桥	大赉	扶余	北道	华县	林家村	安康	黄庄	黄家港
拉依达准则法	异常值个数	0	2	17	24	2893	2	40	4	6
箱形图法	异常值个数	0	3	18	25	2895	3	42	4	7

站点		江桥	大赉	扶余	北道	华县	林家村	安康	黄庄	黄家港
水位阈值法	异常值个数	0	2	17	24	2893	2	40	4	6
综合	异常值个数	0	2	17	24	2893	2	40	4	6
	判断准确率	100%	100%	100%	100%	100%	100%	100%	100%	100%

注：表中箱形图法的异常值个数为极端异常数据个数。

4.1.3 缺失数据插补

出现数据缺失的情况，这些缺失的数据理应是水文监测数据的重要组成部分，导致数据缺失的原因各种各样，比如监测器的波动和错误、断电、计算机系统崩溃以及人为因素等。从统计分析的角度看，数据缺失是测量误差的一种形式，这种误差使样本量变少，可能导致样本偏差或严重失真，从而使基于这些数据的分析结果产生偏差，因此需要对缺失数据进行插补。按照缺失数据的时间长度把缺失数据分为三类：短时缺失、中时缺失和长时缺失，对应的缺失时间长度分别为 5d 以下、5~15d 及 15d 以上，针对不同的缺失时长分别采用短时插补、中时插补和长时插补对缺失数据进行插补。

1. 插补方法

1) 短时插补

短时插补采用样条插值法、Stineman 内插法、加权滑动平均值法 3 种方法。在精度分析的基础上，选用不同的方法对不同地区的短时缺失数据进行插补。

（1）样条插值法。

插值是基本的插补方法之一，相较于常用的线性插值，应用了两种先进的非线性插值方法。第一种为样条插值法，其中样条是一种特殊类型的分段多项式。样条插值法往往优于多项式插值法，即使使用低次多项式样条，插值误差也很小，避免了用高次多项式插值时点与点之间会产生振荡的朗格现象，其样条函数为

$$S(x) = \begin{cases} P_0(x) & [x \in (-\infty, \tau_1)] \\ P_j(x) & [x \in (\tau_j, \tau_{j+1}); \; j = 1, 2, \cdots, r-1] \\ P_0(x) & [x \in (\tau_r, \infty)] \end{cases} \qquad (4.1-2)$$

式中：$P_0(x)$、$P_j(x)$ 是一系列三次多项式；$\tau_1 < \tau_2 < \cdots < \tau_r$ 是样条空间节点的实数序列。

对于所使用的三次样条插值，系统根据三次多项式的系数进行了优化。

（2）Stineman 内插法。

第二种非线性插值方法是 Stineman 内插法，利用有理插值法，在斜率突然变化的情况下，它比样条插值法可以获得更好的结果。令 x_j 和 y_j 为曲线上第 j 个点的直角坐标，$\acute{y}_j$ 是第 j 个点处的曲线斜率（$j = 1, 2, \cdots, n$），并且 $x_j < x_{j+1}$（$j = 1, 2, \cdots, n-1$），然后应用 Stineman 内插法通过算法 1 计算插值 y。

算法 1：①对于满足 $x_j \leqslant x \leqslant x_{j+1}$ 的 x，通过 $s_j = (y_{j+1} - y_j) / (x_{j+1} - x_j)$ 计算连接两点的线段斜率；②通过 $y_0 = y_j + s_j (x - x_j)$ 计算 x 对应的纵坐标；③计算从点 (x, y_0) 到通

过 (x_j, y_j) 斜率为 $\acute{y}_j$ 的直线的垂直距离；④通过计算插值。

$$y = \begin{cases} y_0(\Delta y_j \Delta y_{j+1})/(\Delta y_j + \Delta y_{j+1}) & (\Delta y_j \Delta y_{j+1} > 0) \\ y_0[\Delta y_j \Delta y_{j+1}(x - x_{j+1} + x - x_j)]/ \\ \quad [(\Delta y_j - \Delta y_{j+1})(x_{j+1} - x_j)] & (\Delta y_j \Delta y_{j+1} < 0) \end{cases} \quad (4.1-3)$$

要实现算法 1，需要知道斜率 $\acute{y}_j$ 的值。如果最初不知道它们，则算法 2 将描述如何计算斜率。令 I、J 和 K 为任意 3 个满足条件 $(\acute{I}J) > \acute{y}_j > (\acute{J}K)$ 或者 $(\acute{I}J) < \acute{y}_j < (\acute{J}K)$ 的连续点，其中 $(\cdot)$ 表示内曲线段的斜率。

$$\acute{y}_j = \frac{(y_j - y_i)[(x_k - x_j)^2 + (y_k - y_j)^2] + (y_k - y_j)[(x_j - x_i)^2 + (y_j - y_i)^2]}{(x_j - x_i)[(x_k - x_j)^2 + (y_k - y_j)^2] + (x_k - x_j)[(x_j - x_i)^2 + (y_j - y_i)^2]}$$

$$(4.1-4)$$

算法 2：①对于内部点，通过计算斜率；②对于端点，通过 $\acute{y}_m = 2s - \acute{y}_j$ 计算端点 m 的斜率，其中 s 是连接点 j 和端点的线段的斜率。

通过算法 2 将坡度合并到插补中，可以解释坡度的突然变化。在具有波动性聚集的部分之间切换时会发生这种情况。在描述性分析的基础上，由于其中包含波动性聚类，因此使用日数据的 Stineman 插值可以得到更好的结果。

（3）加权滑动平均值法。

加权滑动平均值法相较于其他动态测试数据处理方法算法简捷、计算量较小，可采用递推形式来计算，可快速且实时地处理非平稳数据。在这种方法中，每个缺失值都由缺失值两边的 k 个观察值的平均值代替，称为窗口大小。令 $\{Y_t \mid t = 1, 2, \cdots, T\}$ 为目标时间序列，其中 T 为时间序列中的时间变量，那么滑动加权平均定义为

$$\hat{Y}_{t+1} = \sum_{i=-k}^{k} \omega_i Y_{t+1+i} \quad (4.1-5)$$

式中：ω_{-k}、ω_{-k+1}、$\cdots$、ω_k 为权重。

因缺少值而整个窗口不可用时，k 将递增。考虑不同的权重来计算平均值：相等（简单）、线性和指数。线性权重像 $1/2$、$1/3$、$1/4$、$\cdots$ 随着分母的增大而减小；对于指数权重，$1/2$ 的指数在窗口末端呈线性增长，即 $1/2$、$1/4$、$1/8$、$\cdots$，本研究中考虑窗口长度为 2、4 和 6。

2）中时插补

决策树算法是一种经典的数据挖掘算法，本质上是通过一系列规则对数据进行递归分类的过程，使用较为普遍的决策树算法有 ID3、C4.5 和 CART 等。由于单决策树存在精度不高、容易过拟合等缺陷，采用集成学习（Ensemble Learning）将多个算法进行集成成为机器学习领域的研究热点。2001 年 Breiman 将其提出的 Bagging 理论与 CART 决策树以及 Ho 提出的随机子空间方法（Random Subspace Method）相结合，提出了一种非参数分类与回归算法——随机森林（Random Forest，RF）。随机森林的基本思想如图 4.1-6 所示。首先利用自助（Bootstrap）重采样技术从原始训练样本集 D 中有放回地随机抽取多个样本生成新的训练样本集；然后根据自助样本集构建多棵决策树形成随机森林；最后根据输入的待分类/回归样本，随机森林对每棵决策树的输出结果采用简单多数投票或单棵树输出结果简单平均决定最后的预测结果。

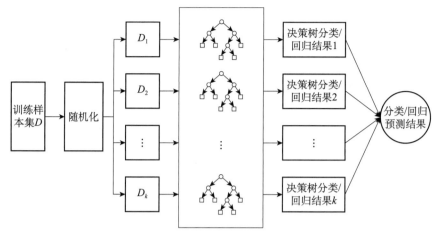

图 4.1-6　随机森林示意图

对维度为 p、数量为 n 的数据样本，用 x_{ij} 表示第 i 个样本的第 j 维数据，则数据样本可表示为如下 $n \times p$ 维矩阵 X：

$$X = (X_1, X_2, \cdots, X_P) = \begin{bmatrix} x_{11} & x_{12} & \cdots & x_{1p} \\ x_{21} & x_{22} & \cdots & x_{2p} \\ \vdots & \vdots & \ddots & \vdots \\ x_{n1} & x_{n2} & \cdots & x_{np} \end{bmatrix} \qquad (4.1-6)$$

假设 X 中含有缺失数据的列向量为 X_S，缺失数据索引序列（即 X_S 中缺失数据对应行号）$i_{mis}^s \subseteq \{1, \cdots, n\}$，据此可将 X 分割为以下 4 部分：

①矩阵 X 中，列向量 X_S 中缺失数据构成的向量记为 y_{mis}^s，其索引序列记为 i_{mis}^s；

②矩阵 X 中，列向量 X_S 中未缺失的数据构成的向量记为 y_{obs}^s，其索引序列记为 i_{obs}^s；

③矩阵 X 中，除 X_S 外其他列在索引序列 i_{obs}^s 相应位置的数据组成矩阵 x_{obs}^s；

④矩阵 X 中，除 X_S 外其他列在索引序列 i_{mis}^s 相应位置的数据组成矩阵 x_{mis}^s。

当 X_S 为单变量时，以 x_{obs}^s 为自变量，y_{obs}^s 为因变量，建立随机森林回归模型，然后利用 x_{mis}^s 预测 y_{mis}^s，从而插补得到列向量 X_S 中的缺失值。

当 X_S 为多变量时，插补方法与单变量类似，首先对 X 中各维度按缺失数据量从小到大排序，然后利用均值插补填充缺失数据得到初始矩阵，接着通过算法迭代插补、更新插补矩阵，直至满足迭代终止条件，得到最终插补矩阵。

3）长时插补

长时插补采用基于基准流量的随机模拟方法，以待插补时段 2000 年 1 月 2 日—2000 年 1 月 26 日为例，缺失时长为 25 天，具体步骤如下：

（1）选取流量基准值：选取该站 2000 年 1 月 1 日的数据为流量基准值，记为 $Q_{20000101}$。

（2）选取完整时段：选取该水文站点历史数据中 1 月 1 日—1 月 26 日水文数据完整的年份，总数记为 n 组。

（3）计算流量变化率：计算同一年份不同日期对于基准流量的相对变化值 Δ，共计 n 个，以 1 月 2 日为例：

$$\Delta_{0102}^1 = \frac{Q_{0102}^1 - Q_{20000101}}{Q_{20000101}}$$

$$\Delta_{0102}^{2} = \frac{Q_{0102}^{2} - Q_{20000101}}{Q_{20000101}}$$

$$\cdots\cdots$$

$$\Delta_{0102}^{n} = \frac{Q_{0102}^{n} - Q_{20000101}}{Q_{20000101}}$$

（4）构建变化率分布：将不同年份相同日期的相对变化值 $\Delta^{1},\Delta^{2},\cdots,\Delta^{n}$ 组成变化率分布，并利用参数拟合方法求解分布参数用于描述变化率分布。

（5）随机模拟：采用随机抽样的方法从变化率分布中抽取流量相对变化值 Δ，并计算其发生的概率，通过阈值判定是否接受该流量相对变化值，经过 m 次抽样后，求流量相对变化值的均值 $\bar{\Delta}$，并完成插补流量的计算。

2. 插补结果精度分析

模型评价指标选取平均相对误差（MARE），MARE 值越接近 0，表示模型预报精度越高，计算公式如下：

$$\mathrm{MARE} = \frac{1}{n}\sum_{i=1}^{n}\left|\frac{(y_{i} - y'_{i})}{y_{i}}\right| \tag{4.1-7}$$

式中，n 为径流序列长度；y_{i} 和 y'_{i} 分别为径流实测值和预报值；$\bar{y}$ 为实测值的平均值。

分别选取作为短时插补的验证时段、作为中时插补的验证时段、作为长时插补的验证时段，插补结果精度分析见表 4.1-5。

表 4.1-5　插补结果精度分析

插补类型	水文站	缺失时段	缺失天数（d）	MARE
短时插补	江桥	2013 年 6 月 1 日—4 日	4	0.16
中时插补	江桥	2012 年 6 月 1 日—10 日	10	0.13
	黄家港	2011 年 10 月 1 日—15 日	15	0.35
长时插补	林家村	2013 年 7 月 1 日—20 日	20	0.43
	北道	2009 年 10 月 1 日—25 日	25	0.22

中时和长时插补结果如图 4.1-7 和图 4.1-8 所示。

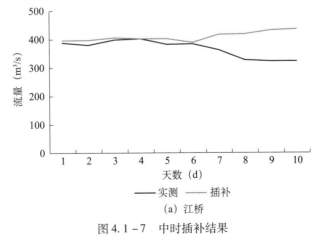

(a) 江桥

图 4.1-7　中时插补结果

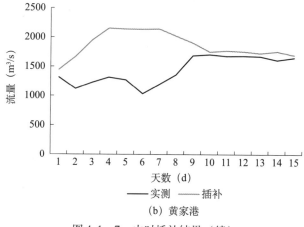

（b）黄家港

图4.1-7 中时插补结果（续）

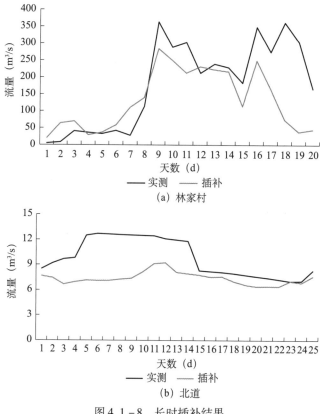

（a）林家村

（b）北道

图4.1-8 长时插补结果

4.2 自然－社会二元水循环耦合的水循环模拟

4.2.1 分布式地表水模拟模型 WetSpa

流域水循环地表水部分和非饱和土壤水的模拟以 WetSpa 模型为主。WetSpa（A Distributed Model for Water and Energy Transfer Between Soli, Plants and Atmosphere）模型由比利时布鲁塞尔自由大学（Vrije Universiteit Brussel）的 Wang、Batelaan 等于 1996 年提出。该模型是一种以日为时间步长，用于模拟流域尺度上的土壤、植被、大气间的水汽传输及能量交换的基于物理机制的分布式水文模型，WetSpa 模型结构如图 4.2 - 1 所示。在之前的研究中，该模型已在不同的流域中得到了广泛的应用，如卢思成在中国南方的赣江流域（卢思成，2020）、舒晓娟在广东流溪河流域（舒晓娟，2012）、张由松在位于黄土高原丘陵沟壑区的罗峪沟流域（张由松，2012）均进行了模型模拟研究，并证实该模型对于流域的适用性，因此，该模型对于不同流域是普遍适用的。同时模型的物理机制较强，对于流域的各层之间的能量水汽交换传输等处理较为细致，为后续本研究在该模型基础上为精细刻画流域内水循环过程所进行的模块优化提供了充足的保障，因此选取开源的分布式地表水模型 WetSpa 作为基础，对全国 7 大流域构建水文模型，以此达到对地表水循环过程进行模拟分析的目的。

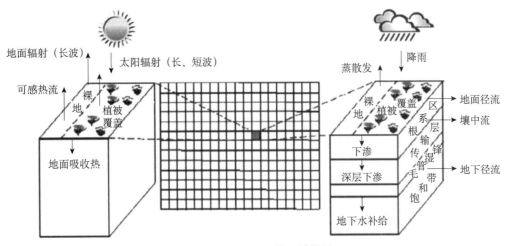

图 4.2 - 1　WetSpa 模型结构图

为了处理非均匀性，模型在网格尺度上进行模拟，每个网格进一步划分为植被覆盖和裸地。对于每个网格，WetSpa 模型分层模拟了水量及能量的平衡，垂直方向上将流域由上至下概化为植物冠层、地表层、土壤层和地下水含水层，其概化图如图 4.2 - 2 所示。降水经过植被冠层截留后，WetSpa 模型通过分析网格单元的土地利用、土壤类型、坡度、降雨强度和土壤前期含水量决定地表产流量。地表产流在满足地面填洼量后形成地表径流。下渗的部分会形成土壤水，随着土壤含水量的增加土壤水会继续横向运动形成壤中流，或垂向下渗形成地下水。当从土壤层中下渗出来的水补充了地下水的储量，根据地下水储存量和衰退系数，部分可能作为地下径流流出。每个网格计算单元的总径流量由地表径流、壤中流和地下径流之和组成。

模型的输入数据有地形、土地利用、土壤类型、降雨及蒸散发容量，如果在模拟期有降雪或融雪发生，则还需要收集气温资料。模型中所有的空间分布参数可由地形、土地利用及土壤类型 3 种数据推导得到，另外，在运行 WetSpa 模型前，还需准备 17 个应用到每个单元格或每个子流域的全局参数，模型参数见表 4.2 - 1。

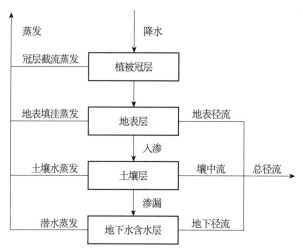

图 4.2 - 2 WetSpa 模型概化图

表 4.2 - 1   WetSpa 产流模型参数

参数名称	含义	下限	上限
T0	融雪温度	0.1	0.9
p_max	最大雨强	100	500
ki_sub	壤中流形状指数	0.5	2
kg_tot	地下水形状指数	0.001	0.05
UnitSlopeM	坡度修正系数	0.3	10
ConductM	土壤饱和导水率修正系数	0.5	15
PoreIndexM	土壤孔隙度修正系数	0.3	1.5
LaiMaxM	最大叶面积指数修正系数	0.5	1.5
DepressM	填洼修正系数	0.3	5
RootDpthM	根深修正系数	0.3	1.5
ItcmaxM	最大冠层截留能力修正系数	0.3	5
Imp_M	不透水面积比例修正系数	0	2
petm	蒸发修正系数	0.5	1
k_rain	温度—日系数	0.0001	0.001
k_snow	降雪度—日系数	0.1	2
PorosityM	土壤空隙率修正系数	0.05	0.9
FieldCapM	土壤田间持水率修正系数	0.05	0.9

WetSpa 模型各单元格产流向流域出口的汇集，坡面流及河道汇流演算统一采用与水流速度及扩散波衰减系数相关的线性扩散波方程模拟，即马斯京根汇流算法。根据 DEM 及流域划分结果可以推求出包括河道长度、河道平均坡度、河道宽度、河道底板导水系数、河道曼宁系数等信息，并使用表 4.2 - 2 参数调整上述信息，以拟合河道汇流结果。

表 4.2-2　马斯京根汇流模型参数

参数名称	含义	下限	上限
CH_S2	子流域主河道坡度修正系数	0.3	10
CH_L2	子流域主河道长度修正系数	0.5	2
CH_N2	子流域主河道曼宁糙率系数修正系数	0.3	3
CH_K2	子流域主河道河床底板导水系数修正系数	0.3	3

4.2.2　流域建模

依据全国水雨情数据库中全部的大（一）、大（二）型水库 677 座，全国第二次水资源调查评价中使用的 535 个水文站，同时考虑了 41 条重点河湖涉及的 83 个生态流量控制断面。最终选取了各流域建模用的 323 个水文站和 264 个水库，如图 4.2-3、图 4.2-4 所示。

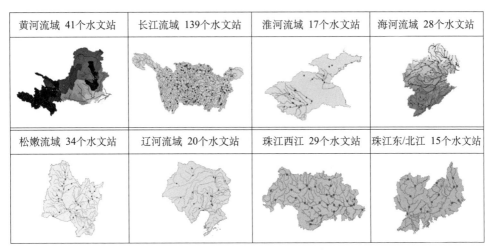

图 4.2-3　各流域水文站分布图

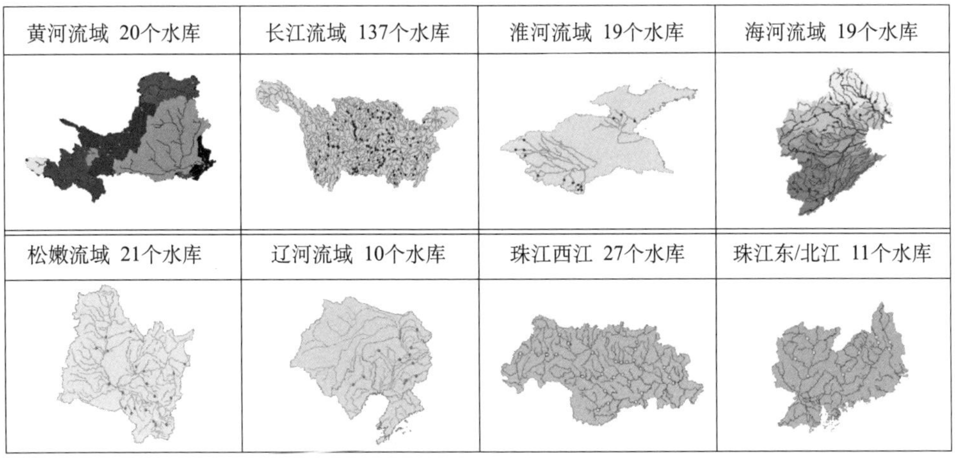

图 4.2-4　各流域水库分布图

基于构建的自然－社会二元水循环耦合、地表－地下耦合的分布式水循环模拟模型，各流域的建模情况如下：

1. 珠江流域

珠江流域按照西江流域和北江流域分别建模，其中北江流域由于水系复杂，出水口较多，因此根据水系的分布和站点情况进行了左右分区建模。均采用1km网格进行建模计算，西江流域共划分成1080×579个栅格，北江流域左部分447×463个栅格、右部分269×402个栅格。以西江流域为例，其建模流程如图4.2－5所示。

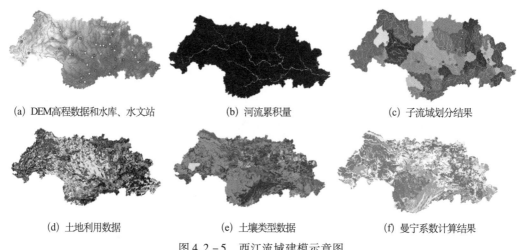

(a) DEM高程数据和水库、水文站　　　(b) 河流累积量　　　(c) 子流域划分结果

(d) 土地利用数据　　　(e) 土壤类型数据　　　(f) 曼宁系数计算结果

图4.2－5　西江流域建模示意图

WetSpa模型对参数优化采用的方案是：首先根据水文站点及流域出口点对流域进行参数分区，然后再分别进行参数优化。各参数分区控制站点模拟径流量和实测径流之间的最小拟合误差是参数率定时的最终目标函数。最后，西江流域和北江流域产汇流模拟结果如图4.2－6~图4.2－9所示。

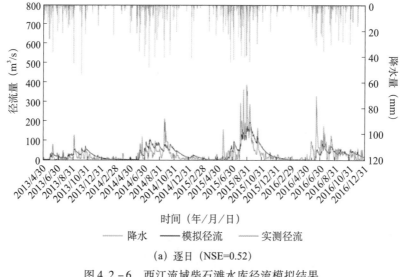

(a) 逐日（NSE=0.52）

图4.2－6　西江流域柴石滩水库径流模拟结果

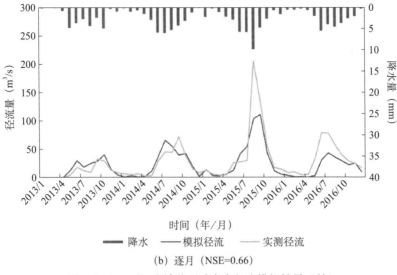

（b）逐月（NSE=0.66）

图 4.2－6　西江流域柴石滩水库径流模拟结果（续）

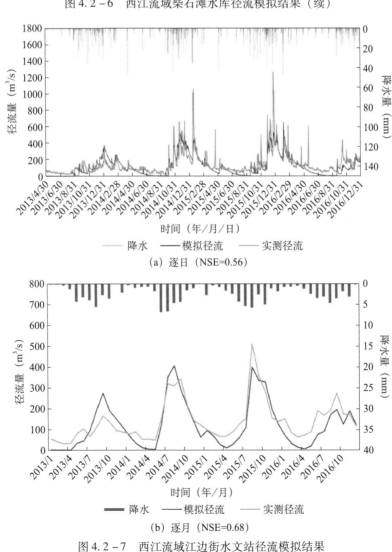

（a）逐日（NSE=0.56）

（b）逐月（NSE=0.68）

图 4.2－7　西江流域江边街水文站径流模拟结果

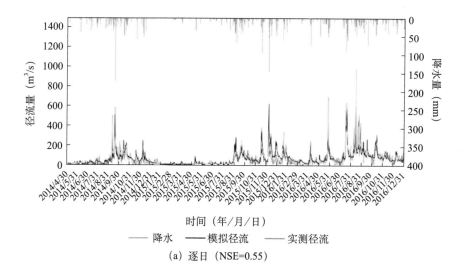

(a) 逐日（NSE=0.55）

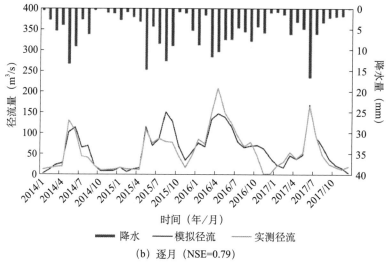

(b) 逐月（NSE=0.79）

图 4.2-8　北江流域长潭水库径流模拟结果

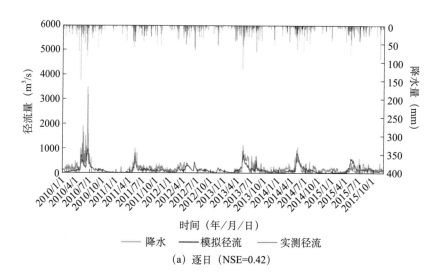

(a) 逐日（NSE=0.42）

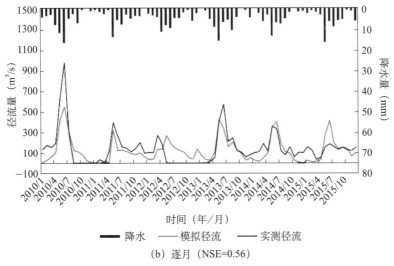

（b）逐月（NSE=0.56）

图 4.2-9　北江流域龙川水文站径流模拟结果

2. 长江流域

将长江流域按一个流域出口的原则在二级水资源区的基础上组合拆分成为 10 个流域，如图 4.2-10 所示。对每个分区分别采用 1km 网格进行建模，其中大渡河流域栅格数为 371×615，嘉陵江栅格数为 598×590，青衣江和岷江流域栅格数为 229×531，洞庭湖及宜昌至湖口栅格数为 848×870，金沙江栅格数为 1303×1320，鄱阳湖栅格数为 459×650，太湖及湖口以下干流栅格数为 589×379，沱江流域栅格数为 205×323，乌江及宜宾至宜昌栅格数为 698×633，汉江栅格数为 523×311。

图 4.2-10　长江流域分区示意图

以大渡河流域建模流程为例，展示在 Arcview3.2 中的建模过程，如图 4.2-11 所示。

本研究的产汇流基于 Arcview3.2 生成的各项中间文件，利用 Wetspa 模型进行计算。为了保证计算及预报结果的精度，需要对模型参数进行优化。大渡河流域、汉江流域、金沙江流域径流模拟结果如图 4.2-12～图 4.2-16 所示。

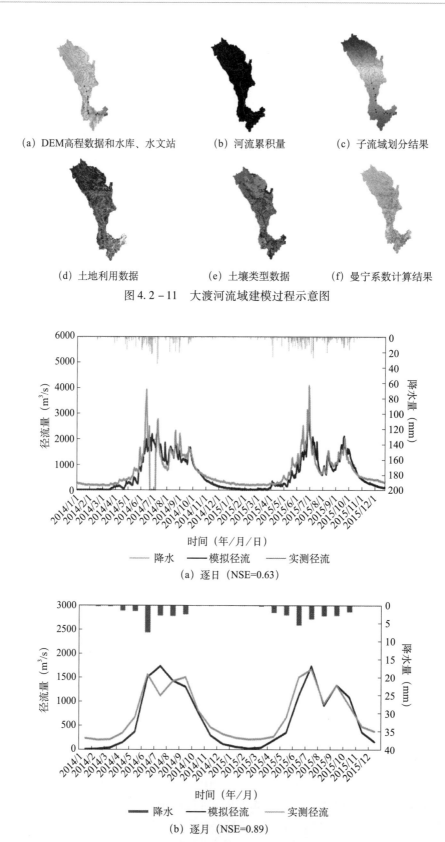

（a）DEM高程数据和水库、水文站　　（b）河流累积量　　（c）子流域划分结果

（d）土地利用数据　　（e）土壤类型数据　　（f）曼宁系数计算结果

图 4.2-11　大渡河流域建模过程示意图

（a）逐日（NSE=0.63）

（b）逐月（NSE=0.89）

图 4.2-12　大渡河流域猴子岩水库径流模拟结果

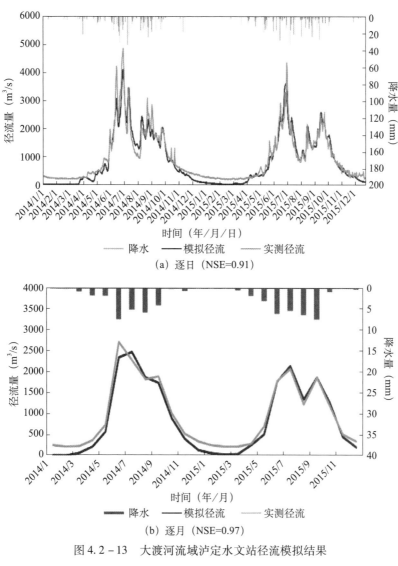

(a) 逐日 (NSE=0.91)

(b) 逐月 (NSE=0.97)

图 4.2 – 13 大渡河流域泸定水文站径流模拟结果

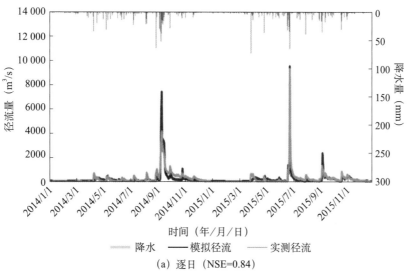

(a) 逐日 (NSE=0.84)

图 4.2 – 14 汉江流域石泉水库径流模拟结果

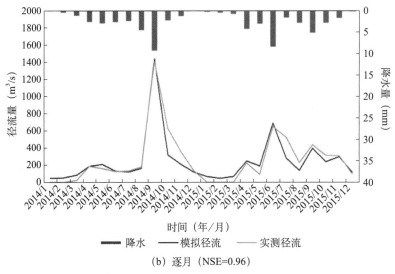

（b）逐月（NSE=0.96）

图 4.2-14　汉江流域石泉水库径流模拟结果（续）

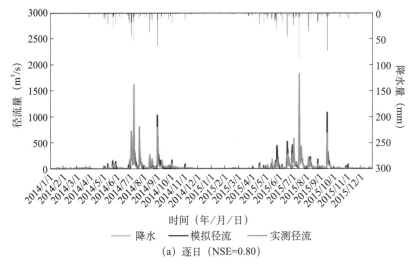

（a）逐日（NSE=0.80）

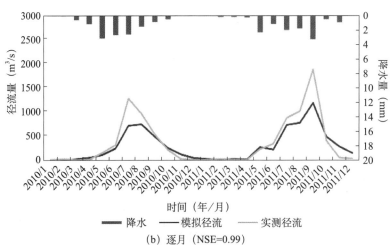

（b）逐月（NSE=0.99）

图 4.2-15　汉江流域武侯镇水文站径流模拟结果

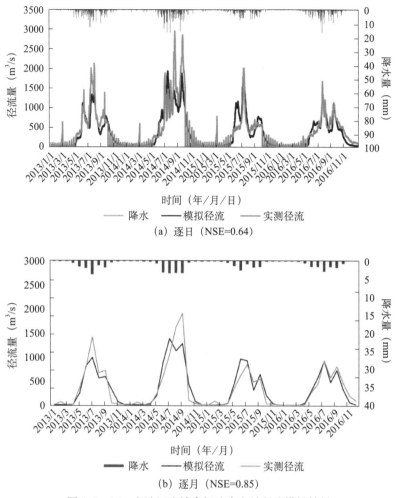

(a) 逐日（NSE=0.64）

(b) 逐月（NSE=0.85）

图 4.2-16　金沙江流域直门达水文站径流模拟结果

3. 海河流域

海河流域按二级区分为三个分区分别进行建模，均为 1km 网格。其中，滦河及冀东沿海栅格数为 378×398，海河北系栅格数为 543×344，海河南系、徒骇马颊河栅格数为 585×583。其建模流程如图 4.2-17、图 4.2-18、图 4.2-19 所示。

(a) DEM高程数据和水库、水文站　　(b) 河流累积量　　(c) 子流域划分结果

图 4.2-17　滦河及冀东沿海建模示意图

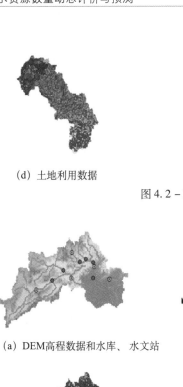

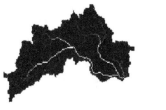

（d）土地利用数据　　　　　　　　（e）土壤类型数据　　　　　　　　（f）曼宁系数计算结果

图 4.2-17　滦河及冀东沿海建模示意图（续）

（a）DEM高程数据和水库、水文站　　　（b）河流累积量　　　　　　　（c）子流域划分结果

（d）土地利用数据　　　　　　　　（e）土壤类型数据　　　　　　　　（f）曼宁系数计算结果

图 4.2-18　海河北系建模示意图

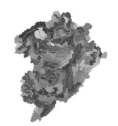

（a）DEM高程数据和水库、水文站　　　（b）河流累积量　　　　　　　（c）子流域划分结果

（d）土地利用数据　　　　　　　　（e）土壤类型数据　　　　　　　　（f）曼宁系数计算结果

图 4.2-19　海河南系和徒骇马颊河建模示意图

经过参数率定，海河流域径流模拟结果如图 4.2 - 20、图 4.2 - 21 所示。

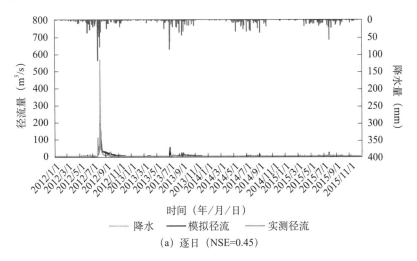

(a) 逐日（NSE=0.45）

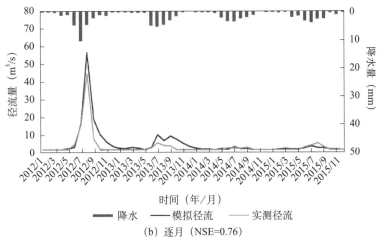

(b) 逐月（NSE=0.76）

图 4.2 - 20　海河流域宽城水文站径流模拟结果

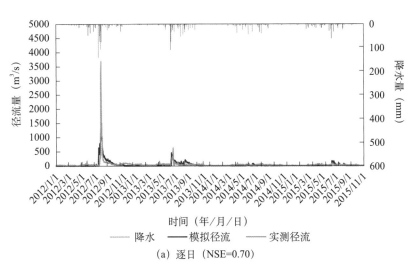

(a) 逐日（NSE=0.70）

图 4.2 - 21　海河流域滦县水文站径流模拟结果

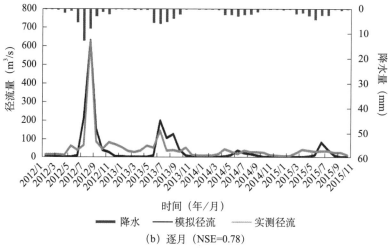

(b) 逐月（NSE=0.78）

图 4.2-21　海河流域滦县水文站径流模拟结果（续）

4. 松辽流域

松嫩流域分为两个分区进行建模，均为 1km 网格。其中，嫩江为 598×843 个栅格，松花江、第二松花江为 535×813 个栅格。

辽河流域由于水系较为复杂，也是按照 1km 网格对其进行分区处理。其中，分区一为 350×266 个栅格，分区二为 711×648 个栅格。

分区情况和建模流程如图 4.2-22、图 4.2-23、图 4.2-24、图 4.2-25 所示。

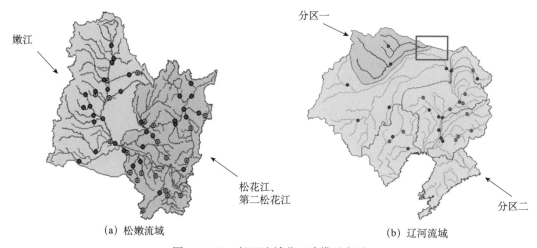

(a) 松嫩流域　　　　　　　　　　　(b) 辽河流域

图 4.2-22　松辽流域分区建模示意图

(a) DEM高程数据和水库、水文站　　　(b) 河流累积量　　　(c) 子流域划分结果

图 4.2-23　松嫩流域建模示意图

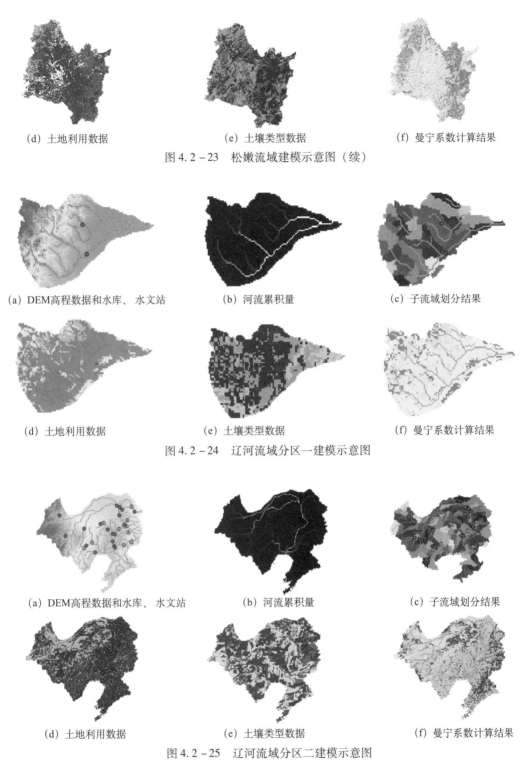

(d) 土地利用数据　　　　　　　(e) 土壤类型数据　　　　　　　(f) 曼宁系数计算结果

图 4.2 – 23　松嫩流域建模示意图（续）

(a) DEM 高程数据和水库、水文站　　(b) 河流累积量　　　　　　(c) 子流域划分结果

(d) 土地利用数据　　　　　　　(e) 土壤类型数据　　　　　　　(f) 曼宁系数计算结果

图 4.2 – 24　辽河流域分区一建模示意图

(a) DEM 高程数据和水库、水文站　　(b) 河流累积量　　　　　　(c) 子流域划分结果

(d) 土地利用数据　　　　　　　(e) 土壤类型数据　　　　　　　(f) 曼宁系数计算结果

图 4.2 – 25　辽河流域分区二建模示意图

经过参数率定，松辽流域径流模拟结果如图 4.2 – 26 ~ 图 4.2 – 29 所示。

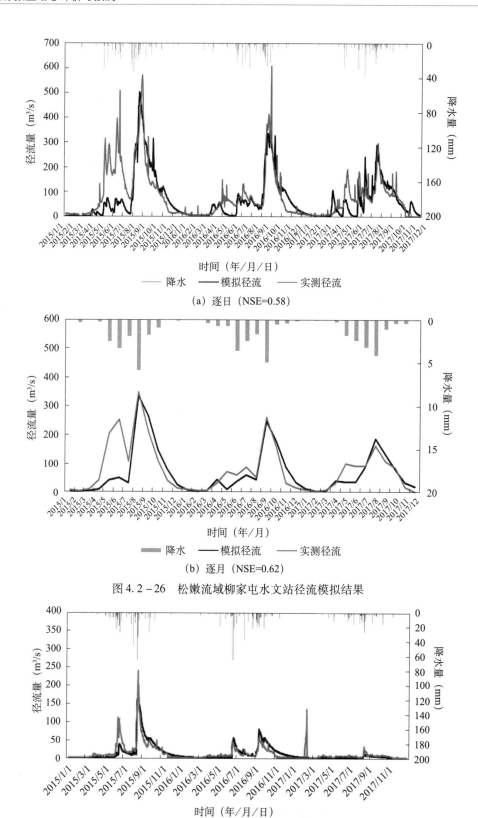

(a) 逐日 (NSE=0.58)

(b) 逐月 (NSE=0.62)

图 4.2-26 松嫩流域柳家屯水文站径流模拟结果

(a) 逐日 (NSE=0.67)

图 4.2-27 松嫩流域那吉水文站径流模拟结果

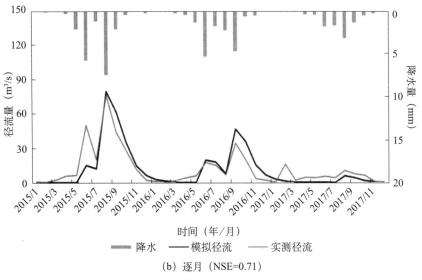

（b）逐月（NSE=0.71）

图 4.2 - 27　松嫩流域那吉水文站径流模拟结果（续）

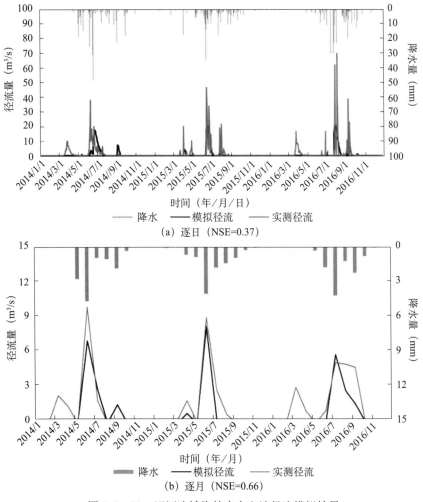

（a）逐日（NSE=0.37）

（b）逐月（NSE=0.66）

图 4.2 - 28　辽河流域梅林庙水文站径流模拟结果

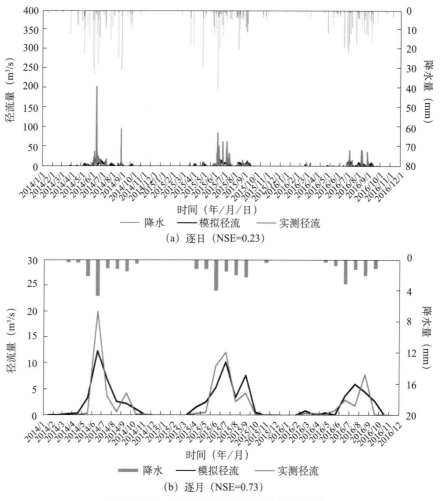

(a) 逐日 (NSE=0.23)

(b) 逐月 (NSE=0.73)

图 4.2 - 29　辽河流域大板站径流模拟结果

5. 黄河流域

黄河流域按照龙羊峡—兰州（756×709）、兰州—内流区（787×747）、河口镇—花园口（869×796），分成三个分区分别建模，均采用 1km 网格。建模选用了 20 个水库、41 个水文站，共划分成 2144 个子流域（见图 4.2 - 30、图 4.2 - 31）。

经过参数率定，黄河流域径流模拟结果如图 4.2 - 32 所示。

6. 淮河流域

由于淮河流域水系较为复杂，目前仅对王家坝以上地区和沂沭泗河流域进行了建模分析，建模均采用 1km 网格。

王家坝以上地区共有 521×430 个栅格，建模选用了 16 个水文站、11 个水库，共划分成 319 个子流域（见图 4.2 - 33）。

沂沭泗河流域共有 299×348 个栅格，建模选用了 1 个水文站、8 个水库，共划分成 161 个子流域（见图 4.2 - 34）。

经过参数率定，淮河流域径流模拟结果如图 4.2 - 35 所示。

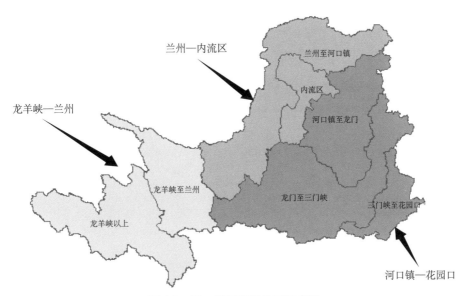

图 4.2－30　黄河流域分区示意图

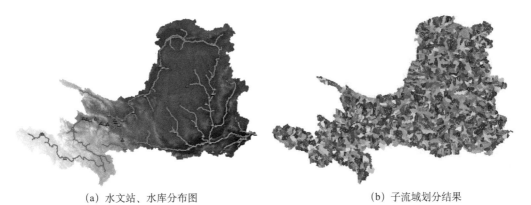

（a）水文站、水库分布图　　　　　（b）子流域划分结果

图 4.2－31　黄河流域建模示意图

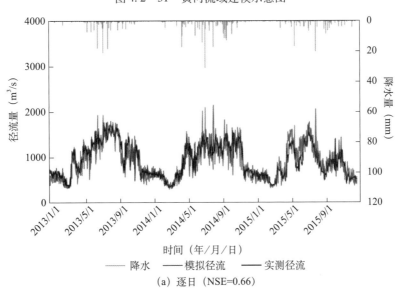

时间（年／月／日）

—— 降水　—— 模拟径流　—— 实测径流

（a）逐日（NSE=0.66）

图 4.2－32　黄河流域下河沿水文站径流模拟结果

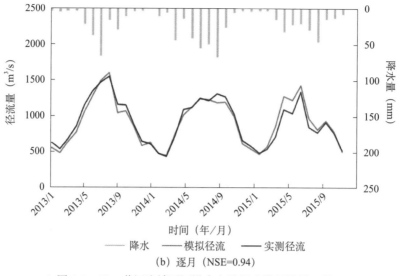

（b）逐月（NSE=0.94）

图 4.2-32　黄河流域下河沿水文站径流模拟结果（续）

（a）水文站、水库分布图　　　　　　　（b）子流域划分结果

图 4.2-33　王家坝以上地区建模示意图

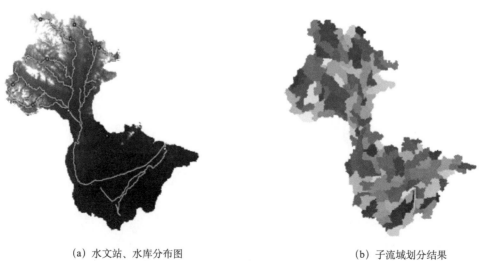

（a）水文站、水库分布图　　　　　　　（b）子流域划分结果

图 4.2-34　沂沭泗河流域建模示意图

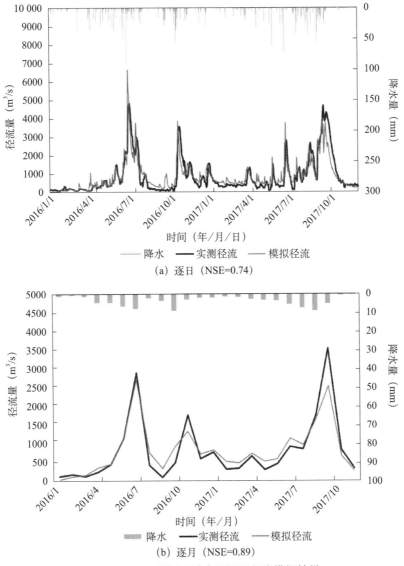

(a) 逐日（NSE=0.74）

(b) 逐月（NSE=0.89）

图 4.2 - 35　淮河流域阜阳闸下径流模拟结果

4.2.3　模型精度评价

选用以下三类指标进行模型精度评价:

(1) 将纳什效率系数（NSE）作为参数全局敏感性分析和参数率定的目标函数,以及作为对模拟过程进行评价的重要指标。NSE 最优值为 1。

$$
NSE = 1 - \frac{\sum_{t=1}^{n} (Q_o^t - Q_s^t)^2}{\sum_{t=1}^{n} (Q_o^t - \bar{Q}_o)^2}
$$

式中: Q_s^t 为 t 时刻流量模拟值; Q_o^t 为 t 时刻流量观测值; $\bar{Q}_o$ 为实测流量序列平均值, n 为流量序列长度。

（2）将相对偏差作为评价水量平衡的指标，最优值为0：

$$E = \frac{\sum\limits_{t=1}^{n} (Q_o^t - Q_s^t)}{\sum\limits_{t=1}^{n} Q_o^t}$$

式中：E（无量纲）代表水量平衡误差；Q_o^t 和 Q_s^t 分别代表对 i 时刻径流量的实测值和模拟值，m^3/s；n 是整个模拟时间段的总长度。E 取值为正无穷到负无穷，E 越接近0说明误差越小。

（3）将相关系数作为判断模拟流量与实测流量相关程度的指标：

$$R^2 = \frac{\sum\limits_{t=1}^{n} (Q_s^t - \overline{Q}_s)^2 - \sum\limits_{t=1}^{n} (Q_s^t - Q_o^t)^2}{\sum\limits_{t=1}^{n} (Q_s^t - \overline{Q}_s)^2}$$

式中：R^2（无量纲）代表相关系数；Q_o^t 和 Q_s^t 分别代表对 i 时刻径流量的实测值和模拟值，m^3/s；n 是整个模拟时间段的总长度。通常来说，R^2 越接近1，表示两个量之间的相关程度就越强，反之，R^2 越接近0，两个量之间的相关程度就越弱。

1. 珠江流域

珠江流域精度评价结果见表4.2-3、表4.2-4。

表4.2-3　珠江流域站点评价结果（率定期、验证期）

站点	时段	NSE	相关系数 R^2	相对误差（%）
石角（38 200km²）	率定期 （2017—2018 年）	0.842	0.925	3.939
	验证期 （2019—2020 年）	0.783	0.869	8.114
山秀（28 096km²）	率定期 （2016—2018 年）	0.696	0.690	5.516
	验证期 （2019—2020 年）	0.902	0.931	12.672
叶茂（11 932km²）	率定期 （2016—2018 年）	0.747	0.815	17.984
	验证期 （2019—2020 年）	0.828	0.878	26.972
南宁（三） （70 524km²）	率定期 （2016—2018 年）	0.882	0.933	5.601
	验证期 （2019—2020 年）	0.886	0.946	−3.637
柳州（44 088km²）	率定期 （2016—2018 年）	0.718	0.796	−20.551
	验证期 （2019—2020 年）	0.811	0.868	−7.845
红花（45 428km²）	率定期 （2016—2018 年）	0.952	0.946	−0.935
	验证期 （2019—2020 年）	0.965	0.960	4.082

站点	时段	NSE	相关系数 R^2	相对误差（%）
迁江（129 360km²）	率定期（2016—2018 年）	0.890	0.960	5.833
	验证期（2019—2020 年）	0.921	0.975	0.371
贵港（83 448km²）	率定期（2016—2018 年）	0.916	0.959	−3.822
	验证期（2019—2020 年）	0.929	0.969	2.659
大湟江口（280 128km²）	率定期（2016—2018 年）	0.972	0.990	3.943
	验证期（2019—2020 年）	0.897	0.958	5.800
长洲枢纽（299 160km²）	率定期（2016—2018 年）	0.948	0.971	3.380
	验证期（2019—2020 年）	0.910	0.965	4.521
梧州（四）（318 456km²）	率定期（2016—2018 年）	0.923	0.948	6.282
	验证期（2019—2020 年）	0.968	0.987	−1.521
高要（340 976km²）	率定期（2016—2018 年）	0.842	0.947	−9.199
	验证期（2019—2020 年）	0.915	0.971	−3.509

流域内站点纳什效率系数（NSE）和相关系数 R^2 均达到 0.5 以上；相对误差最高为 26.972%，出现在叶茂站，整体模拟精度均较高。但存在上游站点率定精度不如下游站点，可能存在模型对低流量模拟较差的情况。

表 4.2 − 4　珠江流域站点评价结果（汛期、非汛期）

站点	时段	NSE	相关系数 R^2	相对误差（%）
石角（38 200km²）	汛期（4—9 月）	0.732	0.868	13.077
	非汛期（10—3 月）	0.810	0.877	−5.314
山秀（28 096km²）	汛期（4—9 月）	0.897	0.940	10.837
	非汛期（10—3 月）	0.821	0.874	18.123
叶茂（11 932km²）	汛期（4—9 月）	0.822	0.895	22.662
	非汛期（10—3 月）	0.221	0.523	47.028

站点	时段	NSE	相关系数 R^2	相对误差（%）
南宁（三） （70 524km²）	汛期 （4—9月）	0.882	0.956	2.532
	非汛期 （10—3月）	0.761	0.887	-18.936
柳州（44 088km²）	汛期 （4—9月）	0.773	0.868	-10.995
	非汛期 （10—3月）	0.895	0.847	6.604
红花（45 428km²）	汛期 （4—9月）	0.955	0.965	3.315
	非汛期 （10—3月）	0.945	0.851	7.558
迁江（129 360km²）	汛期 （4—9月）	0.956	0.987	-1.542
	非汛期 （10—3月）	0.669	0.935	3.648
贵港（83 448km²）	汛期 （4—9月）	0.943	0.982	6.816
	非汛期 （10—3月）	0.707	0.895	-7.186
大湟江口（280 128km²）	汛期 （4—9月）	0.886	0.962	8.532
	非汛期 （10—3月）	0.833	0.929	-0.545
长洲枢纽（299 160km²）	汛期 （4—9月）	0.904	0.972	5.818
	非汛期 （10—3月）	0.587	0.921	1.359
梧州（四）（318 456km²）	汛期 （4—9月）	0.960	0.988	-1.646
	非汛期 （10—3月）	0.916	0.980	-1.208
高要（340 976km²）	汛期 （4—9月）	0.952	0.987	3.815
	非汛期 （10—3月）	0.532	0.898	-18.661

从各个站点的评价指标看出，汛期模拟精度大于非汛期。其中，石角、山秀、南宁、柳州、梧州在汛期和非汛期的评价指标值差异较小。各站点径流比在非汛期相比汛期偏离实际值较严重，导致模拟效果变差。为了更为详细地分析模型效果，选择典型站点模拟过程进行分析，主要有梧州（四）站和高要站，如图4.2-36、图4.2-37所示。

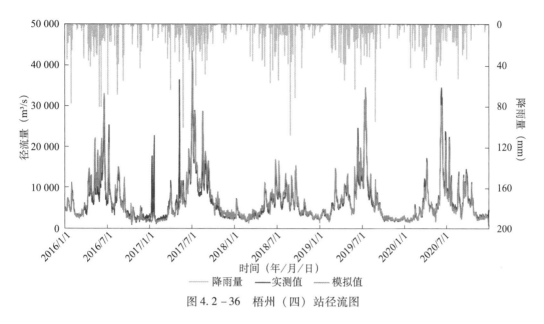

图 4.2－36　梧州（四）站径流图

梧州（四）站整体模拟效果较好，但存在低估高流量的现象，如 2017 年 1 月 20 日。2017 年 1 月 20 日属于非汛期，该时间点的降雨较小，峰值高于同等级降雨的峰值，出现了模拟值偏低的情况。

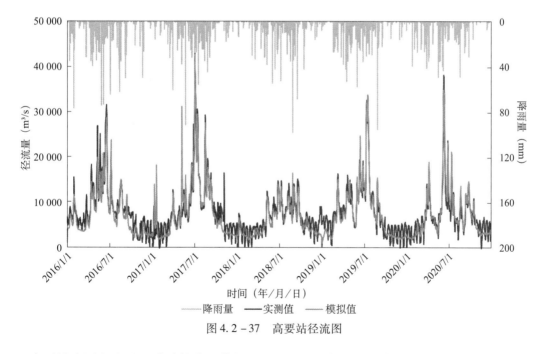

图 4.2－37　高要站径流图

高要站实测径流过程波动较大，模拟过程在非汛期较平稳，但变化趋势与实测过程保持一致，对于高流量值模拟准确，模拟精度较高。

2. 长江流域

长江流域精度评价结果见表 4.2－5、表 4.2－6。

表 4.2 – 5 长江流域站点评价结果（率定期、验证期）

站点	时段	NSE	相关系数 R^2	相对误差（%）
大通 （1 705 383km²）	率定期 （2017—2018 年）	0.706	0.945	− 20.826
	验证期 （2019—2020 年）	0.902	0.979	− 13.775
大源渡 （53 200km²）	率定期 （2017—2018 年）	0.879	0.928	1.478
	验证期 （2019—2020 年）	0.827	0.893	10.873
瀑布沟 （68 512km²）	率定期 （2017—2018 年）	0.593	0.870	− 5.411
	验证期 （2019—2020 年）	0.708	0.909	− 2.020
桃源 （85 223km²）	率定期 （2017—2018 年）	0.936	0.958	− 3.666
	验证期 （2019—2020 年）	0.815	0.894	− 5.746
外洲 （80 948km²）	率定期 （2017—2018 年）	0.712	0.872	− 8.087
	验证期 （2019—2020 年）	0.801	0.890	− 1.891
武隆 （83 035km²）	率定期 （2017—2018 年）	0.809	0.927	5.274
	验证期 （2019—2020 年）	0.940	0.968	1.564
武胜 （79 714km²）	率定期 （2017—2018 年）	0.980	0.985	− 3.592
	验证期 （2019—2020 年）	0.983	0.988	− 1.619
峡江 （62 710km²）	率定期 （2017—2018 年）	0.922	0.962	9.795
	验证期 （2019—2020 年）	0.959	0.977	7.447
湘潭 （81 638km²）	率定期 （2017—2018 年）	0.902	0.941	10.115
	验证期 （2019—2020 年）	0.884	0.932	2.194
向家坝 （458 821km²）	率定期 （2017—2018 年）	0.937	0.984	− 2.596
	验证期 （2019—2020 年）	0.927	0.981	− 2.841

站点	时段	NSE	相关系数 R^2	相对误差（%）
宜昌 （1 005 501km²）	率定期 （2017—2018 年）	0.951	0.990	5.739
	验证期 （2019—2020 年）	0.983	0.995	4.122

　　流域内站点模拟精度均较高，纳什效率系数（NSE）均达到 0.5 以上，但存在上游站点率定精度不如下游站点，可能存在模型对低流量/山区模拟较差的情况。此外，由于率定期和验证期的降雨径流关系的变化，同一套参数的计算结果可能产生较大差距。

表 4.2 - 6　长江流域站点评价结果（汛期、非汛期）

站点	时段	NSE	相关系数 R^2	相对误差（%）
大通 （1 705 383km²）	非汛期 （11—4 月）	0.348	0.942	−21.318
	汛期 （5—10 月）	0.765	0.971	−14.883
大源渡 （53 200km²）	非汛期 （11—4 月）	0.612	0.798	8.681
	汛期 （5—10 月）	0.939	0.960	5.280
瀑布沟 （68 512km²）	非汛期 （11—4 月）	0.266	0.791	−26.300
	汛期 （5—10 月）	0.648	0.913	7.328
桃源 （85 223km²）	非汛期 （11—4 月）	0.664	0.868	−6.874
	汛期 （5—10 月）	0.984	0.922	−4.183
外洲 （80 948km²）	非汛期 （11—4 月）	0.790	0.909	−2.630
	汛期 （5—10 月）	0.773	0.877	−5.560
武隆 （83 035km²）	非汛期 （11—4 月）	0.441	0.899	4.127
	汛期 （5—10 月）	0.919	0.963	2.670
武胜 （79 714km²）	非汛期 （11—4 月）	0.842	0.959	−10.433
	汛期 （5—10 月）	0.983	0.989	0.254

续表

站点	时段	NSE	相关系数 R^2	相对误差（%）
峡江 （62 710 km²）	非汛期 （11—4 月）	0.944	0.972	9.297
	汛期 （5—10 月）	0.952	0.973	7.777
湘潭 （81 638 km²）	非汛期 （11—4 月）	0.830	0.918	6.838
	汛期 （5—10 月）	0.912	0.943	4.489
向家坝 （458 821 km²）	非汛期 （11—4 月）	0.680	0.971	−3.045
	汛期 （5—10 月）	0.906	0.985	−2.567
宜昌 （1 005 501 km²）	非汛期 （11—4 月）	0.841	0.976	10.358
	汛期 （5—10 月）	0.970	0.995	2.760

长江流域内站点汛期的模拟精度都较高，非汛期的模拟精度整体结果合格，部分站点与汛期模拟精度存在较大的差异，例如瀑布沟站。由于水库调蓄量占河道径流比重较大，因此在考虑水库调蓄作用后，模拟效果较好。

选取向家坝水库、大通、宜昌为三个控制断面（分别位于金沙江、太湖、乌江），分析断面实测径流量与预测径流量的变化趋势。结果如图 4.2 - 38 ~ 图 4.2 - 40 所示。

除个别月份外，三个断面的预测误差均小于 ±20%，预测效果较好。向家坝水库的预测径流最接近实测数据，大通预测值低于实测值，宜昌除 7、8 月份外预测值都高于实测值。三个站点均表现出汛期预测误差小于非汛期。

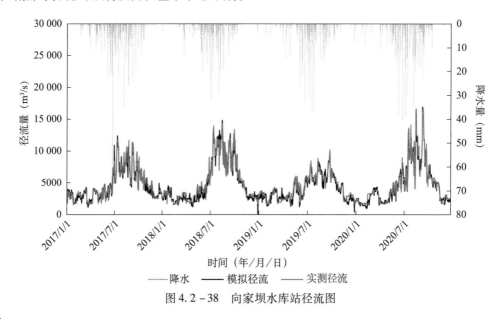

图 4.2 - 38　向家坝水库站径流图

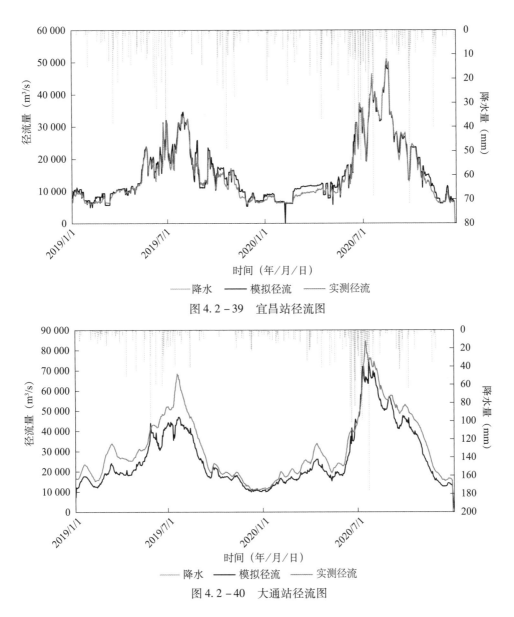

图 4.2 - 39　宜昌站径流图

图 4.2 - 40　大通站径流图

3. 黄河流域

黄河流域精度评价结果见表 4.2 - 7、表 4.2 - 8。

表 4.2 - 7　黄河流域站点评价结果（率定期、验证期）

站点	时段	NSE	相关系数 R^2	水量偏差（%）
下河沿（27 562km²）	率定期 （2017—2018 年）	0.955	0.982	- 2.348
	验证期 （2019—2020 年）	0.960	0.983	1.254
华县（105 747km²）	率定期 （2017—2018 年）	0.705	0.800	- 22.526
	验证期 （2019—2020 年）	0.736	0.832	- 21.000

站点	时段	NSE	相关系数 R^2	水量偏差（%）
龙门（107 079km²）	率定期 （2017—2018 年）	0.784	0.905	9.055
	验证期 （2019—2020 年）	0.728	0.936	−0.076
潼关（290 495km²）	率定期 （2017—2018 年）	0.911	0.962	3.689
	验证期 （2019—2020 年）	0.918	0.968	6.864
黑石关（18 596km²）	率定期 （2017—2018 年）	0.825	0.930	−3.142
	验证期 （2019—2020 年）	0.368	0.730	−45.453

除验证期的黑石关外，流域内站点纳什效率系数（NSE）和 R^2 均达到 0.5 以上，且率定期和验证期 NSE 相差较小；水量偏差最高为 45.453%，出现在黑石关站，大于 20% 的站点只有华县站，整体模拟精度均较高。但存在上游站点率定精度不如下游站点，可能存在模型对低流量模拟较差的情况。由于率定期和验证期的降雨径流关系的变化，同一套参数的计算结果也存在较大差距，比如黑石关站验证期的 NSE 只有 0.368，而在率定期为 0.825。

表 4.2−8　黄河流域站点评价结果（汛期、非汛期）

站点	时段	NSE	相关系数 R^2	水量偏差（%）
下河沿（27 562km²）	汛期 （7—11 月）	0.571	0.968	−6.167
	非汛期 （12—6 月）	0.873	0.977	−5.788
华县（105 747km²）	汛期 （7—11 月）	0.633	0.771	−25.112
	非汛期 （12—6 月）	0.298	0.818	−29.741
龙门（107 079km²）	汛期 （7—11 月）	−0.242	0.721	3.232
	非汛期 （12—6 月）	0.179	0.809	12.560
潼关（290 495km²）	汛期 （7—11 月）	0.566	0.899	5.120
	非汛期 （12—6 月）	0.844	0.949	5.511
黑石关（18 596km²）	汛期 （7—11 月）	0.923	0.934	1.877
	非汛期 （12—6 月）	0.762	0.959	−7.352

　　从各个站点的评价指标看出，华县站和黑石关站汛期模拟精度大于非汛期，而下河沿、龙门、潼关汛期模拟精度小于非汛期模拟精度；但各个站点的 R^2 都高于 0.5；除华县站以外，其他各站的水量偏差也低于 20%。各站点径流比在非汛期相比汛期偏离实际值较严重，导致模拟效果变差。

　　为了更为详细地分析模型效果，选择典型站点模拟过程进行分析，主要有华县站、潼关站和黑石关站，如图 4.2-41 ～图 4.2-43 所示。

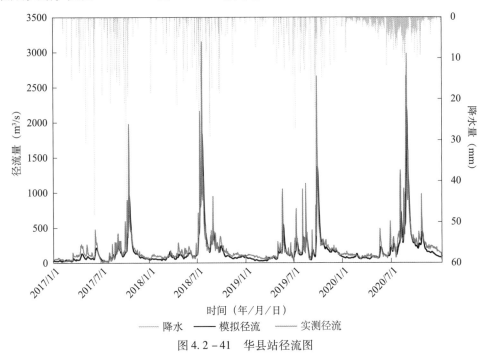

图 4.2-41　华县站径流图

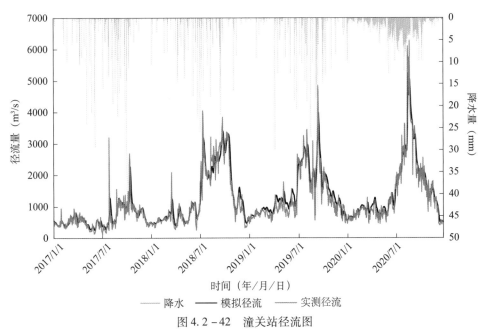

图 4.2-42　潼关站径流图

华县站整体模拟效果较好，但存在低估高流量的现象；从降雨径流关系可以看出来，汛期产流大，流量大，模拟精度较高，而非汛期产流小，流量较小，受到人类活动影响较大，因此模拟效果不佳。

潼关站径流模拟过程与实测过程接近，高流量值的模拟误差较小，汛期和非汛期的NSE都在0.5以上，根据降雨径流关系，在汛期和非汛期都有产水，且在非汛期模拟效果高于汛期，因此模拟精度也更好。

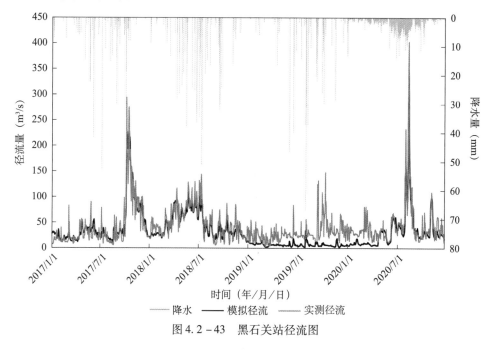

图4.2-43 黑石关站径流图

黑石关站实测径流波动较大，且非汛期模拟效果低于汛期模拟效果，但模拟过程变化趋势与实测过程大体一致，对于高流量模拟精确，因此模拟精度高。

4. 海河流域

海河流域精度评价结果见表4.2-9、表4.2-10。

表4.2-9 海河流域站点评价结果（率定期、验证期）

站点	时段	NSE	相关系数 R^2	水量偏差（%）
承德 （2483km²）	率定期 （2017—2018年）	0.814	0.757	-28.365
	验证期 （2019—2020年）	0.602	0.659	-18.560
滦县 （42 826km²）	率定期 （2017—2018年）	0.525	0.611	-37.433
	验证期 （2019—2020年）	0.521	0.769	-13.326
乌龙矶 （29 371km²）	率定期 （2017—2018年）	0.705	0.807	1.885
	验证期 （2019—2020年）	0.589	0.751	-24.298

对海河流域进行整体分析：

流域内站点模拟精度均较高，流域内站点 NSE 和 R^2 均达到 0.5 以上，相对误差最高为37.433%，出现在滦县站，大于 20% 的站点有率定期的承德站、和乌龙矶站，整体模拟精度均较高。但存在上游站点率定精度不如下游站点，可能存在模型对低流量/山区模拟较差的情况。

由于率定期和验证期的降雨径流关系的变化，同一套参数的计算结果也存在较大差距；率定期的 NSE 高于验证期的 NSE，说明在率定期的模拟水量高于实际情况，在验证期低于实际情况。

对流域内站点出现的典型情况进行分析：

对于承德水文站，验证期相较于率定期 NSE 较低，但是相对误差在验证期低于率定期结果，因此可能在承德站存在过拟合的情况。

与承德站相对比，由于上游存在水库，人类活动影响较大，滦县水文站的模拟结果精度较低，但 NSE 也在 0.5 以上。

表 4.2 – 10　海河流域站点评价结果（汛期、非汛期）

站点	时段	NSE	相关系数 R^2	水量偏差（%）
承德 （2483km²）	汛期 （7—11 月）	0.718	0.846	– 33.947
	非汛期 （12—6 月）	– 0.407	– 0.018	– 88.925
滦县 （42 826km²）	汛期 （7—11 月）	0.614	0.785	26.076
	非汛期 （12—6 月）	0.775	0.774	– 36.042
乌龙矶 （29 371km²）	汛期 （7—11 月）	0.238	0.815	3.807
	非汛期 （12—6 月）	– 1.155	0.576	– 49.896

从各个站点的评价指标看出，除滦县站以外，汛期模拟精度大于非汛期。其中，滦县站在汛期和非汛期的评价指标值差异较小；而承德站和乌龙矶站的非汛期水量偏差过大，这可能由于径流比在非汛期相比汛期偏离实际值较严重，导致模拟效果变差。

由降雨径流关系（见图 4.2 – 44）可以看出来，承德站非汛期产流小，流量较小，受到人类活动影响较大，因此模拟效果不佳；承德站实测径流过程波动较大，模拟过程在非汛期较平稳，变化趋势与实测过程有偏差，因此模拟精度较低。

乌龙矶站整体模拟效果差异较小，但存在低估高流量的现象，如 2018 年 9 月份，降雨峰值高于同等级降雨的峰值；同时由于非汛期产流小，流量较小，受到人类活动影响较大，出现了模拟值偏低的情况，如图 4.2 – 45 所示。

根据滦县站径流图（见图 4.2 – 46）可以看出，在非汛期，流量模拟结果较差，存在严重低估低流量值的情况，如 2017 年 3 月份。但由于非汛期也存在产流，流量大，因此模拟精度较高。

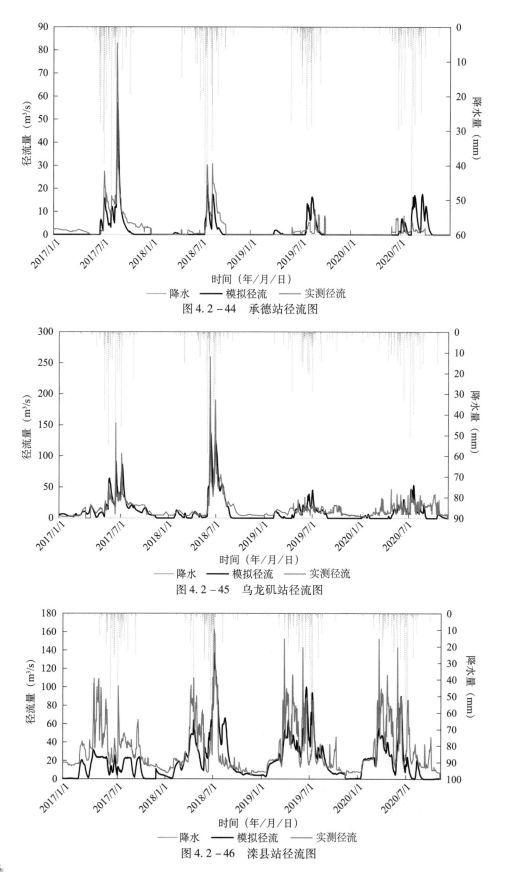

图 4.2-44　承德站径流图

图 4.2-45　乌龙矶站径流图

图 4.2-46　滦县站径流图

5. 松辽流域

松辽流域精度评价结果见表 4.2 – 11、表 4.2 – 12。

表 4.2 – 11　松辽流域站点评价结果（率定期、验证期）

站点	时段	NSE	相关系数 R^2	水量偏差（%）
佳木斯（239 708km²）	率定期 （2017—2018 年）	0.994	0.994	– 3.479
	验证期 （2019—2020 年）	0.951	0.974	– 10.966
宝泉岭（2798km²）	率定期 （2017—2018 年）	0.639	0.768	– 29.438
	验证期 （2019—2020 年）	0.727	0.778	12.477
依兰（216 498km²）	率定期 （2017—2018 年）	0.978	0.989	4.702
	验证期 （2019—2020 年）	0.939	0.963	16.450
兰西（27 428km²）	率定期 （2017—2018 年）	0.667	0.700	– 6.914
	验证期 （2019—2020 年）	0.733	0.802	19.851
德惠（7722km²）	率定期 （2017—2018 年）	0.838	0.860	21.232
	验证期 （2019—2020 年）	0.420	0.364	– 64.342
莲花（二）（9963km²）	率定期 （2017—2018 年）	0.699	0.740	– 13.495
	验证期 （2019—2020 年）	0.690	0.754	– 1.275

除验证期的德惠站外，流域内站点 NSE 和 R^2 均达到 0.5 以上，且率定期和验证期 NSE 相差较小；水量偏差最高为 21.232%，出现在哈尔滨站，大于 20% 的站点只有德惠站，整体模拟精度均较高。但存在上游站点率定精度不如下游站点，可能存在模型对低流量模拟较差的情况。由于率定期和验证期的降雨径流关系的变化，同一套参数的计算结果也存在较大差距，比如哈尔滨站验证期的 NSE 只有 0.216，而在率定期为 0.838。

表 4.2 – 12　松辽流域站点评价结果（汛期、非汛期）

站点	时段	NSE	相关系数 R^2	水量偏差（%）
佳木斯（239 708km²）	汛期 （7—11 月）	0.896	0.962	– 2.149
	非汛期 （12—6 月）	0.870	0.963	– 3.663

站点	时段	NSE	相关系数 R^2	水量偏差（%）
宝泉岭（2798km²）	汛期（7—11月）	0.243	0.556	−50.678
	非汛期（12—6月）	0.440	0.565	−60.083
依兰（216498km²）	汛期（7—11月）	0.725	0.917	0.256
	非汛期（12—6月）	0.793	0.906	−15.131
兰西（27428km²）	汛期（7—11月）	0.321	0.662	−39.502
	非汛期（12—6月）	0.069	0.268	−89.187
莲花（二）（9963km²）	汛期（7—11月）	0.239	0.489	−52.297
	非汛期（12—6月）	0.699	0.526	−50.320

从各个站点的评价指标看出，佳木斯站和兰西站汛期模拟精度大于非汛期，而宝泉岭站、依兰站、莲花（二）站汛期模拟精度小于非汛期模拟精度；除了兰西站非汛期时，各个站点的 R^2 都高于0.5；各站的水量偏差也低于20%。各站点径流比在非汛期相比汛期偏离实际值较严重，导致模拟效果变差。为了更为详细地分析模型效果，选择典型站点模拟过程进行分析，主要有佳木斯站、宝泉岭站和德惠站。

典型站点径流模拟结果分析如图4.2-47~图4.2-49所示。

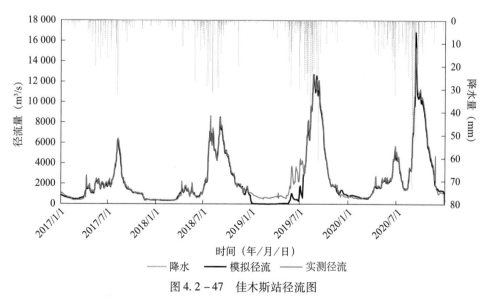

图4.2-47 佳木斯站径流图

佳木斯站非汛期模拟效果低于汛期模拟效果，但模拟过程变化趋势与实测过程大体一致，汛期和非汛期的 NSE 都在 0.5 以上，对于高流量模拟精确，因此模拟精度高。

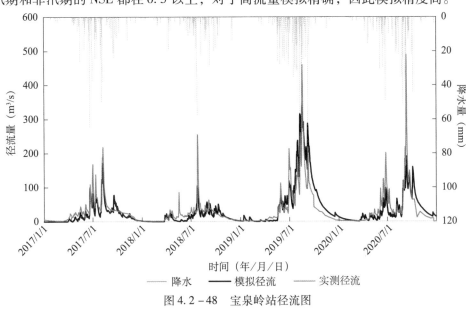

图 4.2-48　宝泉岭站径流图

宝泉岭站径流模拟过程与实测过程接近，高流量值模拟效果差，根据降雨径流，汛期和非汛期产流差异过大导致，汛期和非汛期的 NSE 都在 0.5 以上，但是在非汛期模拟效果高于汛期，因此模拟精度一般。

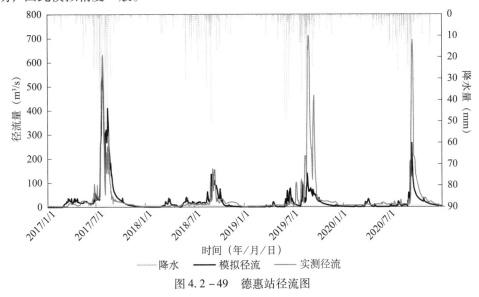

图 4.2-49　德惠站径流图

德惠站实测径流波动较大，汛期与非汛期流量变化明显，模拟过程变化趋势与实测过程大体一致，但是对汛期的高流量模拟不够准确，明显低于实测流量，因此模拟精度不高。

4.3　地表水资源量年内时空变化规律分析

应用上述技术，在全国七大流域开展了地表水资源量评价和预测，得到产水量、出入境水量、蓄变量，以及重要江河湖库代表站的河川径流量，地表水资源量年内时空变化规律分析如下。

1. 长江流域

2020 年长江流域总产水量 13 973.54 亿 m³，较上年增加 34.09%，较常年偏多 41.74%。其中地表产水量 8152.0 亿 m³，地下产水量 5821.54 亿 m³。

产水量年内变化趋势如图 4.3 - 1 所示。总产水量呈先上升后下降的变化趋势，在 7 月份达到了最大值。6—9 月产水量为 8907.65 亿 m³，占全年总产水量的 63.75%。地表产水量的变化趋势与总产水量的变化趋势相似。

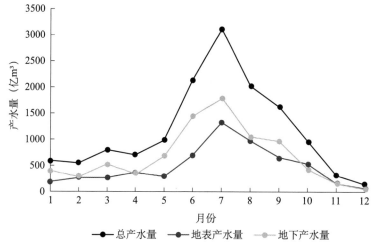

图 4.3 - 1　长江流域 2020 年产水量年内变化趋势图

长江流域有 12 个二级水资源分区，各分区内产水量占总产水量百分比的年内变化趋势如图 4.3 - 2 ~ 图 4.3 - 4 所示。分区 1、分区 3 和分区 11 的产水量占比较大，而分区 7 的占比最小。非汛期，各分区的百分比均低于 15%；汛期与非汛期的百分比差异较大。

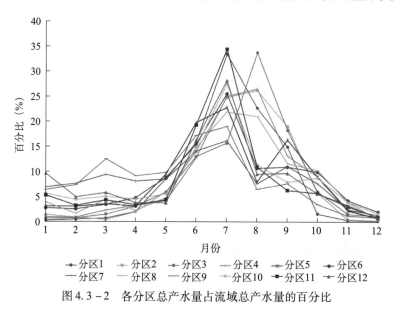

图 4.3 - 2　各分区总产水量占流域总产水量的百分比

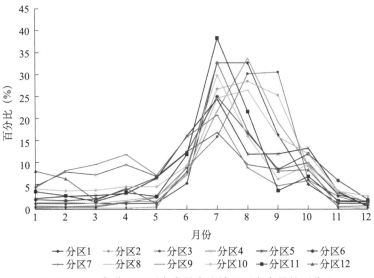

图 4.3-3　各分区地下产水量占流域地下产水量的百分比

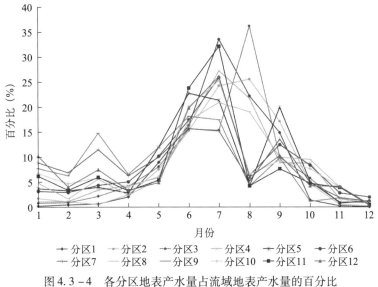

图 4.3-4　各分区地表产水量占流域地表产水量的百分比

选取向家坝水库、宜昌、大通为三个控制断面（分别位于金沙江、乌江、太湖），分析断面实测径流量与预测径流量的变化趋势。结果如图 4.3-5~图 4.3-7 所示。

除个别月份外，三个断面的预测误差均小于±20%，预测效果较好。向家坝水库的预测径流量最接近实测数据，大通预测值低于实测值，宜昌除7、8月份外预测值都高于实测值。三个站点均表现出汛期预测误差小于非汛期。

2. 黄河流域

2020 年黄河流域总产水量 1155.3 亿 m³。其中地表产水量 732.3 亿 m³，地下产水量 422.8 亿 m³。

产水量年内变化趋势如图 4.3-8 所示。总产水量呈先上升后下降的变化趋势，在 8 月

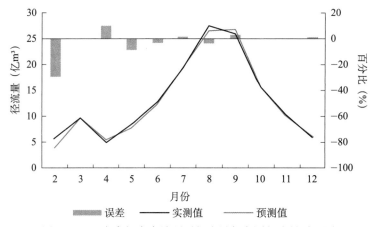

图 4.3-5　向家坝水库站预测径流量与实测径流量对比图

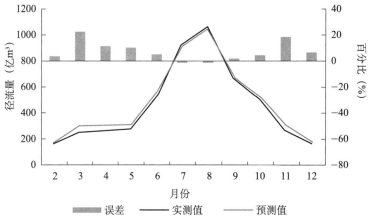

图 4.3-6　宜昌站预测径流量与实测径流量对比图

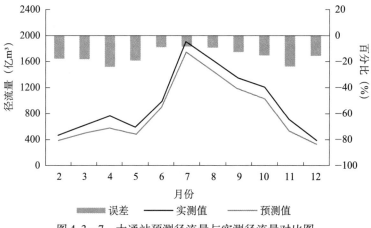

图 4.3-7　大通站预测径流量与实测径流量对比图

份达到了最大值。4—9 月产水量为 985.5 亿 m³，占全年总产水量的 85.3%。地表产水量的变化趋势与总产水量的变化趋势相似。

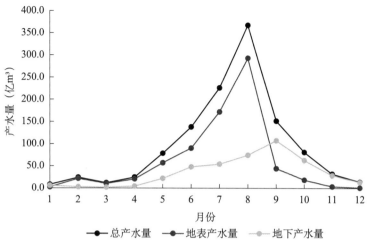

图 4.3 - 8　黄河流域 2020 年产水量年内变化趋势图

黄河流域有 8 个二级水资源分区，各分区内产水量占总产水量百分比的年内变化趋势如图 4.3 - 9 ~ 图 4.3 - 10 所示。分区 6 和分区 7 的产水量占比较大，而分区 3 的占比最小。非汛期，各分区的百分比均低于 15%；汛期与非汛期的百分比差异较大。

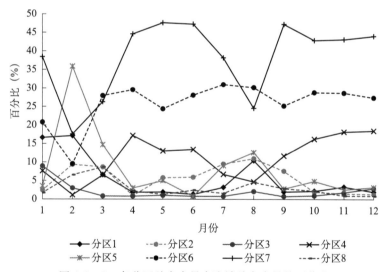

图 4.3 - 9　各分区总产水量占流域总产水量的百分比

选取兰州、头道拐、花园口为三个控制断面，分析断面实测径流量与预测径流量的变化趋势。结果如图 4.3 - 11、图 4.3 - 12 所示。

径流量预测值与实测值在年内变化趋势相差较大，但是预测水量与实测水量峰值也有偏差，可能与预测暴雨时间误差有关。头道拐断面在 9 月以后，预测水量与实测水量几乎拟合。对预测降雨进行分析，发现该站点所在分区的预测降雨和实测降雨相差不大。而兰州断面预测水量和实测水量有所差别，因此，径流预测误差考虑是由降雨预测误差导致的。

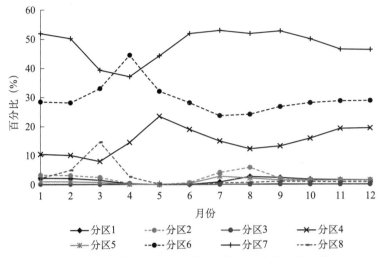

图 4.3 – 10　各分区地下产水量占流域地下产水量的百分比

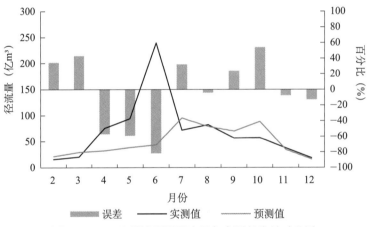

图 4.3 – 11　兰州站预测径流量与实测径流量对比图

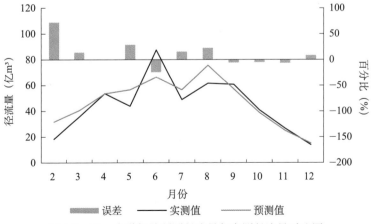

图 4.3 – 12　头道拐站预测径流量与实测径流量对比图

3. 珠江流域

2020 年珠江流域总产水量 5198.8 亿 m³，较上年增加 2.6%，较常年偏多 10.4%。其中地表产水量 3969.0 亿 m³，地下产水量 1229.8 亿 m³。

产水量年内变化趋势如图 4.3-13 所示。总产水量呈先上升后下降的变化趋势，在 6 月份达到了最大值。4—9 月产水量为 3730.5 亿 m³，占全年总产水量的 71.8%。地表产水量的变化趋势与总产水量的变化趋势相似。

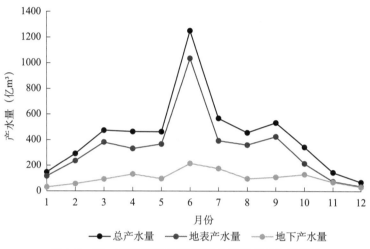

图 4.3-13　珠江流域 2020 年产水量年内变化趋势图

珠江流域主要控制站为潮安站、石角站、高要站，各控制站点范围内产水量占总产水量百分比的年内变化趋势如图 4.3-14~图 4.3-16 所示。高要站的产水量占比最大，而潮安站的占比最小。非汛期，潮安站和石角站的地表产水量百分比有增加的趋势，总产水量有相似的规律。各个站点地下产水量在全年的变化幅度较小。

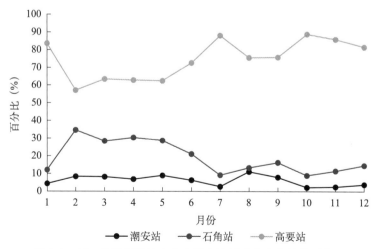

图 4.3-14　各控制站地表产水量占流域地表产水量的百分比

选取梧州、飞来峡、博罗为三个控制断面（分别位于西江、北江、东江），分析断面实

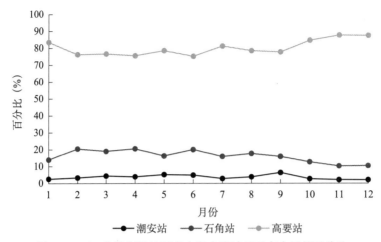

图 4.3 - 15 各控制站地下产水量占流域地下产水量的百分比

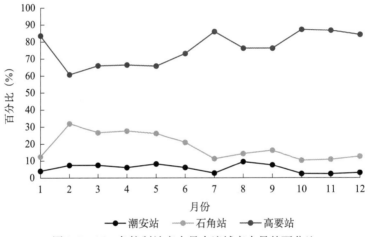

图 4.3 - 16 各控制站产水量占流域产水量的百分比

测径流量与预测径流量的变化趋势。结果如图 4.3 - 17 ~ 图 4.3 - 19 所示。

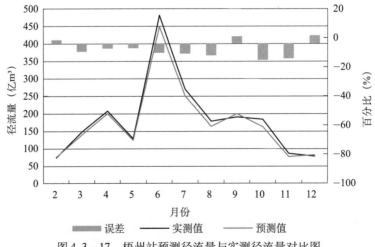

图 4.3 - 17 梧州站预测径流量与实测径流量对比图

梧州站的预测径流量最接近实测数据，误差均小于 ±20%。飞来峡站和博罗站在 6 月份出现预测值低于实测值的情况，对预测降雨进行分析，发现飞来峡站和博罗站所在分区的预测降雨远低于实测降雨，误差约为 -45%。此外，博罗站在 2 月份和 3 月份的预测径流量均低于实测值，该站控制范围内 2 月份和 3 月份预报降雨误差分别为 -15%、-25%。因此，径流预测误差考虑是由降雨预测误差导致的。除以上几个月份外，其他月份的预测效果较好。

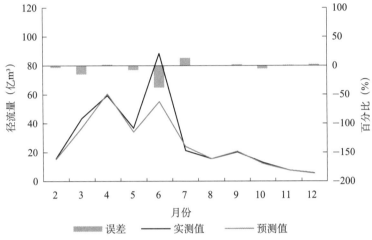

图 4.3-18　飞来峡站预测径流量与实测径流量对比图

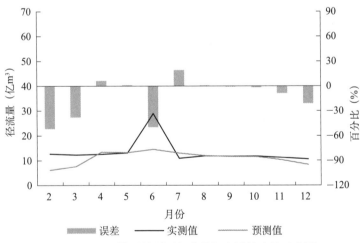

图 4.3-19　博罗站预测径流量与实测径流量对比图

4. 海河流域

2020 年海河流域总产水量 194.89 亿 m³，其中地表产水量 135.65 亿 m³，地下产水量 59.24 亿 m³。

产水量年内变化趋势如图 4.3-20 所示。总产水量呈先上升后下降的变化趋势，在 8 月份达到了最大值。5—9 月产水量为 154.14 亿 m³，占全年总产水量的 79.1%。其中地表产水量的变化趋势与总产水量的变化趋势相似。

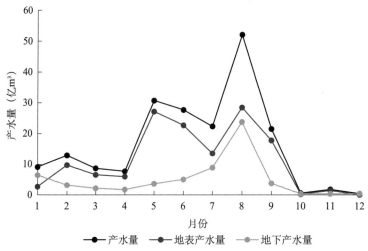

图 4.3－20　海河流域 2020 年产水量年内变化趋势图

海河流域主要控制断面为张家坟、下会以及张坊。张家坟站与下会站位于潮白河中游段，张坊站位于大清河上游段。各控制断面水资源量 2020 年内变化趋势如图 4.3－21 所示。张家坟断面与下会断面在 9 月份水量达到最高值，由于两个站点位于同一流域，同时，张家坟位于下会下游，两个站点的年内变化趋势一致，张家坟断面水资源量大于下会断面水资源量。张坊断面于 8 月份水资源量达到最大。

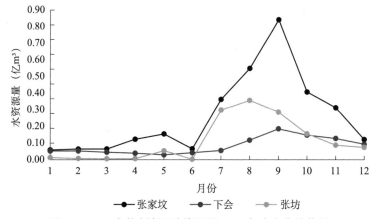

图 4.3－21　各控制断面水资源量 2020 年内变化趋势图

分析大清河上的张坊断面的实测径流量与预测径流量的变化趋势，结果如图 4.3－22 所示。

预测径流量值与实测值在年内变化趋势大致相同，并且峰值相同，但是预测水量峰值较为提前，可能与预测暴雨时间误差有关。在汛期过后的 10—12 月，预测值均低于实测值。对预测降雨进行分析，发现该站点所在分区的预测降雨远低于实测降雨，误差约为 -32%。因此，径流预测误差考虑是由降雨预测误差导致的。

5. 松辽流域

2020 年松辽流域总产水量 2305.2 亿 m³，较上年增加 13.5%。其中地表产水量 1657.8

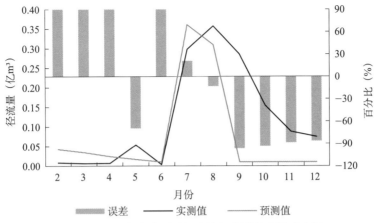

图 4.3 - 22 张坊站预测径流量与实测径流量对比图

亿 m^3，地下产水量 647.4 亿 m^3。

产水量年内变化趋势如图 4.3 - 23 所示。总产水量整体呈先上升后下降的变化趋势，7 月份略有下降，在 9 月份达到了最大值。4—9 月产水量为 1864.4 亿 m^3，占全年总产水量的 80.9%。地表产水量的变化趋势与总产水量的变化趋势相似。

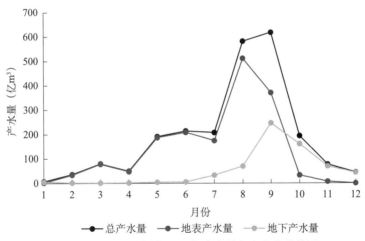

图 4.3 - 23 松辽流域 2020 年产水量年内变化趋势图

松辽流域有 5 个二级水资源分区，分别是分区 13（河北）、分区 15（内蒙古）、分区 21（辽宁）、分区 22（吉林）、分区 23（黑龙江）。各分区内产水量占总产水量百分比的年内变化趋势如图 4.3 - 24 ~ 图 4.3 - 26 所示。分区 21、分区 22 和分区 23 的产水量占比较大，而分区 13 的占比最小。汛期与非汛期的百分比差异较大。

6. 淮河流域

2020 年淮河流域总产水量 882.7 亿 m^3，较上年增加 29.5%。其中地表产水量 579.1 亿 m^3，地下产水量 303.6 亿 m^3。

产水量年内变化趋势如图 4.3 - 27 所示。总产水量呈先上升后下降的变化趋势，在 7 月份达到了最大值。6—9 月产水量为 681.9 亿 m^3，占全年总产水量的 77.3%。地表产水量的

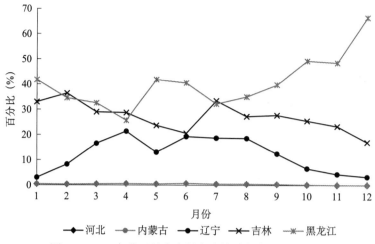

图 4.3 - 24　各分区总产水量占流域总产水量的百分比

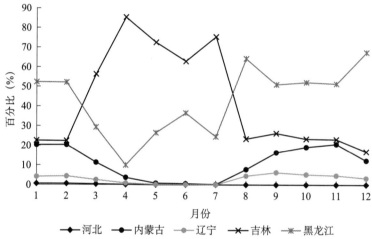

图 4.3 - 25　各分区地下产水量占流域地下产水量的百分比

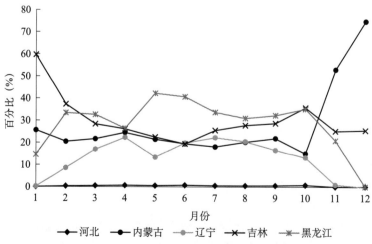

图 4.3 - 26　各分区地表产水量占流域地表产水量的百分比

变化趋势与总产水量的变化趋势大体一致。

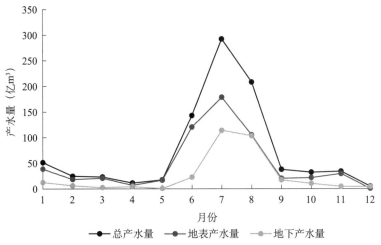

图 4.3 – 27　淮河流域 2020 年产水量年内变化趋势图

淮河流域有 5 个二级水资源分区，各分区内产水量占总产水量百分比的年内变化趋势如图 4.3 – 28 ~ 图 4.3 – 30 所示。分区 2 和分区 4 产水量占比较大，而分区 5 的占比最小。汛期与非汛期的百分比差异不大。

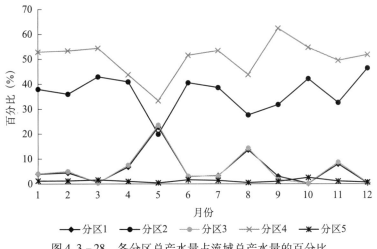

图 4.3 – 28　各分区总产水量占流域总产水量的百分比

选取王家坝、鲁台子为两个控制断面，分析断面实测径流量与预测径流量的变化趋势。结果如图 4.3 – 31、图 4.3 – 32 所示。

王家坝站汛期的预测值和实测值相差最小，除 5、6 月份外预测值都高于实测值。鲁台子站预测值的变化趋势和实测值的变化趋势比较相似，汛期的预测值都高于实测值，与非汛期相比，模拟效果较好。

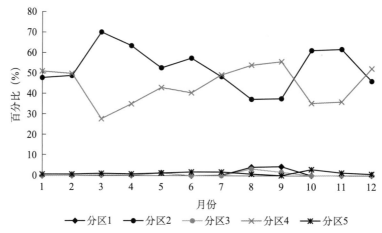

图4.3-29 各分区地下产水量占流域地下产水量的百分比

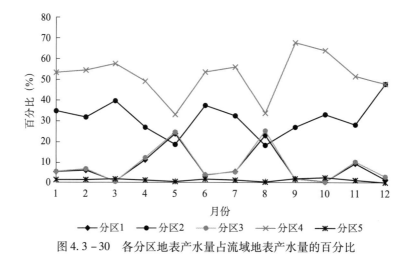

图4.3-30 各分区地表产水量占流域地表产水量的百分比

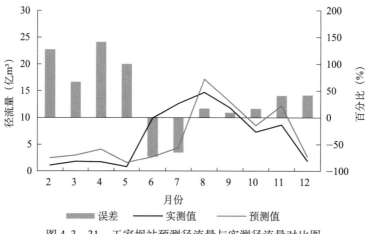

图4.3-31 王家坝站预测径流量与实测径流量对比图

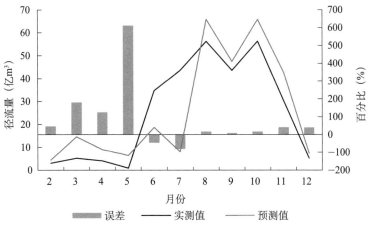

图 4.3 – 32　鲁台子站预测径流量与实测径流量对比图

第5章 地下水资源量动态评价与预测

5.1 基础数据检验与插补

5.1.1 理论方法

地下水水位具有空间分布不均匀并随时间变化的特点，观测原理、设备和环境的差异对于水位埋深数据的完整性、准确性、代表性、一致性、可比性等都会产生一定的影响。以原有地下水观测站（以下简称"人工站"）和新建全国地下水监测站（以下简称"自动站"）水位埋深数据为依据，采用总体评估和抽样分析相结合的方法，检测出异常值，并将检测出的异常值视为缺失值，对水位埋深缺失数据采用分段牛顿插值方法进行填补，从而全面提高了地下水埋深数据质量，进而为地下水超采治理以及实施地下水管理与决策提供基本依据。

5.1.2 关键技术

1. 异常值检测

基于统计模型和水位埋深差的距离模型进行水位埋深异常值检测，运用的方法如下：

（1）基于统计模型，借助箱形图对原始时间序列进行异常值初步检测。

箱形图是一种用来反映数据整体的实际分布情况，表征一组数据分散情况的统计图。它利用数据集中的最小值、下四分位数、中位数、上四分位数、最大值这5个数据统计量来描述数据的整体分布情况。通过计算以上统计量，生成一个箱形图，箱内包含了绝大多数的正常数据，处于箱体的上边界和下边界之外的数据，视为异常数据。其中上下边界的计算公式如下：

$$箱形图上限 = 上四分位数 + （上四分位数 - 下四分位数）\times 1.5$$
$$箱形图下限 = 上四分位数 - （上四分位数 - 下四分位数）\times 1.5$$

（将数据从小到大进行排列，位于25%位置的是下四分位数，位于中间的是中位数，位于75%位置的是上四分位数，系数1.5是通过大量的分析和经验积累起来的标准）

（2）采用基于水位埋深差的距离模型对异常值做进一步精细检测，以此检测出所有的水位埋深异常值。

由于地下水位埋深数据具有时间属性，所以为时间序列，因此前后数据应具有较高的关联性，即前一个数据与后一个数据在正常情况下的差值应在一定的阈值内，故采用基于水位埋深差的距离模型，对时间序列数据的异常值进行精细检测。该方法在计算时间序列变化速率的基础上，对其进行统计分析，并设定速率变化界限，进而得到异常值发生的位置，结果表明：该算法简单、有效、计算量小，能够将时间序列异常数据全部检测出。其具体方法步骤如下：

①读入待测数据 $\{y(t)\}$（y 为地下水水位埋深数据，t 为监测时间）。

②计算相邻时间序列地下水水位埋深变化速率 $\Delta y(t)$：

$$\Delta y(t) = \frac{y(t+1) - y(t)}{n}(t = 1,2,\cdots,T;n \text{ 为时间步长})\qquad(5.1-1)$$

③计算信号变化速率 $\Delta y(t)$ 的均值 μ 与方差 σ：

$$\mu = \frac{1}{T-1}\sum_{t=1}^{T-1}\Delta y(t)\qquad(5.1-2)$$

$$\sigma = \sqrt{\frac{1}{T-1}\sum_{t=1}^{T-1}(\Delta y(t) - \mu)^2}\qquad(5.1-3)$$

④异常值发生的位置位于：

$$\hat{k} \in \{|\Delta y(t) - \mu| > n\sigma\}\qquad(5.1-4)$$

式中，n 按照经验取 3。

2. 缺失值填补

地下水监测数据填补方法采用的是牛顿插值法，具体原理如下：

牛顿插值法是通过构造特定函数 $P(x)$，使 $P(x)$ 在某区间内已知点上取已知的函数值，在区间的其他点上用特定函数 $P(x)$ 的值作为函数 $f(x)$ 的近似值，牛顿插值多项式如下：

$$P(x) = f(x_0) + f[x_0,x_1](x - x_0) + f[x_0,x_1,x_2](x - x_0)(x - x_1) + \\ f[x_0,x_1,\cdots,x_n](x - x_0)(x - x_1)\cdots(x - x_{n-1})\qquad(5.1-5)$$

式中：$f[x_0,x_1,x_2,\cdots,x_n]$ 称为函数的 n 阶差商（函数增量与自变量增量的比值），其中一阶差商：

$$f[x_0,x_1] = \frac{f(x_1) - f(x_0)}{x_1 - x_0}\qquad(5.1-6)$$

二阶差商：

$$f[x_0,x_1,x_2] = \frac{f[x_1,x_2] - f[x_0,x_1]}{x_2 - x_0}\qquad(5.1-7)$$

n 阶差商：

$$f[x_k,x_{k+1},\cdots,x_{k+n-1},x_{k+n}] = \frac{f[x_{k+1},\cdots,x_{k+n-1},x_{k+n}] - f[x_k,x_{k+1},\cdots,x_{k+n-1}]}{x_{k+n} - x_k}\quad(5.1-8)$$

牛顿插值多项式的系数可以用差商表算出，多项式的次数越高，精度越高，$P(x)$ 逼近函数 $f(x)$ 的效果越好，牛顿插值法相对于其他插值法具有承袭性这一优势，当增加插值点时，可以充分利用之前的运算结果降低运算量，对于一些比较复杂的插值函数，牛顿插值法可以在原插值函数准确度不够的情况下，不修改牛顿插值基函数，只是增加已知点，也无需重新构造基函数，从而极大地减少了计算量，并在一定程度上提高了插值的精度。牛顿插值多项式是自变量的次数不超过 n 的多项式，插值误差并不是随着插值节点的增大而趋近于无穷小，当插值节点趋近于无穷大时，反而会出现龙格（Runge）现象，为了克服高次插值产生的 Runge 现象，采用分段牛顿插值法进行水位埋深缺失数据填补。

5.1.3 应用验证

1. 地下水监测数据异常值识别

以宿州市砀山县固口站 2006 年 1 月 1 日—2018 年 1 月 1 日地下水埋深监测数据举例说明，如图 5.1-1 所示。

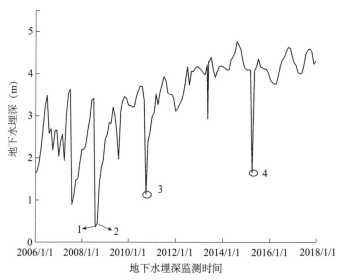

图 5.1-1 固口站原始监测数据

箱形图异常值检测方法是基于统计学原理的检测方法，可以通过数据值和出现频次检测出异常大值和异常小值，如图 5.1-1 中箭头指出的 1、2 号数据。但是箱形图法没有考虑数据的时序变化特性，不能检测出局部出现的异常值。局部异常值的特征是相比邻近时刻的数值有异常变化，但是其数值在全部数据中尚未达到异常大或者异常小的程度。如图 5.1-1 中椭圆圈出的 3、4 号数据这两个局部异常值，需要采用基于时间序列水位埋深变化率异常值检测方法检测出这种异常值。故箱形图异常值检测方法和基于时间序列水位埋深变化率异常值检测方法相结合的检测方法较单一方法更加有效，可以检测出时序数据集的全部异常值。

2. 地下水监测数据质量提升

以湖北省欧庙站 2018 年 1 月 1 日—2018 年 6 月 30 日内 4h 时间间隔的水位埋深数据举例说明，将在第 96~101 采样点的 6 个连续数据视为缺失，选取缺失时刻前后各 2 天的实测地下水埋深数据，采用分段牛顿插值法进行填补，并选用平均绝对误差、平均相对误差这两个标准衡量缺失值填补精度。填补结果见表 5.1-1。

表 5.1-1 欧庙站水位埋深缺失值填补结果分析

站点	平均绝对误差（m）	平均相对误差（%）
欧庙	0.19	0.06
德化	0.0029	0.0022

由表 5.1-1、图 5.1-2 和图 5.1-3 可知，欧庙站、德化站实际的地下水埋深值与填补

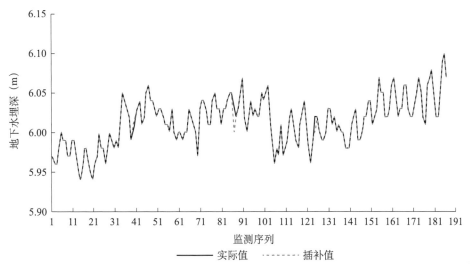

图 5.1 - 2　欧庙站水位埋深实际值和填补值

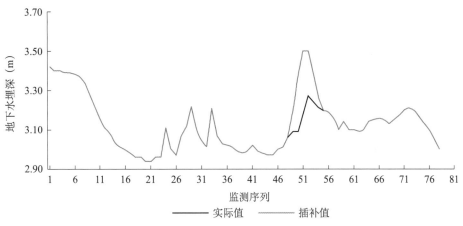

图 5.1 - 3　德化站水位埋深实际值和填补值

水位埋深值随时间的变化趋势同步，二者之间的绝对误差在 0.05 ~ 0.33m 之间，平均误差为 0.19m 和 0.0029m，平均误差率仅为 0.06% 和 0.0022%，填补结果满足精度要求，填补效果较好。

为了更好地说明分段牛顿插值在地下水埋深缺失数据填补中的普遍适用性，分别随机选取地下水埋深数据存在点异常和集合异常的 2 个站点，采用前面章节中提到的异常值检测方法，检测出数据集中所有的异常点，将其视为缺失，运用分段牛顿插值法对其缺失数据进行填补，其填补前后地下水埋深时间序列如图 5.1 - 4 所示。

通过图 5.1 - 4 可以看出，被检测出来的异常数据，通过分段牛顿插值法得到替代原数据的填补数据，在局部和整体的时间范围内，均符合地下水埋深变化趋势，不再为异常数据。

此外从分布在长江流域、黄河流域、淮河流域、海河流域、松辽流域、珠江流域、东南沿海及西北诸河这 8 大流域中，并且存在数据缺失的站点中各随机抽取一个站点，并且在该

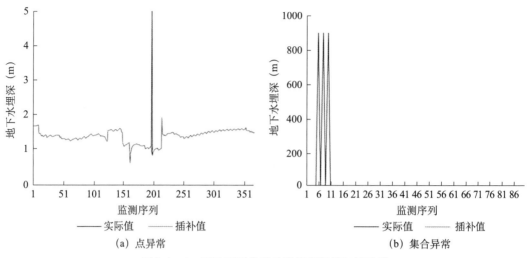

(a) 点异常　　　　　　　　　　　　　　(b) 集合异常

图 5.1 - 4　两种不同类型异常值实际值与填补值

站点中随机抽取三个实测水位埋深当作缺失值，采用分段牛顿插值法将这三个缺失数据进行填补，再与实测值进行误差分析，最终结果见表 5.1 - 2。

表 5.1 - 2　代表站水位埋深数据填补表

流域	站点	实测水位埋深1	分段牛顿插值埋深1	实测水位埋深2	分段牛顿插值埋深2	实测水位埋深3	分段牛顿插值埋深3	平均相对误差（％）
长江流域	长生桥	1.88	1.88	1.91	1.92	1.93	1.95	0.52
黄河流域	靛坪村	4.83	4.82	4.87	4.87	4.59	4.59	- 0.07
淮河流域	国豫商永城1号	0.93	0.99	1.37	1.42	1.44	1.44	3.37
海河流域	小狄庄	79.5	80.15	76.77	77.55	76.66	76.68	0.62
松辽流域	阿木尔林业局	3.12	3.13	3.24	3.24	3.17	3.17	0.11
珠江流域	铜鼓滩地下河	14.61	14.60	13.79	13.79	10.36	10.34	- 0.09
东南沿海	德化	6.01	6.00	6.00	6.03	6.00	6.02	0.22
西北诸河	大泉水库所	10.88	10.87	9.40	9.40	5.43	5.43	- 0.03

　　不同长度的地下水埋深数据，样本长度不同，插值精度不同。在对地下水埋深样本数据进行分段中，每段参与地下水埋深数据牛顿插值的数据个数保持在缺失时刻前后两天之间，低次插值得到的水位埋深数据与实测数据相比，插值结果与实际观测值最大不超过1m，误差率不超过5%，高于水位埋深精度要求，所以填补结果是可靠的。

5.2　基于时间序列分析的地下水位动态预测

5.2.1　理论方法

1. 小波分析

小波分析可以满足时间和频率的局部变换，可以从序列中有效提取信息，并通过诸如延伸、平移之类的功能对其执行多尺度细化分析（吴东杰等，2004）。在小波分析中，利用基小波取代传统的三角函数，具有简单灵活的特点，对于水文相关时间序列的分析具有较大优势。Morlet 小波为复小波，可以同时得到时间序列变化的相位和振幅，有利于进一步分析，而实部与虚部的相位差能够消除用实小波变化系数作为判据基准产生的虚假振动，得到更为精确的结果（吴东杰，王金生，滕彦国，2004）。在实际应用时，需要先将水位埋深序列进行距平处理，即减去平均值，同时便将数据资料中的 1 年的自然周期滤去。又因为实测水位埋深序列个数有限，在序列两端可能会产生边界效应误差，可先将序列两端数据进行对称性延伸，后期进行相关参数提取时再先剔除两端延伸数据（王卫光，张仁铎，2008）。小波分析在分析非平稳时间序列数据方面可以将观察到的时间序列分解为具有不同属性的不同成分，因此新的时间序列可以用作例如深度学习模型的输入项（Adamowski and Chan，2011）。基于傅里叶变化，小波变换将无限长的三角函数基通过小波变换变成有限长的衰减的小波基，具有可进行伸缩平移变换、可塑性强等优点（Valizadeh, et al.，2020）。可以将原始的时间序列分解为具有不同特征差异的分量，根据不同基函数和小波系数的差异，限定阈值从而达到去噪的效果。

2. 频谱分析

水文时间序列是水文要素随时间观察监测得到的相关数据的离散顺序集合，由确定性成分以及随机成分叠加而成。相关研究表明（赵利红，2007），确定性成分具有一定的物理概念，包括周期项和趋势项，一般可用数学表达式进行表示；而随机成分是由不规则的振荡和随机影响造成的，不能严格地从物理意义上阐述，一般采用数学上的随机过程理论来分析。频谱分析法便适用于此，它运用到的数学方法简单严谨、物理意义清晰易懂，可以将分析预报相结合，在水文分析预报中应用越来越普遍。

（1）趋势项：首先对时间序列进行平稳化改造，即消除趋势项。趋势项是随着时间序列呈现的有一定规则如连续增加或减少的变化项，从频谱方面看，即为周期大于记录长度的频率成分。对于序列长度不够长的时间序列，趋势项（陈葆仁，1988）可以用简单的初等函数来模拟，因为可能会出现过拟合的现象，精度反而降低，而且趋势项的模拟并没有明确的物理意义，只需要切合浅层地下水埋深的近似变化就可以，所以一般选择较为简单的形式。本次选取一次以及二次方函数进行拟合（李平等，2005），上述方程的系数均可以用最小二乘法解出，选取其中趋势项相关系数更大的函数作为趋势项的拟合。

（2）周期项：对于剔除了趋势项的时间序列经过一定的傅里叶变换（David and Caroline，1999），再利用 A 修斯特随机概率判别法筛选出显著周期项，该方法较为精确简便。

（3）随机项：随机项可以分为平稳项和纯随机项。平稳项可以建立自回归 AR（P）模型，在确定模型阶数时，使用常用的 AIC 准则，虽然应用时会对阶数略有高估，具有一定的不相合性，而实际应用中，高估并不会引起较大误差，而且还有利于多加利用历史数据。由于本次采用的方法只是利用水位埋深时间序列本身的特性进行模拟预测，未考虑到外界具体的影响因素如人工干预等影响，所以会产生一些不确定性误差，可利用纯随机项进行不确定性分析。将平稳随机项代入方程，则可以更加真实地模拟实际浅层地下水埋深时间序列，得到更为精确的结果。最后利用后验预测法通过前 4/5 长度的序列来模拟，以及后 1/5 长度的序列进行预测验证。

3. 长短期记忆神经网络

作为一种特殊的人工循环神经网络，LSTM 模型可以解决标准循环神经网络模型通过循环反向传播在较长时间间隔内存储信息时造成的错误回流问题，也就是众所周知的梯度消失问题。该模型可以学习在什么时候忘记信息以及将所需要的信息保留多长时间。常见的 LSTM 单元由包含三个门（输入门、输出门和遗忘门）的 LSTM 存储器单元组成，其中该单元可以在任意时间间隔内记住信息，并且这三个门能够控制信息流在单元之间的进出。

4. 预测结果检验

1）平均绝对误差

平均绝对误差（Mean Absolute Error，MAE）是绝对误差的平均值，计算公式如下：

$$MAE = \frac{1}{n}\left(\sum_{i=1}^{n} |y_i - \hat{y}_i|\right) \tag{5.2-1}$$

式中：y_i 表示观测值；$\hat{y}_i$ 表示预测值；n 表示数值的个数，MAE 的值越小，则说明模型的精度越好。

2）平均相对误差

平均相对误差（Mean Relative Error，MRE）是表明预测值的可信程度的指标，计算公式如下：

$$MRE = \frac{1}{n}\left(\sum_{i=1}^{n} \frac{|y_i - \hat{y}_i|}{y_i}\right) \times 100\% \tag{5.2-2}$$

式中：y_i 表示观测值；$\hat{y}_i$ 表示预测值；n 表示数值的个数；MRE 越小，预测值的可信度越高。

3）均方根误差

均方根误差（Root Mean Square Error，RMSE）是均方误差（MSE）的开方，以 σ 表示。在实际测量中，观测次数 n 总是有限的，真值只能用最可信赖（最佳）值来代替，而均方根误差对一组测量中的特大或特小误差反应非常敏感，所以，均方根误差能够很好地反映出测量的精密度。σ 反映了测量数据偏离真实值的程度，σ 越小，表示测量精度越高，因此可用 σ 作为评定这一测量过程精度的标准。在有限测量次数中，均方根误差常用下式表示：

$$RMSE = \sqrt{\frac{\sum_{i=1}^{n} (y_i - \hat{y}_i)^2}{n}} \tag{5.2-3}$$

式中：y_i 表示观测值；$\hat{y}_i$ 表示预测值；n 表示数值的个数。

4）纳什效率系数

纳什效率系数（Nash-Sutcliffe Efficiency coefficient，NSE），一般用以验证水文模型模拟结果的好坏。计算公式如下：

$$NSE = 1 - \dfrac{\sum\limits_{i=1}^{n} (y_i - \hat{y}_i)^2}{\sum\limits_{i=1}^{n} (y_i - \bar{y}_i)^2} \qquad (5.2-4)$$

式中：y_i 表示观测值，$\bar{y}_i$ 表示观测值的均值，$\hat{y}_i$ 表示预测值，n 表示数值的个数。

NSE 取值为负无穷至 1，NSE 接近 1，表示模式质量好，模型可信度高；NSE 接近 0，表示模拟结果接近观测值的平均值水平，即总体结果可信，但过程模拟误差大；NSE 远远小于 0，则模型是不可信的。

5）合格率

合格率（Qualified Rate，QR）表示制定精度条件下数据拟合的程度。公式如下：

$$QR = \dfrac{n_1}{m_1} \times 100\% \qquad (5.2-5)$$

式中：m_1 表示预测中合格的次数；n_1 表示预报的总次数；QR 越大，表示拟合得越成功。

5.2.2　关键技术

1. 基于周期性的地下水频谱分析预测模型

首先利用小波分析方法提取埋深序列的显著周期，分析其周期性变化及分布特征，再利用频谱分析方法将埋深时间序列分解为趋势项、周期项以及随机项的数值模型，分析研究区水位动态变化特征，并将前述的周期性区域特征代入频谱分析模型中，建立基于周期性特征的地下水频谱分析预测模型。

2. 小波变化与 LSTM 耦合的地下水预测模型

组合的 WT-MLSTM 模型将 LSTM 模型的长序列数据处理能力与小波分析的非平稳数据处理能力相结合，能更加有针对性地对地下水位变化情况这种非平稳的长数据序列进行分析和预测。由于外界诱发因素变量对模型预测过程具有一定的影响，利用小波变换，将地下水位时间序列分解为周期项与趋势项分别进行预测，同时利用多变量 LSTM 预测模型将外界诱发因素变量加入周期项的预测之中。

具体模型流程如图 5.2 - 1 所示。

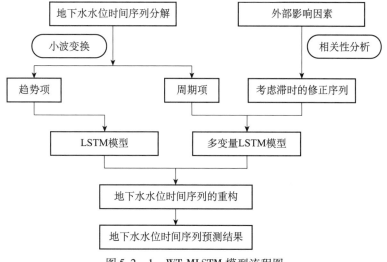

图 5.2 - 1　WT-MLSTM 模型流程图

5.2.3 应用验证

1. 基于改进周期识别的地下水预测

1）周期性特征分析

为研究监测站点水位埋深的周期性相关规律，将部分站点进行了相关分类，其中，根据与一级河流黄河的距离远近，利用 ArcGIS 邻域分析，做出了相关排序统计，选取其中距离10 000m左右及以内的且与海岸距离较远的数据资料较为完整准确的站点进行分析，如图5.2-2所示。

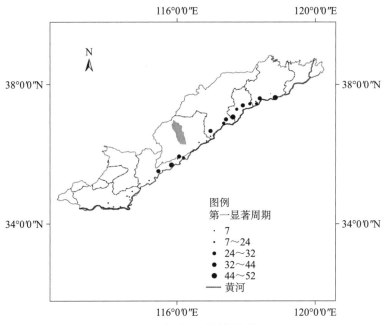

图 5.2-2　部分测站周期性分析图

结合图 5.2-2 以及实际数据可以发现，距离黄河小于 2km 的第一显著周期均为 4 年左右，同时也均具有 10 个月左右及 1 年半左右的显著周期；距离大于 2km 同时小于 3km 的测站也具有 1 年半左右及 10 个月左右的显著周期，且 1 年半周期转为第一显著周期，因距离黄河较近监测站点数目较小，且数据完整站点较少，统计较少；距离黄河大于 3km 小于 4km 的站点第一主周期转为 2 年半，同时也存在 1 年半左右的显著周期；距离大于 4km 小于 9km 的主周期特征较为一致，大部分 1 年半均为第一显著周期，40 个月及 50 个月以上的显著周期开始增加，大于 9km 的则表现出了较为散乱的特征，月数较多的周期显著增加，最显著周期大部分地区均不一样。

利用斯皮尔曼等级相关系数定量分析周期项与距黄河距离两者间的相关关系。将第一显著周期项与距黄河距离数据代入，可得相关关系为 −0.558，在置信度为 0.05 时，相关性是显著的，即具有较强的相关关系。

2）基于周期性区域特征的频谱模型分析

在实际应用于研究区站点时，由于分析周期项的方法、显著性水平的设置等，提取的显著周期项可能会稍有不同，可将前期小波分析得出的周期性区域特征与频谱分析的显著周期对比。提取的显著周期结果不同的部分站点见表 5.2 - 1。

表 5.2 - 1 部分站点两种方法提取的周期项对比表

站点	频谱分析提取的周期项	小波分析提取的第一显著周期项
长垣县 4 号	12	19
杜店	43	52
范县 14 号	43	50
张文台	19	32
大林郭	11	49
濮阳县 3 号	86	17
姜楼	77	19

像长垣县（现长垣市）4 号、大林郭站点频谱分析得出的显著周期为 1 年左右，而因为小波分析时进行了数据的距平处理，所以自动过滤了一年的自然周期，所以小波分析时得出了不同的显著周期。而类似濮阳县 3 号、姜楼测站，因为频谱分析时未筛选出显著的具体周期，则显示为自身时间序列的整体长度。将两种方法得出的显著周期进行对比，如出现不同的显著周期项结果，可将小波分析得出的显著周期项进行频谱分析类似的换算，将两者线性叠加对模型进行一定的改造。

同时为了验证模型的优化程度，再利用预报误差指标和预报项目精度两方面进行评定，包括平均绝对误差（MAE）、平均相对误差（MRE）、均方根误差（RMSE）、纳什效率系数（NSE）以及预报合格率（QR），其中合格率指标以相对误差小于《水文情报预报规范》规定的 20% 为合格。利用后验数据进行分析，相关站点指标结果见表 5.2 - 2。

表 5.2 - 2 相关站点预测误差指标表

站点	模型	MAE（m）	MRE（%）	RMSE（m）	NSE	QR（%）
长垣县 4 号	组合前	0.81	14.98	1.01	0.71	68.18
	组合后	0.66	12.59	0.76	0.80	81.82
杜店	组合前	0.89	13.55	1.26	0.65	77.27
	组合后	0.81	12.39	1.20	0.68	86.36
范县 14 号	组合前	0.33	8.81	0.47	0.48	90.91
	组合后	0.29	8.40	0.38	0.67	100
张文台	组合前	0.24	10.44	0.31	0.38	90
	组合后	0.22	9.76	0.25	0.61	95
大林郭	组合前	0.51	21.99	0.66	0.63	65
	组合后	0.43	18.58	0.61	0.69	70
濮阳县 3 号	组合前	0.39	13.18	0.49	0.32	77.27
	组合后	0.36	11.89	0.42	0.40	82
姜楼	组合前	0.43	10.01	0.51	0.34	95
	组合后	0.39	9.28	0.47	0.43	95

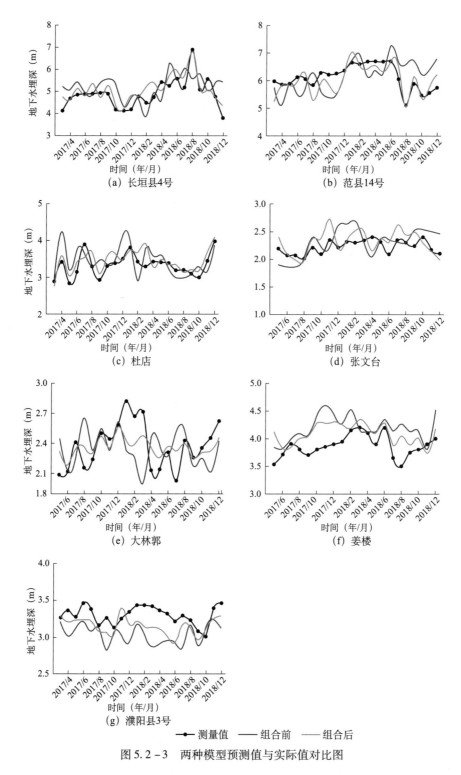

图 5.2-3 两种模型预测值与实际值对比图

从表 5.2-2 可以看出，由于试验站点水位埋深均在 10m 以内，MAE 数值均较小，大部分都在 1m 以内，MRE 除大林郭站点达到 20% 外，其余站点均在 10% 左右，RMSE 数值也相对较小，精度较为理想。结合周期性区域特征后的模型 5 种指标都有不同程度的优化提升，与本身时间序列的数值较小有较大关系，部分指标提升不够明显。而在预报合格率方面有显著的提升，结合前，有一半站点合格率在 80% 以内，效果不够理想，结合后，除大林郭站点外，合格率均在 80% 以上，效果较为理想。发现大林郭站点各个指标均不太理想，推测其受到某种因素的额外影响，导致与预测数值偏离较大。结合周期性区域特征的模型，在各个指标上均有提升，尤其在合格率方面，结合图 5.2 - 3，说明原本误差较大的点有所减少，误差波动更小，更为稳定，模拟值也更加接近真实值。综上所述，基于周期性区域特征的频谱模型起到了一定的优化效果。

　　3）模拟预测效果分析

　　通过检验精度合适的模型可以用于实际预报，利用模型得出的模拟方程延伸序列长度即可得出预报的水位埋深，当 $t = 109 \sim 120$ 时，即可预测 2019 年的浅层地下水埋深。在研究区选取相关典型站点进行预测。

　　通过图 5.2 - 4 可以看出河北地区仍以波动上升的趋势为主，均增加 0.5m 以上，甚至有部分站点水位埋深增加超过 1m。2019 年 4—9 月均出现连续上升的趋势，可以推测该季地下水开采量有所增加。因为山东、河南大部分测站数据不够完整，不符合本次模拟预测要求而且地下水超采区所占面积较小，所以选取的站点较少，从选取的部分测站数据显示内陆地区水位埋深普遍增加。

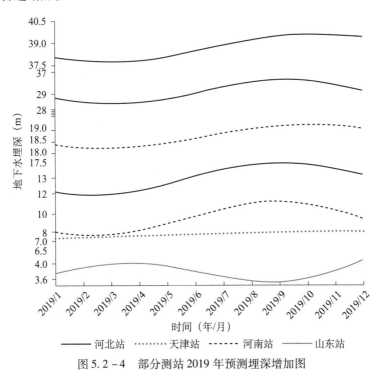

图 5.2 - 4　部分测站 2019 年预测埋深增加图

　　通过图 5.2 - 5 可以看出因为天津市浅层地下水非主要开采层位，建议采用浅层地下水人工监测数据，埋深较浅，波动变化不大。北京市测站水位埋深较为稳定甚至出现了下降的趋势，借鉴 2018 年浅层地下水埋深水位埋深统一改为浅层地下水埋深实测数据，均有减少的趋势，或与北京市近两年的对于地下水的严格保护有关，规划（北京市用水主要为地下水，过去曾统计约 7 成，南水北调通水后，供水结构发生改变，生产、生活用水由过去以地下水为主转为以南水北调水为主，北京市农业用水占比较小）有关。

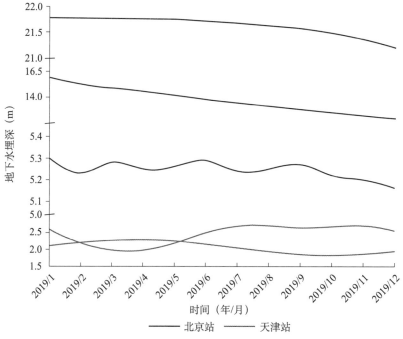

图 5.2 – 5　部分测站 2019 年预测埋深减少图

　　根据多个典型站点模拟预测分析，研究区即华北平原地下水未来一年内仍将处于负均衡状态，浅层地下水埋深仍以缓慢上升为主，沿海地区浅层地下水大多为咸水，非主要开发利用水源，因此变化不大，较为平稳；北京市主要得益于供水结构改变，从过去以开发本地浅层地下水为主转为利用南水北调水为主，且北京市用水结构主要为工业生产和居民生活用水，农业用水占比相对河北较小以及北京市大部分区域浅层地下水埋深变化趋势可能较为平稳甚至有所下降。

　　2. 基于 WT-MLSTM 模型的地下水预测

　　1）时间序列相关性分析

　　通过皮尔逊相关分析法对上述 8 个监测井的地下水位时间序列数据和 4 个地表水位时间序列数据的相关性进行了分析，其中所得到的相关系数用以揭示选择的地表水位时间序列数据是否对地下水位时间序列数据产生了影响。由于地表水位变化对地下水位的影响具有时间滞后性，因此对第一个研究站点进行了相关分析，以分析前 15d 内地表水水位与每月地下水位之间的关系。由于第二个研究站点的地下水监测井比第一个站点的地下水监测井更靠近相邻的河流，因此对第二个站点的地表水位和前 24h 内逐小时地下水位之间的相关性进行了分析。

　　计算得到的皮尔逊相关系数如图 5.2 – 6 所示，揭示了八对相关的地下水—地表水位时间序列数据，分别表示为 CHY-BHQ、JX-BHQ、LZZ-QXZ、NY-BHQ、XFD-BHQ、DI-TF、SL-CG 和 SW-CG。

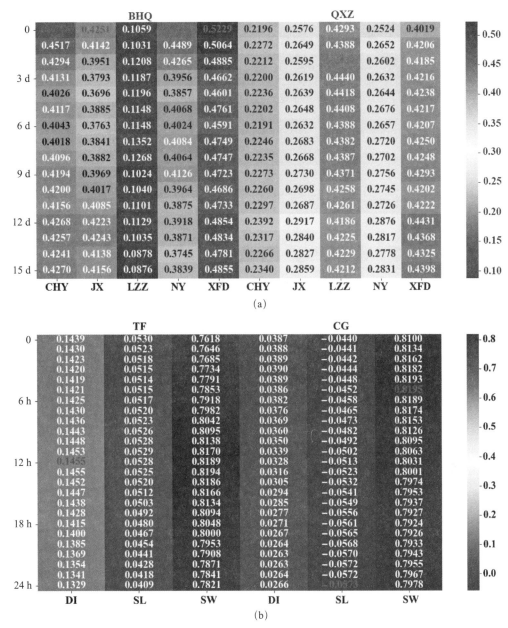

图 5.2 - 6 皮尔逊相关系数计算结果图

2）时间序列分解

使用小波变换方法分解了上面提到的八个地下水位时间序列数据集。分解结果如图 5.2 - 7 所示。

3）模型预测

选择每个时间序列的最后七个时间步长作为预测期，其中，在前一个时间步长中计算得到的地下水位被用作预测随后七个时间步长的地下水位的输入。使用四个模型的预测期表现和实际数据如图 5.2 - 8 所示。

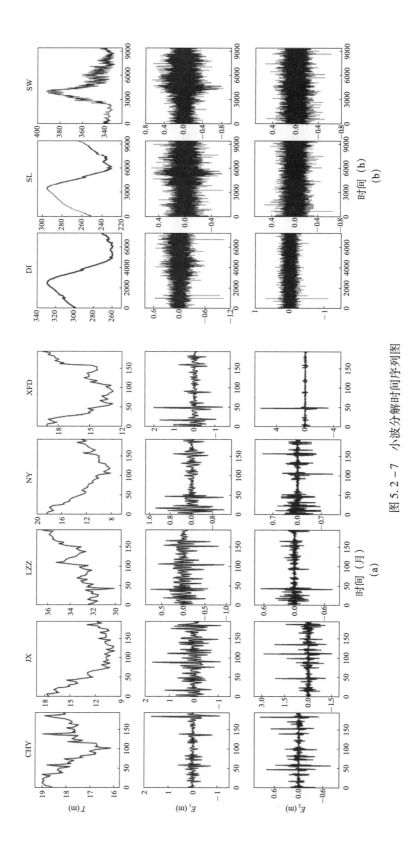

图 5.2-7 小波分解时间序列图

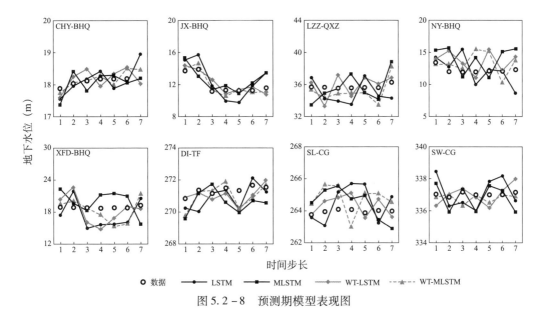

图 5.2 - 8　预测期模型表现图

对于 LSTM、MLSTM、WT-LSTM 和 WT-MLSTM 模型，在前三个时间步长的预测平均相对误差分别为 5.33%、4.67%、5.16% 和 1.83%，这表明 WT-MLSTM 除了 DI-TF 和 SL-CG 试验组之外，该模型表现最佳。在 DI-TF 和 SL-CG 试验组中，WT-LSTM 模型预测是最好的，因为该模型不会直接将弱相关或不相关的外部因素添加到模型模拟中。模型预测中的这些表现与模型训练和测试结果中的表现是一致的。此外，使用四个模型的后期预测并没有表现出稳定的性能，而是呈现出相对较大的误差，这意味着模型的可预测性随时间降低。

另外，WT-MLSTM 模型在早期（即前三个时间步长）预测良好，因为该模型将周期项分离出来，并将此项与外部因素结合在一起，这可以减少模型预测中外部因素对周期项的干扰。这意味着通过重复短期预测，然后用实际数据进行模型校正，水文学家可以对气候变化下的地下水位变化做出可靠的预测。该假设需要使用实际数据进行进一步验证。

5.3　基于多源信息的地下水位动态预测

5.3.1　理论方法

1. 循环神经网络

循环神经网络（Recurrent Neural Network，RNN）可以追溯到 1982 年 Saratha 等提出的霍普菲尔德（Hopfield）网络（陈睿鹤，2018）。1990 年，Elman 提出的循环神经网络成为后来应用最广泛的模型。RNN 是时间上的展开，在处理时间序列方面有较好的效果，其典型结构如图 5.3 - 1 所示。其中，x 为输入层，s 为隐含层，o 为输出层，U、V 和 W 分别为输入层至隐含层、隐含层至输出层及隐含层自身循环的权重。

RNN 内部结构图如图 5.3 - 2 所示，每个循环单元中仅有 tanh 一层，参数量少，内部结构简单，计算需要的时间空间低，预测效果较好。然而，这种简单的结构仅适用于短序列的预测任务，在解决长序列之间的关联时，RNN 表现很差，极易在长序列的反向传播时出现

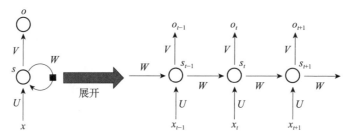

图 5.3-1　循环神经网络典型结构图

梯度消失或梯度爆炸的问题。

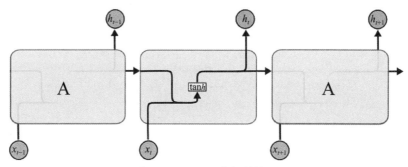

图 5.3-2　RNN 内部结构图

　　为了解决 RNN 梯度消失和梯度爆炸的问题，衍生出了长短时记忆网络（Long Short Term Memory Network，LSTM）和门控循环单元网络（Gated Recurrent Unit，GRU）。

　　长短时记忆网络成功地解决了原始循环神经网络的缺陷，成为当前最流行的 RNN，在语音识别、图片描述、自然语言处理等许多领域中成功应用。LSTM 从属于 RNN，能够对长序列中的信息进行筛选，判断需保留及剔除的信息，有效解决标准 RNN 梯度爆炸或消失的问题。图 5.3-3 为 LSTM 的内部结构图，与 RNN 相比，LSTM 结构更为复杂，包含了遗忘门、输入门、细胞状态和输出门四个部分。

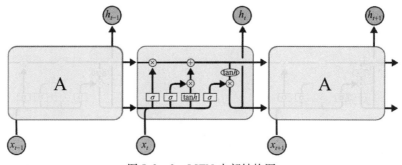

图 5.3-3　LSTM 内部结构图

2. 径向基函数神经网络

　　径向基函数神经网络（Radial Basis Function Network，RBF）是一种使用径向基函数作为激活函数的人工神经网络。RBF 网络能够逼近任意的非线性函数，对系统内难以解析的规律性有较强的适应能力，可以克服局部极小值问题。其良好的泛化能力和快速的学习收敛速度，使之成功应用于非线性函数逼近、时间序列分析、数据分类、模式识别、信息处理、图像处理、系统建模、控制和故障诊断等研究（刘博，肖长来，梁秀娟，2015）。

3. 广义回归神经网络

广义回归神经网络（General Regression Neural Network，GRNN）是建立在数理统计基础上的径向基函数网络，其理论基础是非线性回归分析，于 1991 年由美国学者 Donald 首次提出。GRNN 具有很强的非线性映射能力和学习速度，同时其优势还体现在柔性网络结构、高度容错性和鲁棒性等方面。网络最后普遍收敛于样本量集聚较多的优化回归，比 RBF 具有更强的优势，尤其适用于解决非线性问题（张仲荣，2017）。在样本数据较少时，GRNN 同样可以取得较好的预测效果，并且网络还可以对数据中的不稳定数据进行处理。

4. 模型评价指标

本节模型评价指标主要是均方误差（MSE）、均方根误差（RMSE）、纳什效率系数（NSE）和决定系数（R^2）。其中 RMSE、MSE 和 NSE 已经在 5.2.1 节介绍过，本节主要介绍决定系数。

决定系数是相关系数 R 的平方，具体计算公式如下：

$$R^2 = \left(\frac{\sum_{i=1}^{n} (x_i - \bar{x})(y_i - \bar{y})}{\sqrt{\sum_{i=1}^{n} (x_i - \bar{x})^2} \sqrt{\sum_{i=1}^{n} (y_i - \bar{y})^2}} \right)^2 \qquad (5.3-1)$$

式中：x_i 为观测值；$\bar{x}$ 为观测值的均值；y_i 为预测值；$\bar{y}$ 为预测值的均值；n 为数值的个数。R^2 取值范围为 $0 \sim 1$，R^2 越接近 1，表示预测的效果越好。

5.3.2　关键技术

1. 基于多源信息的长短期记忆模型

潜水埋深受诸多因素影响，是一个复杂的非线性过程。鉴于深度学习具有强大的非线性预测能力，并且其收敛速度较快。因此，利用 LSTM 单元建立深层循环神经网络，通过对模型的输入输出进行调整，建立了三种潜水埋深月尺度预测模型进行对比寻优，实现对华北平原潜水埋深精确预测。

2. 多源数据融合模型

多源数据融合模型的建模主体采用广义回归神经网络（GRNN），以研究区内的监测站数据为基础，进行月尺度的建模，探究同一时间、不同空间分布的遥感参数与地下水埋深之间存在的关系。该模型可以通过所处同一时间的不同空间分布测站的已有地下水埋深数据，建立与遥感参数之间的关系，从而对没有测站布置的地区提供地下水埋深预测值。

3. 地下水埋深时间序列预测模型

地下水埋深时间序列预测模型的是以遥感参数为基础，利用 GRNN 网络，建立以遥感参数为主的四种预测模型，并建立两种无遥感参数输入的对比模型，以此研究多遥感参数在地下水预测方面的应用，拟为不同地面数据种类和序列长度的地区提供地下水埋深预测的研究思路。该模型可以对同一测站的时间序列延伸地下水埋深进行预测，当测站拥有不同的实测数据类型和地下水埋深情况时，可以选择不同的参数输入进行预测。

5.3.3　应用验证

1. 基于多源信息的深度学习模型

1）模型结构

华北平原所含范围较广，包括了北京市、天津市、河北省、山东省和河南省5个省级行政区。模型所用数据集为华北平原县域级2005—2019年180个月的实测潜水埋深、气象数据（降水量、平均气温、平均风速、平均气压、平均水汽压、平均相对湿度和日照时数共7个要素）以及社会经济数据（人口和地区生产总值），总计10个要素。本次所建立的潜水埋深月尺度预测模型主要分为三个部分，其中输入层1层，隐含层3层（LSTM），输出层1层，共计5层。以4:1的比例将数据集分为训练集和测试集。利用训练集的数据模拟潜水埋深与各要素之间的变化规律，当训练集的均方误差MSE小于0.02时，停止训练，保存训练好的模型，然后利用测试集以均方误差对模型的效果进行评价。

为加强对比，通过对模型的输入输出进行调整，建立了三种潜水埋深月尺度预测模型，各模型具体情况见表5.3-1。

表5.3-1　三种潜水埋深月尺度预测模型信息表

类别	输入	输出
模型一	上月潜水埋深及其他9项影响因素	下月潜水埋深
模型二	上月9项影响因素	下月潜水埋深
模型三	本月9项影响因素	本月潜水埋深

2）华北平原潜水埋深预测

（1）三种模型训练结果分析。

用训练集2005—2016年的144个样本，对三种模型分别进行了训练，并通过调整模型中模型隐藏层的数目、每一层神经单元的个数以及每次训练的样本数量等，以达到减小模型损失函数的目的，使预测效果更为准确。图5.3-4为三种模型训练集潜水埋深的预测值和

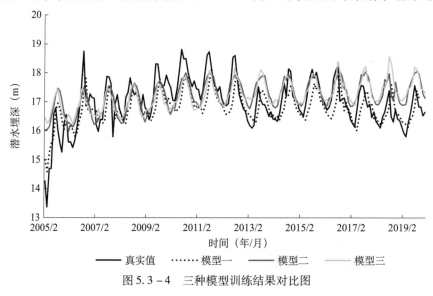

图5.3-4　三种模型训练结果对比图

真实值的对比情况，由图看出，三种模型基本都能够对潜水埋深的变化趋势进行准确刻画，但模型二和模型三在后期其预测值与真实值相差较大，总体来看，模型一的预测效果最好。

（2）三种模型的预测结果对比分析。

将测试集 2007—2019 年的 36 个样本分别输入三种模型进行预测，其预测误差对比情况见表 5.3 – 2，三种模型每月的预测值及误差见表 5.3 – 3。由表 5.3 – 2 可知，模型一的误差最小，预测结果最为可靠。

表 5.3 – 2　三种模型预测结果误差对比表

类别	均方误差 MSE	绝对误差（m）		相对误差（%）	
		最大值	最小值	最大值	最小值
模型一	0.21	1.09	0.02	6.61	0.11
模型二	0.76	1.15	0.25	7.20	1.45
模型三	0.87	1.44	0.11	8.89	0.63

表 5.3 – 3　三种模型的预测值及误差一览表

时间		真实值	预测值（m）			绝对误差（m）			相对误差（%）		
			模型一	模型二	模型三	模型一	模型二	模型三	模型一	模型二	模型三
2017 年	1 月	16.40	16.61	16.85	17.04	0.22	0.45	0.65	1.32	2.76	3.94
	2 月	16.26	16.28	16.87	16.96	0.02	0.61	0.70	0.11	3.73	4.32
	3 月	16.14	16.19	16.99	16.88	0.05	0.84	0.73	0.28	5.21	4.54
	4 月	16.72	16.02	17.15	17.21	0.70	0.43	0.49	4.16	2.56	2.92
	5 月	17.32	16.45	17.57	17.54	0.87	0.25	0.23	5.03	1.45	1.31
	6 月	17.57	16.81	17.95	17.68	0.76	0.38	0.11	4.33	2.16	0.63
	7 月	17.55	17.02	17.90	18.10	0.53	0.35	0.55	3.04	2.02	3.15
	8 月	17.13	17.32	18.04	18.22	0.18	0.91	1.09	1.07	5.28	6.35
	9 月	16.83	17.31	17.91	17.72	0.48	1.08	0.89	2.87	6.40	5.30
	10 月	16.93	16.86	17.68	17.69	0.07	0.75	0.77	0.42	4.42	4.53
	11 月	16.47	16.91	17.26	17.16	0.44	0.79	0.69	2.65	4.79	4.16
	12 月	16.66	16.44	17.05	17.05	0.21	0.39	0.39	1.29	2.37	2.36
2018 年	1 月	16.32	16.46	16.91	17.04	0.14	0.59	0.72	0.86	3.62	4.42
	2 月	16.23	16.31	16.91	17.01	0.08	0.68	0.78	0.50	4.21	4.83
	3 月	16.11	16.25	17.03	17.18	0.14	0.92	1.07	0.86	5.72	6.66
	4 月	16.49	16.28	17.23	17.54	0.21	0.74	1.05	1.25	4.49	6.36
	5 月	16.65	16.47	17.77	17.47	0.17	1.13	0.83	1.04	6.77	4.97
	6 月	17.01	16.57	17.69	17.73	0.44	0.68	0.73	2.56	4.01	4.27
	7 月	17.39	16.84	17.98	18.56	0.56	0.59	1.17	3.20	3.37	6.74
	8 月	16.50	17.59	17.22	17.35	1.09	0.72	0.85	6.61	4.34	5.14

续表

时间		真实值	预测值（m）			绝对误差（m）			相对误差（%）		
			模型一	模型二	模型三	模型一	模型二	模型三	模型一	模型二	模型三
2018年	9月	16.32	17.14	17.04	17.76	0.83	0.72	1.44	5.06	4.42	8.82
	10月	16.74	16.64	17.69	17.35	0.10	0.95	0.61	0.58	5.66	3.66
	11月	16.42	16.61	17.23	17.31	0.19	0.82	0.89	1.16	4.97	5.44
	12月	16.37	16.50	16.97	17.07	0.14	0.60	0.70	0.84	3.68	4.30
2019年	1月	16.15	16.35	16.90	17.05	0.20	0.75	0.90	1.25	4.65	5.56
	2月	15.94	16.26	16.90	17.14	0.32	0.96	1.20	2.03	6.05	7.54
	3月	15.80	16.24	16.94	17.21	0.44	1.14	1.41	2.75	7.20	8.89
	4月	16.29	16.14	17.44	17.48	0.14	1.15	1.19	0.89	7.08	7.31
	5月	16.60	16.40	17.63	17.50	0.20	1.04	0.90	1.21	6.25	5.44
	6月	17.04	16.48	17.85	17.77	0.56	0.80	0.72	3.29	4.70	4.23
	7月	17.57	16.82	18.00	18.22	0.75	0.44	0.65	4.25	2.48	3.71
	8月	17.24	17.37	18.05	18.12	0.14	0.81	0.89	0.79	4.73	5.15
	9月	16.83	17.16	17.97	17.90	0.33	1.13	1.07	1.98	6.74	6.33
	10月	16.84	16.96	17.65	17.46	0.12	0.81	0.62	0.72	4.82	3.69
	11月	16.53	16.60	17.27	17.41	0.07	0.74	0.88	0.42	4.49	5.34
	12月	16.65	16.53	17.13	17.32	0.12	0.49	0.67	0.72	2.92	4.03

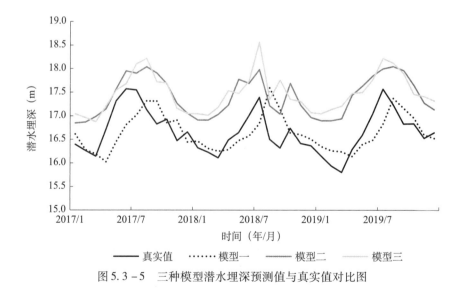

图 5.3-5 三种模型潜水埋深预测值与真实值对比图

由图 5.3-5 看出，模型一预测值与真实值的误差较小，但对潜水埋深的变化趋势的刻画稍有滞后；模型二和模型三的预测值相较于真实值整体偏小，但变化趋势基本一致。虽在预测精度上不如模型一，但这两个模型对潜水埋深的变化趋势的预测比模型一好。因此，以模型一作为后续研究的模型。

（3）模型适用性分析。

将华北平原其他县域的数据集输入模型一中进行预测，以此对所建模型在华北平原其他县域的预测情况进行评价。以下是模型一对其他县域 2017—2019 年 36 个月的潜水埋深预测情况。

①对邻近县域的预测情况。

模型一对邻近县域潜水埋深的预测结果的均方误差 MSE 为 0.19，每月的具体预测值及其误差见表 5.3 – 4。在预测结果中，潜水埋深的真实值与预测值的绝对误差最大为 0.79m，最小为 0.02m；其相对误差最大为 8.00%，最小为 0.16%。图 5.3 – 6 为该县域潜水埋深预测值与真实值的对比情况，整体来看，除部分时间段外，预测值与真实值吻合情况较好，预测的潜水埋深变化趋势与真实的潜水埋深变化趋势一致。

表 5.3 – 4　模型对邻近县域的预测结果及误差表

时间		真实值（m）	预测值（m）	绝对误差（m）	相对误差（%）
2017 年	1 月	10.42	10.49	0.07	0.67
	2 月	10.38	10.53	0.14	1.39
	3 月	10.38	10.59	0.2	1.95
	4 月	10.59	10.82	0.23	2.22
	5 月	10.9	11.02	0.12	1.14
	6 月	11.24	11.12	0.12	1.04
	7 月	11.27	11.07	0.2	1.74
	8 月	10.99	10.88	0.11	0.97
	9 月	10.69	10.8	0.11	1.05
	10 月	10.82	10.7	0.12	1.07
	11 月	10.75	10.7	0.04	0.42
	12 月	10.76	10.67	0.09	0.8
2018 年	1 月	10.68	10.73	0.04	0.41
	2 月	10.68	10.78	0.1	0.98
	3 月	10.65	10.83	0.18	1.66
	4 月	10.93	11.09	0.15	1.39
	5 月	10.68	10.97	0.29	2.69
	6 月	11.16	11.19	0.03	0.31
	7 月	11	11.03	0.02	0.2
	8 月	10.13	10.67	0.55	5.38
	9 月	9.88	10.59	0.71	7.14
	10 月	10.4	10.69	0.29	2.82
	11 月	10.05	10.52	0.47	4.68
	12 月	9.98	10.5	0.53	5.27

时间		真实值（m）	预测值（m）	绝对误差（m）	相对误差（%）
2019 年	1 月	10.02	10.58	0.56	5.61
	2 月	9.95	10.57	0.62	6.26
	3 月	9.89	10.68	0.79	8
	4 月	10.25	10.83	0.58	5.66
	5 月	10.39	10.96	0.57	5.5
	6 月	10.68	11.07	0.38	3.6
	7 月	11.15	11.17	0.02	0.16
	8 月	10.94	11.07	0.13	1.19
	9 月	10.74	10.92	0.18	1.7
	10 月	10.73	10.86	0.13	1.23
	11 月	10.8	10.85	0.05	0.47
	12 月	10.84	10.82	0.02	0.22

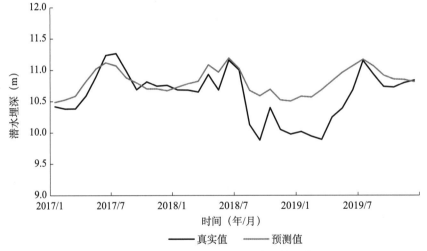

图 5.3-6 邻近县域潜水埋深预测值与真实值对比图

②对较远县域的预测情况。

模型一对较远县域潜水埋深的预测结果的均方误差 MSE 为 1.96，是邻近县域潜水埋深预测结果的均方误差 MSE 的近 10 倍，每月的具体预测值及其误差见表 5.3-5。在预测结果中，潜水埋深的真实值与预测值的绝对误差最大为 1.95m，最小为 0.02m；其相对误差最大为 14.62%，最小为 0.12%。图 5.3-7 为该县域潜水埋深预测值与真实值的对比情况，相较于模型县域的邻近县域，距离模型县域较远的县域的潜水埋深的预测值与真实值之间相差较大，但总体能够对潜水埋深的变化趋势进行较为准确的预测。

表 5.3－5　模型对较远县域的预测结果及误差表

时间		真实值（m）	预测值（m）	绝对误差（m）	相对误差（%）
2017 年	1 月	12.88	14.05	1.17	9.07
	2 月	12.89	14.12	1.24	9.60
	3 月	12.76	14.49	1.73	13.60
	4 月	13.55	14.82	1.27	9.38
	5 月	14.07	15.22	1.15	8.16
	6 月	14.03	15.10	1.07	7.63
	7 月	14.28	15.08	0.79	5.55
	8 月	13.91	14.80	0.89	6.43
	9 月	13.68	14.82	1.14	8.31
	10 月	13.52	14.34	0.82	6.04
	11 月	13.27	14.30	1.03	7.74
	12 月	13.16	14.18	1.03	7.83
2018 年	1 月	12.78	14.36	1.58	12.37
	2 月	12.82	14.53	1.72	13.38
	3 月	12.80	14.67	1.87	14.62
	4 月	14.25	15.35	1.10	7.69
	5 月	13.93	15.06	1.13	8.12
	6 月	13.37	15.17	1.80	13.42
	7 月	14.00	15.11	1.10	7.87
	8 月	14.17	15.18	1.01	7.14
	9 月	14.47	15.27	0.79	5.48
	10 月	14.33	15.05	0.72	5.02
	11 月	14.42	14.91	0.49	3.42
	12 月	13.85	14.60	0.75	5.43
2019 年	1 月	13.63	14.79	1.16	8.49
	2 月	13.39	14.74	1.35	10.10
	3 月	13.36	15.31	1.95	14.57
	4 月	14.30	15.62	1.32	9.26
	5 月	14.14	15.89	1.75	12.34
	6 月	14.74	16.07	1.34	9.07
	7 月	15.87	16.23	0.36	2.27
	8 月	16.65	16.36	0.29	1.75
	9 月	15.47	15.89	0.43	2.75
	10 月	15.85	15.87	0.02	0.12
	11 月	15.49	15.63	0.14	0.93
	12 月	15.29	15.23	0.05	0.36

图 5.3 – 7　较远县域潜水埋深预测值与真实值对比图

综上所述，将其他县域的数据集输入模型一中进行预测，得到的预测效果好坏不一。虽然模型能够较为准确地预测出潜水埋深的变化趋势，但只有与模型县域邻近的县域才能应用此模型得到误差较小的潜水埋深的预测值。因此，只有当所测县域与建模县域邻近或影响因素类似时，才能用此模型得到较为准确的预测结果。鉴于此模型是基于单个县域的数据集进行训练的，要准确预测各个县的潜水埋深，还是应该基于该县域数据重新训练模型，调整模型参数。

2. 基于多源遥感信息的地下水模型

1）多源遥感信息融合模型

（1）模型建立。

研究区是北京市行政区与 Landsat-8 卫星行号 123、列号 32 卫星区域交集的地区。

多源融合所使用到的地下水埋深数据包括 99 个地下水人工监测站月初地下水埋深数据以及 397 个地下水自动监测站 4h 地下水埋深数据。

图 5.3 – 8 中的数据包括 2018 年每个月各测站的地下水埋深月初实测数据的箱形图、2018 年 99 个人工监测站地下水埋深数据平均值以及 2018 年北京站的降雨数据。其中地下水埋深数据为每月月初的数据，降雨数据为全月累计降雨量。

多源数据融合所用的遥感数据选择科氏参量、GSE、NDVI、TVDI、MNDWI 和 LST 六个参数。多源数据融合模型的建模主体采用广义回归神经网络（GRNN），以研究区内的监测站数据为基础，进行月尺度的建模，探究同一时间、不同空间分布的遥感参数与地下水埋深之间存在的关系。

GRNN 网络需要人为进行调整的参数较少，只有光滑因子 σ，因此，参数的选择对于模型结果所造成的误差较小。但是不同 σ 值的选择对于模型的结果影响不可忽略，在进行模型参数选择时，利用循环计算寻找最优 σ 值。σ 的值域范围为 [0，1]，取步长为 0.01，计算每个 σ 值对应的模型决定系数 R^2，选取决定系数最高时的 σ 值作为当月模型使用的参数。光滑因子 σ 寻优如图 5.3 – 9 所示。

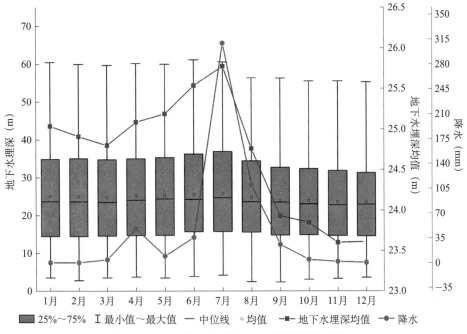

图 5.3 - 8　2018 年各月地下水实测埋深和降雨量

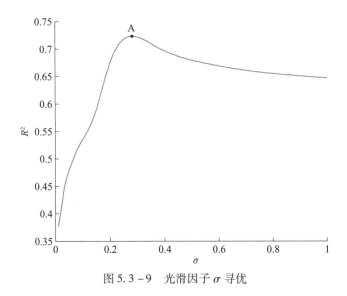

图 5.3 - 9　光滑因子 σ 寻优

由图 5.3 - 9 可知，当 σ 取值为 0.28 时，当前模型对应的决定系数 R^2 最高，为 0.7425，因此，相应模型的 σ 取值为 0.28。

（2）建模序列结果分析。

利用上述介绍的模型建立方法，对 12 个月的数据融合模型分别选取最优光滑因子 σ 值建立模型。将 99 个地下水人工监测站所处位置各月度相应的遥感参数值输入模型，得出地下水埋深模型预测值。对预测值与测站实测值画出散点图，如图 5.3 - 10 所示。计算多源数据融合模型预测值的 NSE、RMSE 和 R^2，结果见表 5.3 - 6。

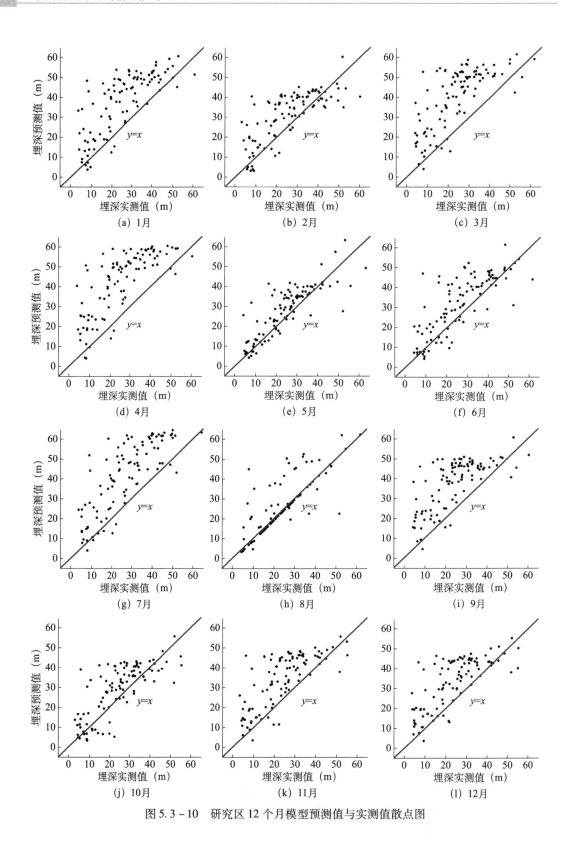

图 5.3-10 研究区 12 个月模型预测值与实测值散点图

表 5.3 - 6　研究区 12 个月模型评价值

月份	R^2	NSE	RMSE
1	0.76	0.34	15.86
2	0.75	0.35	10.69
3	0.71	0.22	19.51
4	0.75	0.25	19.55
5	0.83	0.61	8.07
6	0.78	0.51	10.89
7	0.79	0.38	17.62
8	0.71	0.26	16.20
9	0.70	0.18	16.35
10	0.75	0.46	10.00
11	0.74	0.32	13.58
12	0.74	0.30	13.04

从图 5.3 - 10（a）~（l）看出，各个月模型预测值与实测值的拟合程度较好，表 5.3 - 6 显示 R^2 最大的为 5 月，最小的为 9 月；模型的 NSE 结果最大值出现在 5 月，最小值出现在 9 月；RMSE 变幅为 11.48，最大值和最小值分别出现于 4 月和 5 月。

12 个月模型 R^2 均在 0.70 以上，拟合结果较好，同时模型的 NSE 均大于 0，表示模型模拟结果均可信，越接近 1 则模型效果越好，5 月的综合指标为 12 个月中最好的。5 月降雨量不多，温度较为适宜，蒸发量不大，土壤湿度适中，此时水资源分布较多，用水需求的压力并不全在地下水资源上，地表植被在 5 月时生长较为旺盛，此时的地下水埋深可以更好地被自然环境所拟合。

从图中可以看出，多源数据融合模型地下水埋深预测值可以较好地拟合人工监测站地下水实测值的变化趋势。2 月、5 月、6 月、8 月和 10 月的散点分布相对分散在直线的两侧，其余月份散点集中分布于直线的上方。说明模型整体的预测值偏大。

利用作差法比较了人工监测站地下水埋深实测值与多源数据融合模型地下水埋深预测值间误差的分布情况，结果如图 5.3 - 11（a）~（m）所示。

图 5.3 - 11（a）~（l）为 12 个月的数据融合模型预测值与实测值误差的绝对值随人工监测站地下水埋深实测值变化的散点图；图 5.3 - 11（m）为 12 个月模型实测值与预测值误差的箱形图。

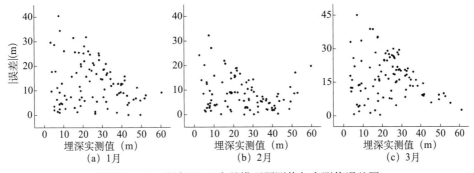

图 5.3 - 11　研究区 12 个月模型预测值与实测值误差图

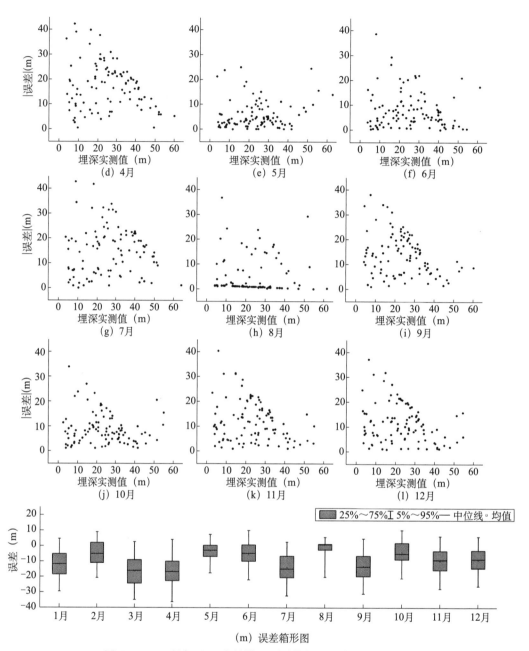

图5.3－11　研究区12个月模型预测值与实测值误差图（续）

从图5.3－11（a）～（l）可以看出，模型的误差总体随着地下水埋深实测值的增大而减小，但是在埋深最大值的部分，出现误差突然增大的情况。从图5.3－11（m）看出，5月和8月的多源数据融合模型地下水埋深预测值与实测值的误差范围为12个月的模型中较小的，其余月份误差变幅相差不大。

本次用于融合的遥感参数选择的均是基于自然条件下与地下水埋深变化有关的参数，但研究区的地下水监测站大多位于平原地区，地形平坦，是人类活动密集地区。当地下水埋深较小时，与之相关的参数较为复杂，导致拟合效果与实测值有相对较大的误差。随着地下水埋深的增加，其受到的影响因素相对较少，遥感参数可以较好地反映这部分地下水埋深的变化情况。社会经济发展对地下水的需求开采导致局部降落漏斗的形成，但在城市中，下垫面差异情况不大，仅通过遥感参数无法直接反映地下水降落漏斗的分布，所以对于区域内埋深较大的地区模型识别度不够。

综上所述，月度多源数据融合模型的结果总体可信度较高，对地下水实测数据的拟合情况较好。同一时间同一研究区内，地下水埋深较大和较小的地方预测误差较大，地下水埋深变化稳定的地方，多源数据融合模型的模拟值结果更为贴合实际情况。

（3）验证序列结果分析。

选取 2018 年 2 月、4 月和 12 月的自动监测站为模型验证对象，利用上文建立的月度多源数据融合模型预测 3 个月的自动监测站地下水埋深值。计算实测值与预测值之间的误差，使用 K 均值聚类算法对埋深 - |误差| 进行划分，3 个月自动监测站地下水埋深实测值与多源数据融合模型预测值的误差如图 5.3 - 12 所示。

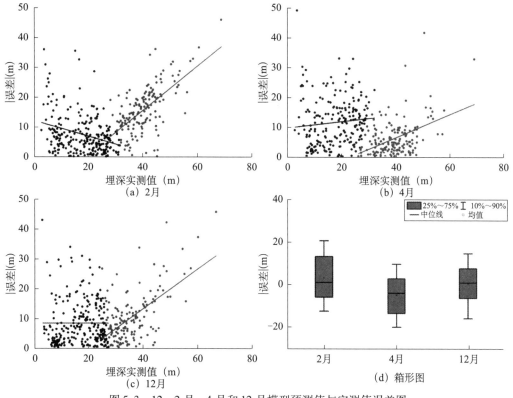

图 5.3 - 12　2 月、4 月和 12 月模型预测值与实测值误差图

从图 5.3 - 12（a）~（c）可以看出，经过 K 均值聚类算法对埋深 - |误差| 进行划分后，三个月份的误差随埋深变化散点都被分为左右两个部分，埋深较大的右侧部分比埋深较小的左侧部分变化趋势明显。图 5.3 - 12（d）显示三个月份的验证模型，预测结果与实测值的误差分布范围大小较为相似。

同一研究区，测站的地下水埋深越大则说明地下水潜水面距离地面越远，此时地表温度、植被和地表水等因素与地下水的联系逐渐变小，利用遥感数据进行地下水埋深的刻画时会与实测结果有较大的误差。图 5.3 - 12（a）~（c）散点图两侧的误差分布范围比中间部分的误差分布范围大。误差较大的测站大部分为埋深相对较大或较小的区域，说明利用遥感参数对地下水埋深进行模拟并不是埋深越小越好，当地下水水位靠近地表，所受到的影响参数越复杂，拟合难度增大，模型预测值没有地下水埋深稳定的区域结果好。

（4）模型改进。

根据上文分析，仅使用遥感参数模拟地下水埋深，可以获得较为可信的结果，但由于遥感参数仅能够反映地表情况，对地下水的赋存环境等地面以下的情况刻画不够具体。因此，在上文所述的六个遥感参数基础上，增加变量用于刻画地下水埋深地面以下环境情况。

在建模序列结果分析方面：利用前文介绍的模型建立方法，以及改进的多源数据融合模型建立 12 个月地下水人工监测站地下水埋深预测模型。对模型模拟值与监测站实测值画出散点图如图 5.3-13 所示，柱状图如图 5.3-14 所示。利用模型拟合优度评价方法，计算模拟值的 NSE、RMSE 和 R^2，结果见表 5.3-7。

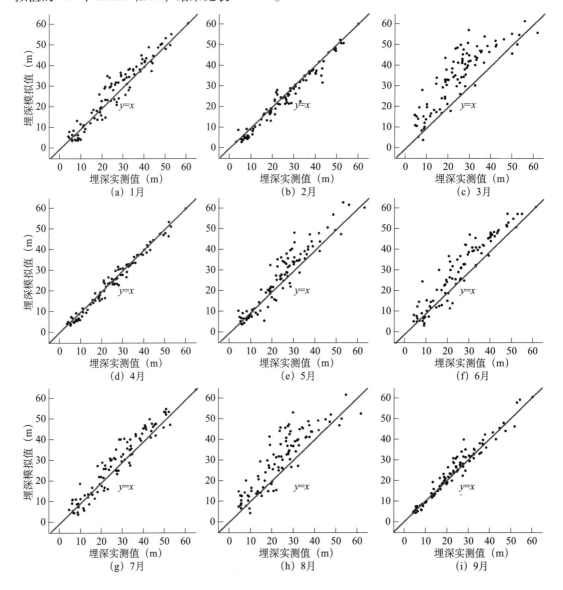

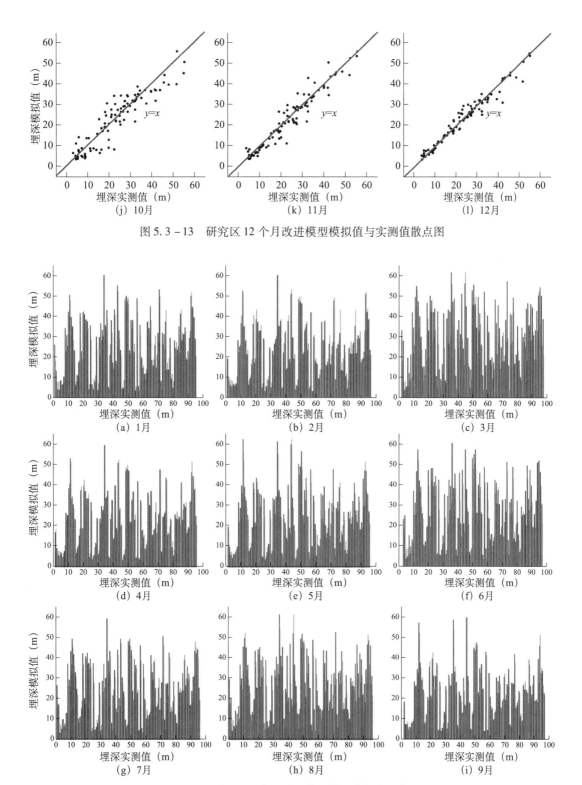

图 5.3 - 13　研究区 12 个月改进模型模拟值与实测值散点图

图 5.3 - 14　研究区 12 个月改进模型模拟值与实测值对比图

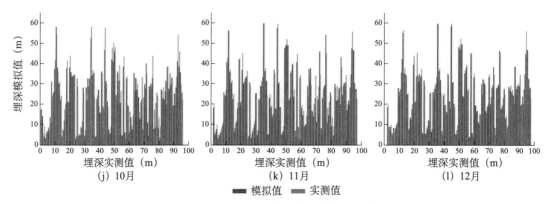

图 5.3 – 14　研究区 12 个月改进模型模拟值与实测值对比图（续）

表 5.3 – 7　研究区 12 个月改进模型评价值

月份	R^2	NSE	RMSE
1 月	0.96	0.91	4.32
2 月	0.98	0.95	3.09
3 月	0.93	0.50	12.35
4 月	0.98	0.98	2.08
6 月	0.94	0.85	5.78
10 月	0.94	0.81	7.14
11 月	0.96	0.90	4.82
12 月	0.95	0.64	9.16

从图 5.3 – 13、图 5.3 – 14 以及表 5.3 – 7 可知，加入反映地下水埋深地表以下情况的变量之后，模型的评价值有较大的提升，模型 R^2 均达到 0.90 以上，NSE 达到 0.5 以上，模型模拟结果更加接近地下水埋深实测值。

利用人工监测站地下水埋深实测值与多源数据融合改进模型地下水埋深模拟值作差，比较两者的误差分布情况，结果如图 5.3 – 15 所示。

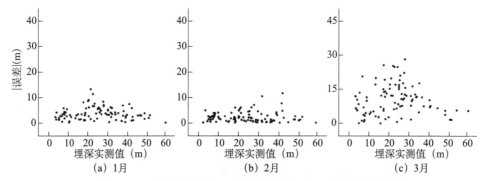

图 5.3 – 15　研究区 12 个月改进模型模拟值与实测值误差图

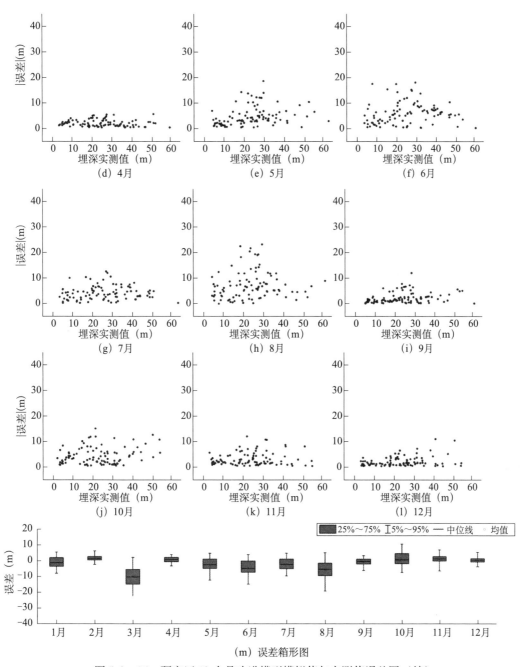

图 5.3 – 15　研究区 12 个月改进模型模拟值与实测值误差图（续）

从图 5.3 – 15（a）～（l）可以看出，改进之后的模型模拟值与地下水埋深实测值误差绝对值集中于 10m 以内，同时误差随地下水埋深实测值增加而变化的幅度较小，误差分布情况在地下水埋深处于各个数值时的波动不大。加入反映地下水埋深地表以下情况的变量可以有效地提高模型对于地下水埋深的预测结果。

在验证序列结果分析方面：选取 2018 年 2 月、4 月和 12 月的自动监测站为模型验证对象，利用上一节建立的模型模拟三个月的自动监测站地下水埋深值，改进模型模拟值与地下水埋深实测值散点图如图 5.3 - 16 所示。

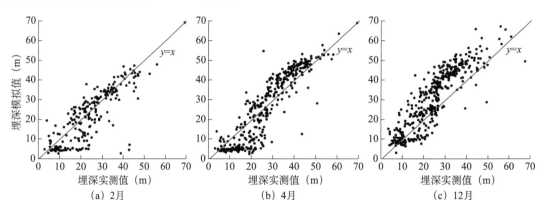

图 5.3 - 16 研究区 2 月、4 月、12 月改进模型模拟值与实测值散点图

从图 5.3 - 16 可以看出，验证序列 3 个月的改进模型模拟值与地下水埋深实测值的散点图基本沿直线方向延伸，并较为均匀地分布于直线两侧，说明改进模型模拟值与地下水埋深实测值的拟合情况较好。

综合改进之前的模型，从建模序列和验证序列结果看，多源数据融合模型在加入反映地下水埋深地表以下情况的变量之后，模型模拟值与地下水埋深实测值的拟合程度更好。

2）埋深时间序列预测模型

（1）模型建立。

本节介绍的地下水埋深时间序列预测模型是以单个站点为研究对象建立的，同一站点科氏参量不随时间而变化，认为同一测站 GSE 相同，因此遥感参数选择 NDVI、LST、TVDI 和 MNDWI，地下水埋深数据使用 2013 年 9 月到 2019 年 12 月人工监测站逐月月初地下水埋深数据，从 116 个人工监测站中选择埋深数据序列齐全的 90 个测站作为研究对象，编号 1～90。

使用到的遥感数据为 2013 年 9 月到 2019 年 12 月共 51 幅遥感卫星图，未涉及的月份卫星图云层覆盖多，提取地表遥感数据困难。LST 和 NDVI 具有较为明显的周期变化规律，MNDWI 在年内的变化不大，三个参数都适合用插值进行填补。参数 TVDI 虽然不具有普遍性规律，但其与参数 LST 和 NDVI 有密切的联系，可以同样利用两者的插补方式补齐空缺月份的数据。以某一站点为例，四个遥感参数的插补示意图如图 5.3 - 17 所示。

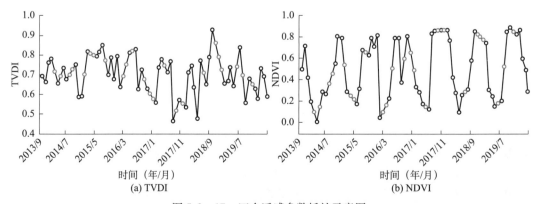

图 5.3 - 17 四个遥感参数插补示意图

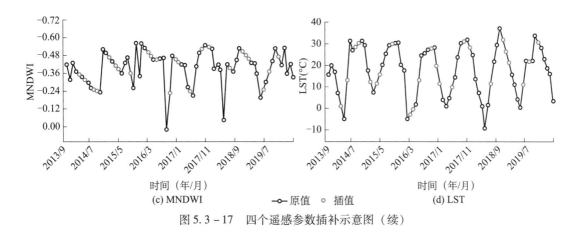

(c) MNDWI　　—○— 原值　　○ 插值　　(d) LST

图 5.3 - 17　四个遥感参数插补示意图（续）

本次预测模型的参数输入包括前期埋深、降雨和四个遥感参数，其中前期埋深为研究站点的人工测站月初地下水埋深实测数据，90 个研究站的降雨数据均采用北京站的降雨数据，遥感参数为各研究站插补之后的遥感数据。

本节地下水埋深预测模型主要研究多遥感参数在地下水预测方面的应用情况，拟为不同地面数据种类和序列长度的地区提供地下水埋深预测研究思路。本次模型建立是以遥感参数为基础，利用 GRNN 网络，建立地下水埋深时间序列预测模型。建立以遥感参数为主的四种预测模型，并建立两种无遥感参数输入的对比模型。降雨参数为 90 个研究站统一使用，所以单降雨参数不纳入建模考虑范围。具体模型对应输入参数情况见表 5.3 - 8。

表 5.3 - 8　地下水埋深时间序列预测模型输入参数情况表

模型名称	输入参数
模型 1	遥感参数
模型 2	降雨、遥感参数
模型 3	前期埋深、遥感参数
模型 4	前期埋深、降雨、遥感参数
对比模型 1	前期埋深
对比模型 2	前期埋深、降雨

（2）建模序列结果分析。

选择 2013 年 9 月到 2018 年 12 月为建模序列，对 90 个人工监测站分别建立模型 1~4 和对比模型 1、2。六种模型 90 个测站 R^2 分布范围如图 5.3 - 18 所示。

模型 1 和对比模型 1 都仅利用单类参数进行建模，从图 5.3 - 18 可以看出，利用前期埋深建立的对比模型 1 比利用遥感参数建立的模型 1 拟合结果分布更好。对于单个测站，其前期埋深与实测埋深的相关性更高，比起由自然环境间接反映地下水埋深变化的遥感参数更加贴合地下水埋深的时间序列变化规律。

模型 2、模型 3 和对比模型 2 均为两类输入参数的模型，其拟合总体效果排序为：对比

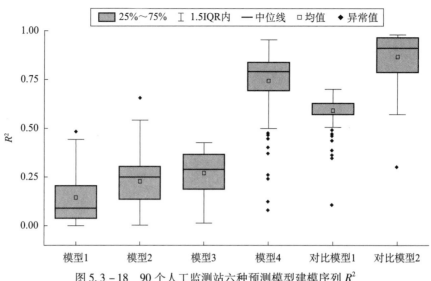

图 5.3 - 18 90 个人工监测站六种预测模型建模序列 R^2

模型 1 > 模型 3 > 模型 2。对比模型 2 和模型 2 分别在对比模型 1 和模型 1 的基础上增加了降雨参数，模型拟合效果明显比单类参数输入模型好。模型 3 与模型 2 分别在遥感参数的基础上增加了前期埋深和降雨参数，模型 3 的拟合效果好于模型 2，降雨参数为北京站数据平移至各个测站使用的，虽然可以提高模型拟合优度，但是对于单个测站，自身的前期埋深变化比降雨更能贴合地下水的变化规律。

模型 4 输入参数类别最多，在四个模型中总体拟合效果最好，同时拟合效果好于对比模型 1，但是略逊于对比模型 2。多参数种类的输入可以更全面地反映研究测站地下水埋深和周围环境的联系，以此获得更好的拟合度。模型 4 的异常值个数为六种模型中最多的，说明多参数的输入虽然可以提高模型的准确性，但同时模型的稳定性会有所降低。

将 2013 年 9 月到 2018 年 12 月每个测站的逐月模型预测值与实测值作散点图，结果如图 5.3 - 19 所示。

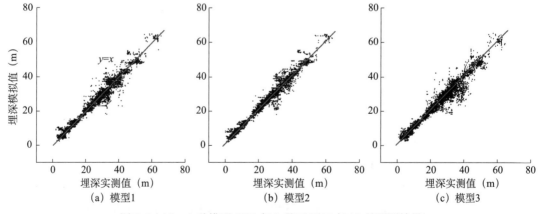

图 5.3 - 19 六种模型 2013 年 9 月至 2018 年 12 月预测结果

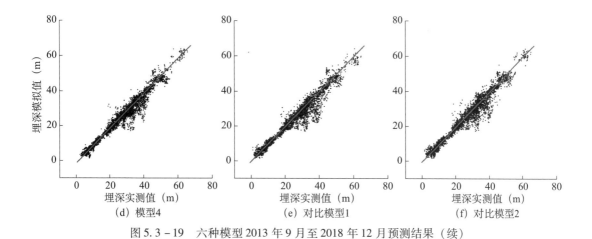

图 5.3 - 19　六种模型 2013 年 9 月至 2018 年 12 月预测结果（续）

从图 5.3 - 19 可以看出，六种模型建模序列的模型预测值与地下水埋深实测值的拟合情况较好，散点分布于直线两侧，整体随直线方向延伸。结果的中间部分以及埋深较大的后半段散点偏离直线距离比埋深较小的区域远，说明地下水埋深预测模型在地下水埋深较小的部分拟合效果更好。

（3）验证序列结果分析。

以 2019 年 1—12 月为验证序列，对 90 个研究站点用六种模型进行地下水埋深预测，六种模型相应的 R^2 分布如图 5.3 - 20 所示。

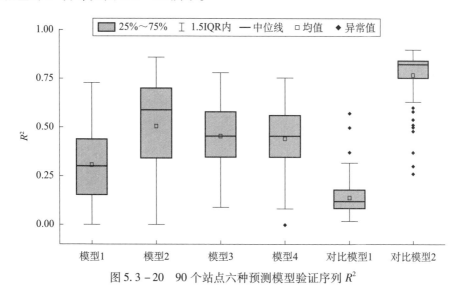

图 5.3 - 20　90 个站点六种预测模型验证序列 R^2

从图 5.3 - 20 可知，验证序列两个对比模型的 R^2 分布范围较为集中，前期埋深使用的是研究站点前一研究时段的地下水埋深数值，与地下水埋深关系密切，地下水埋深与降雨的相关性是五个参数中最高的，因此两个对比模型对站点预测的波动范围比加入遥感参数之后的模型小。

两个对比模型预测的异常值较多，模型 4 有 1 个，其余模型没有异常值。由于降雨数据是将一个降雨站的数据使用至整个研究站点上，对于站点的地下水埋深预测容易出现波动，模型 1~4 考虑单一站点与其他站点不同的遥感参数，因此模型的建立更有针对性，较好地减少了预测异常值的出现，增加了模型的稳定性。

六种模型地下水埋深预测 R^2 均值最大的是对比模型 2，最小的是对比模型 1，模型 1~4 的 R^2 均值排序从大到小为：模型 2 > 模型 3 > 模型 4 > 模型 1。前期埋深虽然与埋深的关系最为密切，但在进行预测时，单前期埋深的模型无法体现地下水埋深与其他影响因素之间的关系，因此结果最差；对比模型 2 的预测模型效果最好，说明研究区的大部分站点地下水埋深受降雨影响较大。

单遥感参数的模型 1 同样预测效果较差，研究区的地下水埋深用单一指标刻画时并不能很好地拟合实际埋深变化情况。但模型 1 比同为单类参数输入的对比模型 1 效果好，遥感参数将下垫面情况、水体分布和地表温度等环境因素纳入考虑范围，能够比单一考虑地下水前期埋深情况获得更好的预测结果。

加入降雨参数的模型 2 拟合效果明显增加，为四种模型中最好的，但是模型 2 的 R^2 分布范围为四种模型中最大的。模型 2 对于站点地下水埋深的预测效果整体较好，但由于实际降雨情况并不是均匀分布，因此对于部分测站，降雨情况不能反映研究站点的地下水变化规律，使得模型的模拟结果准确性波动较大。对于与降雨情况贴合的测站，模型的拟合结果会更好。

加入前期埋深考虑的模型 3 和模型 4 预测结果差距不大，模型 3 的均值稍大于模型 4，但波动范围同样稍大于模型 4。作为同样考虑两类参数的模型 2 和模型 3，模型 3 的波动范围明显小于模型 2，可以认为对于单个测站点，前期埋深比降雨更能吻合埋深的波动变化情况。

模型 4 是考虑输入参数种类最多的模型，其预测值与地下水埋深实测值的拟合程度在六种模型中处于中间位置，稍低于模型 3。模型 4 比模型 3 多考虑了降雨因素，但是预测效果没有明显增加，并且有异常值的出现，同样将降雨纳入输入的对比模型 2 异常值也较多。另一个有降雨参数加入的模型 2 虽然没有出现异常值，但 90 个研究站点的 R^2 变幅却是最大的。说明在进行地下水埋深预测时，降雨参数虽然可以提高模型预测的结果，但是对于模型的稳定性却有负向作用。

综上所述，六种模型中，只考虑单类参数输入的模型 1 和对比模型 1 的预测结果较差，研究区的地下水埋深变化很难只用单一指标评价。考虑两类参数输入的模型中，对比模型 2 的预测结果整体虽然较好，但预测产生的地下水埋深异常值较多，模型 2 的拟合程度比模型 3 稍好，但其站点与站点之间的差异较大。考虑三类参数输入的模型 4 预测结果和变化范围在六种模型中都较为居中。但仍然有异常值的出现，说明研究区降雨参数在三类参数中较为不稳定。

对 2019 年 1—12 月每个测站的逐月模型预测值与实测值作散点图，结果如图 5.3-21 所示。

从图 5.3-21 可以看出，验证序列的模型埋深预测值与埋深实测值的拟合效果较好，并且变化情况与建模序列相似，同样为埋深较小的区域，拟合结果更加贴合直线延伸。

3）时空模型预测结果对比

本节使用的数据包括 2019 年 3 月研究区 397 个自动监测站地下水埋深实测数据、2013—2019 年研究区 90 个人工测站地下水埋深实测数据以及 2013—2019 年卫星图像。上文

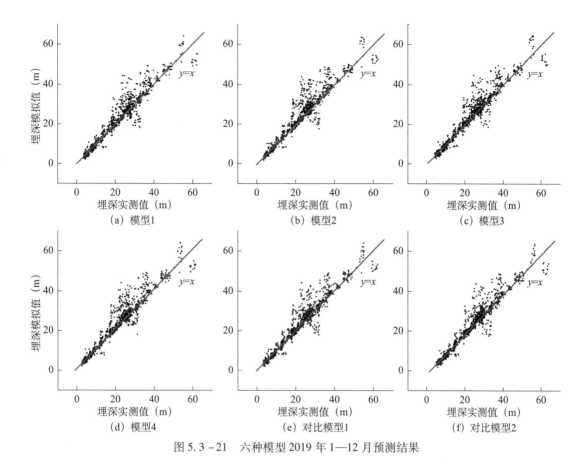

图 5.3 – 21　六种模型 2019 年 1—12 月预测结果

介绍了以遥感数据为主要输入的四种参数类型组合地下水埋深时间预测模型和两个对比模型，本节选择仅使用遥感参数为输入的模型 1 作为时间模型，所使用的空间模型为上文介绍的多源数据融合模型。

时间模型和空间模型处理步骤为：

（1）利用 2019 年 3 月的卫星图像提取 397 个自动监测站的科氏参量、GSE、NDVI、TVDI、MNDWI 和 LST，结合 2019 年 3 月自动监测站的地下水埋深实测数据建立空间模型。

（2）利用年序列卫星图像提取 90 个人工测站对应的 NDVI、TVDI、MNDWI 和 LST，结合年序列人工测站实测数据对研究区 90 个人工测站分别建立时间模型。

（3）通过建立好的时间模型和空间模型分别对 2019 年 3 月的 90 个人工测站的地下水埋深进行预测，结果如图 5.3 – 22 所示。

如图 5.3 – 22 所示，两种模型都能刻画出不同站点之间地下水埋深的变化情况，时间模型与实测埋深的拟合情况优于空间模型。空间模型对于区域地下水埋深不同测站的变化趋势有较好的表现，但模型精度较差。2019 年 3 月人工监测站的地下水埋深实测值与两个模型地下水埋深预测值之间的误差分布情况如图 5.3 – 23 所示。

时间模型的误差集中于 – 1 ~ 0.3m，空间模型的误差集中于 – 20 ~ 7m。从图 5.3 – 23 中可以看出，时间模型的误差范围远小于空间模型，但同时时间模型预测值的异常值比空间模

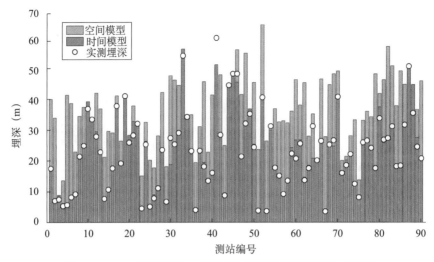

图 5.3 - 22　时间模型和空间模型与地下水埋深实测值对比图

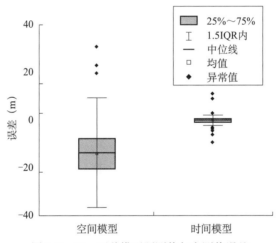

图 5.3 - 23　两种模型预测值与实测值误差

型多。

　　时间模型的建立是基于测站本身的地下水埋深时间序列变化和地面遥感参数，与测站的自身条件吻合较好，可以更好地反映单个测站自身的变化趋势。空间模型利用区域内的测站与地面遥感参数之间的关系，预测未知区域的地下水埋深。由于人工测站和自动监测站的布置方法和监测手段都有较大的差别，即使对同一地点的地下水埋深进行监测，也会因为人为因素的影响而使得自动监测和人工监测的地下水埋深数值不同。因此利用自动监测站建立的模型预测人工监测站的地下水埋深时，会与人工监测站的实测值之间存在差异。同时空间上不同地点的地表情况变化不可忽视，这也会对不同测站之间的地下水埋深空间预测造成较大的误差。

　　综上所述，时间模型和空间模型都可以较好地拟合研究区地下水埋深的变化情况，但是对于同一时间同一地点的地下水埋深预测，使用时间模型会获得更好的预测结果。

4）时空模型联合预测应用

上文介绍的多源数据融合模型和地下水埋深预测模型，在对时间和空间尺度的地下水埋深预测上都有较好的效果。两个模型的适用范围各不相同，多源数据融合模型可以通过所处同一时间的不同空间分布测站的已有地下水埋深数据，建立与遥感参数之间的关系，从而对没有测站布置的地区提供地下水埋深预测值；地下水埋深预测模型可以对同一测站的时间序列延伸地下水埋深进行预测，当测站拥有不同的实测数据类型和地下水埋深情况时，可以选择不同的参数输入进行预测。

本节基于上文的分析，对两类模型进行联合应用，预测未知地区未知时段的地下水埋深情况，探求两类模型联合使用之后对地下水埋深预测结果的影响。所使用的数据包括 2013 年 9 月到 2019 年 1 月的遥感卫星图像、2019 年 1 月 394 个自动监测站地下水埋深实测数据以及 90 个人工监测站 2013 年 9 月至 2019 年 1 月的地下水埋深实测数据。

两类模型联合应用的场景如下所述，在已获得北京市 90 个人工监测站 2013 年 9 月到 2018 年 12 月地下水埋深实测数据的情况下，对北京市 394 个自动监测站 2019 年 1 月的地下水埋深进行预测。主要步骤为：

（1）下载 2013 年 9 月到 2019 年 1 月的北京市遥感图像，经过对遥感图像的处理和信息提取获得北京市的科氏参量、GSE、NDVI、TVDI、MNDWI 和 LST 图像数据。

（2）提取人工监测站和自动监测站对应的遥感参数，对由于云层遮盖等原因缺失遥感图像的月份进行插补，获得连续的时间序列遥感参数数据。

（3）利用 2013 年 9 月到 2018 年 12 月的 NDVI、TVDI、MNDWI 和 LST 数据，对 90 个人工监测站建立地下水埋深预测时间模型。对建立好的模型输入 2019 年 1 月的遥感参数，得到时间模型预测的 90 个人工监测站 2019 年 1 月地下水埋深数据。

（4）利用 2019 年 1 月 90 个人工监测站的地下水埋深时间模型预测值和对应测站的科氏参量、GSE、NDVI、TVDI、MNDWI 和 LST 建立多源数据融合空间模型。提取 2019 年 1 月 394 个自动监测站对应的六个遥感参数，输入空间模型得到地下水埋深联合预测值。

图 5.3 - 24 展示了 394 个自动监测站两类模型联合预测值与实测值的对应关系，从图中可以看出，联合预测值与实测值基本吻合，但是在空间变化剧烈的极值处理上仍然误差较大。对实测值与预测值的差值作箱形图，如图 5 - 25 所示。

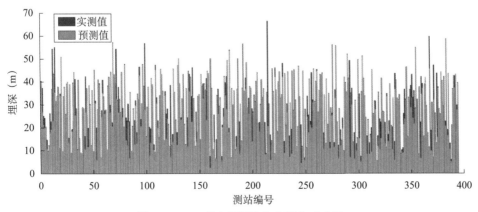

图 5.3 - 24　联合预测值与实测值对比图

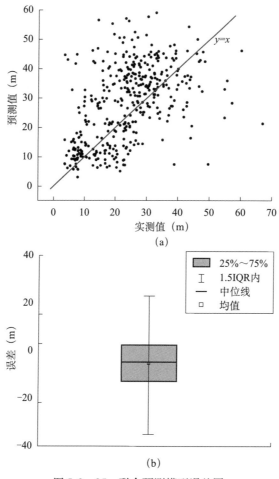

图 5.3 - 25　联合预测模型误差图

从图 5.3 - 25 中可以看出，两类模型的联合预测值与实测值之间的误差集中在 -12.5 ~ 3.5m 之间。区间最大值与最小值之间的差距较大，说明联合预测模型的模拟值在不同测站间波动较大，虽然拟合总体效果较好，但是部分测站对于联合预测模型的适用性不高。

根据上文的分析，利用遥感数据进行的地下水埋深预测结果精度与所研究的测站本身地下水埋深有关，并且有一定的空间分布特性。将两类模型联合预测值与实测值之间的差值取绝对值，对 GSE 在 200m 以内的区域进行插值，空间分布如图 5.3 - 26 所示。误差绝对值小于 10m 的站点占总研究站点个数的 58%，总体来说，两类模型联合应用预测结果在多数区域反馈较好。

从图 5.3 - 26 可以看出，大部分区域联合预测模型预测值误差较小，误差较大的区域集中分布于北京市的北部和东北部，南部和中部有零散的分布。从上文的分析可知，北京市的地下水埋深分布整体呈从南向北增加的趋势，因此，两类模型的联合预测在北部等地下水埋深较大的区域受限较多，获得的预测值相较于地下水埋深较小的东南和西南部误差稍大。

利用 2019 年 1 月 90 个人工监测站地下水埋深数据建立多源数据融合模型，对 394 个自动监测站的地下水埋深进行预测。结合上文联合预测模型，计算两个模型的预测结果与 394

个自动监测站 2019 年 1 月地下水埋深实测值的误差。两个模型误差值的对比如图 5.3 – 27
所示。

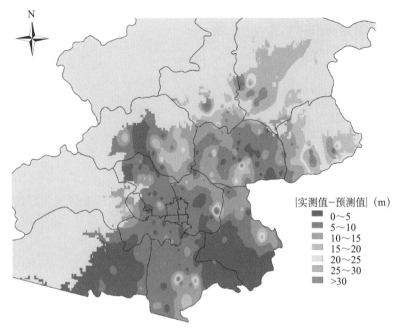

图 5.3 – 26　联合预测模型误差等级空间分布图

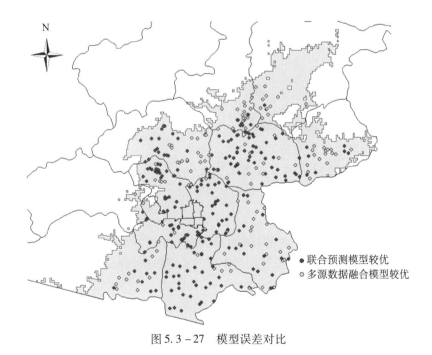

图 5.3 – 27　模型误差对比

　　从图 5.3 – 26 和图 5.3 – 27 可以看出,多源数据融合模型预测结果误差值较小的区域大
多与联合预测模型预测结果误差值大于 10 m 的点重合。联合预测模型的预测误差值小于多

源数据融合模型预测误差值的测站数量为 260 个，占总数的 66%。联合预测模型对于大部分的测站都可以获得较好的预测结果。

5.4 地下水蓄变量的计算与预测

5.4.1 理论方法

1. 单井蓄变量计算法

1）计算各监测井的蓄变量

$$Q_i = \mu_i \times \Delta h_i \tag{5.4-1}$$

式中：

Q_i——编号为 i 的地下水位监测井，统计时段内的地下水蓄变量（用深度表示），m；

μ_i——第 i 监测井地下水位变幅带给水度，无量纲；

Δh_i——第 i 监测井统计时段内地下水位变幅，m。

2）绘制地下水蓄变量分区图

（1）在工作底图上，标示出各地下水位监测井的地下水蓄变量；

（2）确定地下水蓄变量分区级差，规定分区级差为 0.10m；

（3）根据内插法，勾绘地下水蓄变量分区。

3）计算评价区地下水蓄变量

在地下水蓄变量分区图上，量算各地下水蓄变量分区的面积 A_j，然后采用下式计算评价区的地下水蓄变量（用体积表示）：

$$R = \sum_{j=1}^{n} A_j Q_j \tag{5.4-2}$$

式中：

R——统计时段内的地下水蓄变量，m^3；

n——评价区内的地下水蓄变量分区个数；

Q_j——第 j 地块统计时段内地下水蓄变量，m，实际工作中，采用分区蓄变量的中间值。

2. 分区蓄变量计算法

1）绘制地下水给水度分区，确定给水度分区内的平均水位变幅

统计时段内，根据各监测井的地下水位变幅，采用面积加权或算术平均的方法计算各分区的平均水位变幅。计算公式如下。

（1）面积加权法：

$$\Delta \bar{h} = \frac{\sum_{i=1}^{n} (\Delta h_i F_i)}{\sum_{i=1}^{n} F_i} \tag{5.4-3}$$

（2）算术平均法：

$$\Delta \bar{h} = \frac{\sum\limits_{i=1}^{n} \Delta h_i}{n} \tag{5.4-4}$$

式中：

　　$\Delta \bar{h}_i$——某计算分区统计时段内的平均水位，m；

　　n——计算分区内的有效监测井个数；

　　Δh_i——第 i 监测井统计时段内的水位变差，m；

　　F_i——第 i 监测井的单井控制面积，m^2。

2）计算评价区地下水蓄变量

计算公式：

$$R = \sum\limits_{j=1}^{n} \mu_j h_j F_j \tag{5.4-5}$$

式中：

　　R——统计时段内的地下水蓄变量，m^3；

　　n——评价区内的给水度分区个数；

　　μ_j——第 j 给水度分区的给水度，无量纲；

　　h_i——第 j 给水度分区的平均水位变差，m；

　　F_j——第 j 给水度分区的面积，m^2。

3. 蓄变量检验

检验指标中纳什效率系数（NSE）和均方根误差（RMSE）已在 5.2.1 节中论述，本节具体介绍 Mann-Kendall（M - K）检验单变量趋势分析方法。

Mann-Kendall 检验法是一种非参数统计检验的方法。其优点是不需要样本遵从一定的分布，也不受少数异常值的干扰，计算简便，可用于检测序列的变化趋势及突变点，适用于水文、气象等非正态分布的数据。

在 Mann-Kendall 检验中，原假设 H 为时间序列数据 $(x_1, x_2, \cdots, x_n)$，是 n 个独立的、随机变量同分布的样本；备择假设 H，是双边检验。对于所有的 i，$j \leqslant n$，且 $i \neq j$，x_i 和 x_j 的分布是不相同的。定义检验统计量 S：

$$S = \sum\limits_{i=2}^{n} \sum\limits_{j=1}^{i-1} \mathrm{sign}(X_i - X_j)$$

其中，sign 为符号函数。当 $X_i - X_j$ 小于、等于或大于 0 时，$\mathrm{sign}(X_i - X_j)$ 分别为 -1、0 或 1。Mann-Kendall 统计量 Z 在 S 大于、等于、小于 0 时分别为：

$$Z = (S - 1) / \sqrt{m(n-1)(2n-5)/18} \tag{5.4-6}$$

$$Z = 0 \tag{5.4-7}$$

$$Z = (S + 1) / \sqrt{m(n-1)(2n-5)/18} \tag{5.4-8}$$

在双边趋势检验中，对于给定的置信水平 α，若 $|Z| \geqslant Z_{1-\alpha/2}$，则原假设 H 是不可接受的，即在置信水平 α 上，时间序列数据存在明显的上升或下降趋势。Z 为正值表示增加趋势，Z 为负值表示减少趋势。Z 的绝对值在大于或等于 1.28、1.64、2.32 时表示分别通过了置信度 90%、95%、99% 的显著性检验。

4. 深度学习模型及验证

地下水蓄变量预测模型应用的是 5.2.1 节提出的 LSTM 模型，因此，本节只介绍该模型的验证方法，具体内容如下：

1）AUC 值验证

ROC（Receiver operating characteristic）曲线是一种二元分类模型分类效果的分析工具。ROC 空间将伪阳性率（FPR）定义为 X 轴，真阳性率（TPR）定义为 Y 轴。

TPR：在所有实际为阳性的样本中，被正确地判断为阳性之比率 $TPR = TP/P = TP/（TP + FN）$；

FPR：在所有实际为阴性的样本中，被错误地判定为阳性之比率 $FPR = FP/N = FP/（FP + TN）$。

给定一个二元分类模型和它的阈值，就能从所有样本的（阳性/阴性）真实值和预测值计算出一个（$X = FPR$，$Y = TPR$）坐标点。假设分类器的输出是样本属于正类的 score（置信度），则 AUC 的物理意义为，任取一对（正、负）样本，正样本的 score 大于负样本的 score 的概率。

$$AUC = \frac{\sum pred_{pos} > pred_{neg}}{positiveNum \times negativeNum} \qquad (5.4-9)$$

AUC 值为 ROC 曲线所覆盖的区域面积，显然，AUC 越大，分类器分类效果越好。AUC = 1，是完美分类器，采用这个预测模型时，不管设定什么阈值都能得出完美预测。绝大多数预测的场合，不存在完美分类器。$0.5 < AUC < 1$，优于随机猜测。这个分类器（模型）妥善设定阈值的话，能有预测价值。AUC = 0.5，跟随机猜测一样（例如丢铜板），模型没有预测价值。AUC < 0.5，比随机猜测还差；但只要总是反预测而行，就优于随机猜测。

2）RMSE 验证

均方根误差 RMSE（Root Mean Square Error）衡量观测值与真实值之间的偏差。公式如下：

$$RMSE(X,h) = \sqrt{\frac{1}{m}\sum_{i=1}^{m}\left[h(x_i) - y_i\right]^2} \qquad (5.4-10)$$

均方根误差又叫标准误差，它是观测值与真值偏差的平方与观测次数 n 比值的平方根，在实际测量中，观测次数 n 总是有限的，真值只能用最可信赖（最佳）值来代替。标准误差对一组测量中的特大或特小误差反应非常敏感。所以标准误差能够很好地反映出测量的精密度。这正是标准误差在工程测量中广泛被采用的原因。因此，标准差用来衡量一组数自身的离散程度，而均方根误差用来衡量观测值同真值之间的偏差，它们的研究对象和研究目的不同，但是计算过程类似。

5.4.2 关键技术

以网格数据集为基础进行地下水蓄变量的自动计算和预测，将月尺度范围内的相关数据进行汇集，从而实现区域蓄变量分析产品。首先建立 $1km \times 1km$ 的公里网格数据库，并对每个格网单元进行统一编码；其次基于公里网格，对收集到的给水度数据进行标准化处理及空间重采样，将地下水参数矢量化并建立主题数据库；然后基于公里网格，建立蓄变量计算所需水位变幅、给水度等数据成果的自动汇集及离散；集成地下水水位预测模型，实现月尺度地下水水位变幅预测网格产品；建立水位变幅、给水度、大气降水入渗补给系数网格产品集，实现网格计算蓄变量产品；构建区域浅层地下水蓄变量计算模型。最后开发重点地区月尺度蓄变量自动计算和预测服务 API 接口。

5.4.3　应用验证

1. 蓄变量一致性检验

1) M－K 检验单变量趋势分析

从表 5.4－1 可以看出，京津冀三地的月报蓄变量和网格计算蓄变量时间序列的 Z 值均较为接近，即网格计算得出的蓄变量时间序列与月报值趋势相近，变化平稳，均无显著的增加或减少趋势。

表 5.4－1　Z 值计算结果

数据来源	地区	Z 值
月报	北京	0.57
	天津	0.22
	河北	0.7
网格计算	北京	0.18
	天津	0
	河北	0.22

2) 误差指标分析

误差指标计算结果见表 5.4－2。

表 5.4－2　纳什效率系数和均方根误差计算结果

地区	北京	天津	河北
纳什效率系数	0.006	－ 2.232	－ 0.043
均方根误差	1.816	1.118	23.796

从纳什效率系数计算结果可以看出，北京和河北两地纳什效率系数接近 0，根据相关判定标准，表示网格计算结果接近月报的平均值水平，即总体结果可信，但过程误差大，其中北京网格计算结果与月报值最接近。天津的纳什效率系数与北京、河北相比较小，但总体来说没有远小于 0，因此总体结果可信，但网格计算与月报值接近程度不如北京和河北两地。出现此现象的原因可能是存在少数异常值，影响了网格计算蓄变量的时间序列变化过程。

从均方根误差计算结果可以看出，北京、天津两地均方根误差较小，说明各点误差较为平均，整体差值较为稳定。方根误差对一组测量中的特大或特小误差反应非常敏感，河北的均方根误差达到 23.796，说明河北的网格计算蓄变量结果中存在一些特大误差点，考虑可能有部分点数据异常。

综上所述，在京津冀地区中，北京市的网格计算蓄变量结果与月报值最为接近；天津市网格计算蓄变量特大误差点较少，但总体变化过程相似程度比北京市低；河北省网格计算蓄变量时间序列存在较多差值大的点，但总体变化过程接近。

2. 京津冀平原区蓄变量时空分异

京津冀平原区 2018 年 2 月至 2019 年 12 月浅层地下水储量累计减少 47.85 亿 m³，其中 2018 年 2 月至 2018 年 12 月浅层地下水储量累计减少 22.18 亿 m³，2019 年 2 月至 2019 年 12 月浅层地下水储量累计减少 25.67 亿 m³。

1) 时间变化规律

北京市蓄变量变化图如图 5.4 - 1 所示，可知 2018 年、2019 年蓄变量变化趋势大体相同，在 3 月至 4 月期间浅层地下水储量大幅下降，在 5 月至 7 月期间浅层地下水储量基本稳步上升，蓄变量于 8 月达到最高峰值，之后的 9 月至 12 月浅层地下水储量变化幅度较小，小有回升。

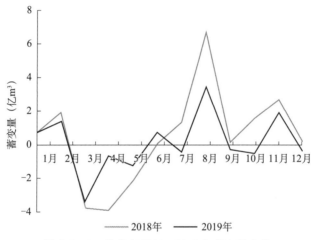

图 5.4 - 1 北京市 2018、2019 年蓄变量变化

天津市蓄变量变化图如图 5.4 - 2 所示。天津市 2018 年、2019 年蓄变量变化趋势大体相同，1 月至 5 月期间蓄变量变化幅度较小，浅层地下水储量基本持平；6 月蓄变量达到最低点，浅层地下水储量稍有减少；7、8 月浅层地下水储量有明显抬升，蓄变量于 8 月达到最高峰值，9 月至 10 月蓄变量稍有回落，11 月至 12 月浅层地下水储量比较稳定，基本没有大的波动。

河北省蓄变量变化图如图 5.4 - 3 所示。河北省 2019 年蓄变量变化幅度小于 2018 年，变化趋势大体相同。1 月至 2 月蓄变量大幅增加，浅层地下水储量抬升明显，3 月至 6 月蓄变量大幅减少，浅层地下水储量一直高速下降，7 月蓄变量由负转正，浅层地下水储量有小幅提升，蓄变量于 8 月至 9 月之间抵达最高峰值，之后稍有回落，浅层地下水储量小幅减少，2018 年 12 月蓄变量又有一次较大抬升。

2) 空间分异规律

京津冀地区 2018 年各月蓄变量变化如图 5.4 - 4 所示。京津冀地区 2018 年 2 月至 2018 年 12 月地下水储量累计减少 22.18 亿 m³，其中北京市浅层地下水储量增加 4.13 亿 m³，天

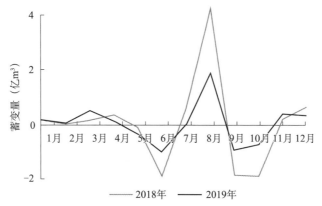

图 5.4 - 2　天津市 2018、2019 年蓄变量变化

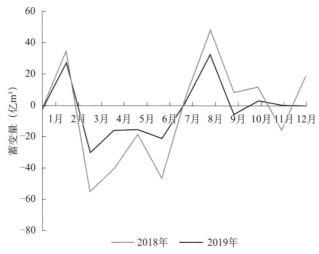

图 5.4 - 3　河北省 2018、2019 年蓄变量变化

津市浅层地下水储量增加 0.18 亿 m³，河北省浅层地下水储量减少 26.49 亿 m³。

北京市和天津市 2018 年蓄变量变化趋势较小，无大的起伏，浅层地下水储量基本持平；河北省 2018 年蓄变量变化起伏大，3 月至 4 月浅层地下水储量大幅下降，5 月蓄变量稳定无较大变化，6 月浅层地下水储量又大幅下降，8 月至 10 月浅层地下水储量大幅抬升，11 月蓄变量又大幅减小，12 月又大幅抬升。

京津冀地区 2019 年各月蓄变量变化如图 5.4 - 5 所示。2019 年 2 月至 2019 年 12 月浅层地下水储量累计减少 25.67 亿 m³，其中北京市浅层地下水储量增加 1.51 亿 m³，天津市浅层地下水储量增加 0.35 亿 m³，河北省浅层地下水储量减少 27.53 亿 m³。

北京市和天津市 2019 年蓄变量变化趋势较小，无大的起伏，浅层地下水储量基本持平；河北省 2019 年蓄变量变化起伏大，2 月蓄变量大幅增加，3 月浅层地下水储量又急剧下降，蓄变量达到最低点，4 月至 7 月蓄变量一直为负，浅层地下水储量持续减少，于 8 月蓄变量达到最高峰值，浅层地下水储量大幅抬升，9 月蓄变量又回落为负值，之后 10 月至 12 月蓄变量基本持平，浅层地下水储量无较大变化。

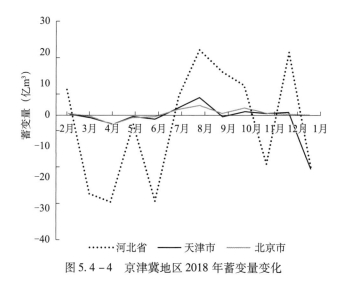

图 5.4-4 京津冀地区 2018 年蓄变量变化

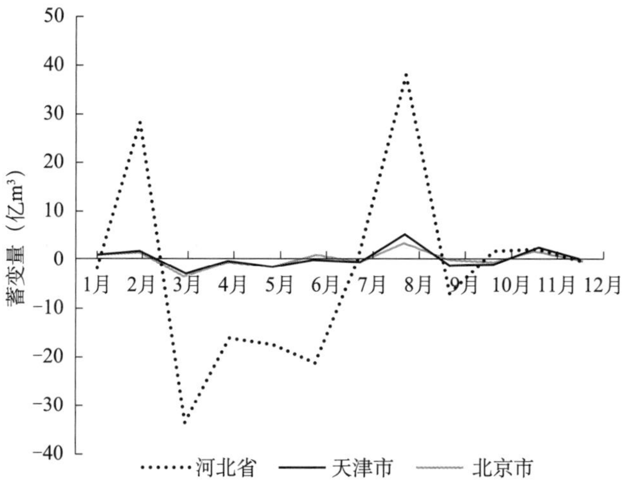

图 5.4-5 京津冀地区 2019 年蓄变量变化

3. 异常值分析

《地下水动态月报》的蓄变量数据由各省上报，其多数使用的站网以人工站为主，且监测层位较浅。将从实例中得到的蓄变量数据与《地下水动态月报》各省上报蓄变量数据进行对比分析，北京和天津逐月计算结果差异不大。对于河北省部分月份存在特殊的异常值，如 2018、2019 年 3 月，选取的河北站网水位均值下降，根据蓄变量计算公式，计算得出的蓄变量分别为 −24.56 亿 m^3、−30.93 亿 m^3，而月报河北的蓄变量为 6.4 亿 m^3、8.94 亿 m^3。原因可能是两种计算方法选取的站网不同，地方选取的人工站网附近灌区较少或根据生产需要调整部分参数（如给水度）。

4. 2020 年全国地下水蓄变量评价预测结果分析

根据图 5.4-6，分析 2020 年全国地下水蓄变量评价预测结果：

预计 2020 年 8 月，北方 15 个省级行政区的 67.585 万 km^2 平原地下水开采区，月末与

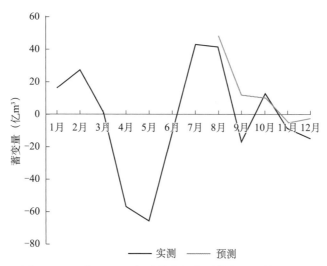

图 5.4-6　全国 2020 年总蓄变量实测值与预测值对比图

月初相比，浅层地下水蓄变量合计增加 48.06 亿 m³。其中，上升区地下水蓄变量 129.16 亿 m³，下降区地下水蓄变量 80.98 亿 m³，相对稳定区地下水蓄变量 0.12 亿 m³。2020 年 8 月，根据北方 15 个省级行政区的 67.585 万 km² 平原地下水开采区统计分析，月末与月初相比，浅层地下水蓄变量合计增加 41.54 亿 m³。其中，上升区地下水蓄变量 113.94 亿 m³，下降区地下水蓄变量 72.95 亿 m³，相对稳定区地下水蓄变量 0.55 亿 m³。综合来看，预计 2020 年 8 月的预测蓄变量值稍稍大于实测值。

预计 2020 年 9 月，北方 15 个省级行政区的 67.585 万 km² 平原地下水开采区，月末与月初相比，浅层地下水蓄变量合计增加 12.04 亿 m³。其中，上升区地下水蓄变量 95.44 亿 m³，下降区地下水蓄变量 82.13 亿 m³，相对稳定区地下水蓄变量 1.27 亿 m³。2020 年 9 月，根据北方 15 个省级行政区的 67.585 万 km² 平原地下水开采区统计分析，月末与月初相比，浅层地下水蓄变量合计减少 17.32 亿 m³。其中，上升区地下水蓄变量 41.0 亿 m³，下降区地下水蓄变量 58.83 亿 m³，相对稳定区地下水蓄变量 0.96 亿 m³。综合来看，预测 2020 年 9 月的地下水蓄变量与实测值差别较大，主要原因大概为人为参与排水和开闸放水等工程调节，预测 2020 年 9 月地下水蓄变量为正值，实际为负值。

预计 2020 年 10 月，北方 15 个省级行政区的 67.585 万 km² 平原地下水开采区，月末与月初相比，浅层地下水蓄变量合计增加 10.35 亿 m³。其中，上升区地下水蓄变量 57.44 亿 m³，下降区地下水蓄变量 45.58 亿 m³，相对稳定区地下水蓄变量 1.52 亿 m³。2020 年 10 月，根据北方 15 个省级行政区的 67.585 万 km² 平原地下水开采区统计分析，月末与月初相比，浅层地下水蓄变量合计增加 12.96 亿 m³。其中，上升区地下水蓄变量 44.81 亿 m³，下降区地下水蓄变量 31.02 亿 m³，相对稳定区地下水蓄变量 0.03 亿 m³。综合来看，2020 年 10 月的预测值与实测值误差较小，预测较为精准。

预计 2020 年 11 月，北方 15 个省级行政区的 67.585 万 km² 平原地下水开采区，月末与月初相比，浅层地下水蓄变量合计减少 4.93 亿 m³。其中，上升区地下水蓄变量 52.81 亿 m³，下降区地下水蓄变量 58.96 亿 m³，相对稳定区地下水蓄变量 1.22 亿 m³。2020 年 11 月，根据北方 15 个省级行政区的 67.585 万 km² 平原地下水开采区统计分析，月末与月初相比，浅层地下水蓄变量合计减少 8.57 亿 m^3。其中，上升区地下水蓄变量 35.59 亿 m^3，下降区地下水蓄变量 43.48 亿 m^3，相对稳定区地下水蓄变量 1.47 亿 m^3。综合来看，2020 年 11 月预测地下水蓄变量减少量小于实测的减少量。

预计 2020 年 12 月，北方 15 个省级行政区的 67.585 万 km^2 平原地下水开采区，月末与月初相比，浅层地下水蓄变量合计减少 2.23 亿 m^3。其中，上升区地下水蓄变量 48.13 亿 m^3，下降区地下水蓄变量 49.56 亿 m^3，相对稳定区地下水蓄变量 0.8 亿 m^3。2020 年 12 月，根据北方 15 个省级行政区的 67.585 万 km^2 平原地下水开采区统计分析，月末与月初相比，浅层地下水蓄变量合计减少 14.72 亿 m^3。其中，上升区地下水蓄变量 31.14 亿 m^3，下降区地下水蓄变量 46.71 亿 m^3，相对稳定区地下水蓄变量 0.56 亿 m^3。综合来看，2020 年 12 月预测地下水蓄变量减少量小于实测的减少量。

总体来看，2020 年 8 月至 2020 年 12 月地下水蓄变量预测值除了 9 月预测值与实测值差距较大以外，其他月份的地下水蓄变量预测值与实测值误差不大，所以对地下水蓄变量预测存在参考价值。

第6章 水资源数量动态评价模块开发

6.1 数据清洗模块

基于数据清洗方法设计并开发了水文水资源数据清洗模块。数据清洗流程如图 6.1 – 1 所示，数据清洗模块的主要功能包括测站基本信息、预处理（历史数据）、数据清洗（实时数据）、数据管理、评价指标计算等 5 个功能模块，如图 6.1 – 2 所示。

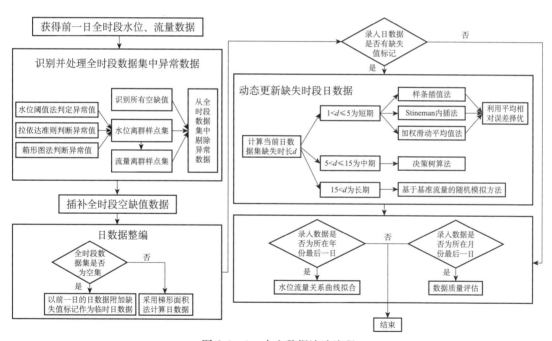

图 6.1 – 1　水文数据清洗流程

1. 测站基本信息

通过选择水资源一级区、站名（站码）、测站类型等查询测站的名称、编码、经度、纬度、站址等基本信息，如图 6.1 – 3 所示。

2. 预处理

预处理模块主要是针对历史数据进行异常值识别、缺失值插补、日数据整编等处理，主要

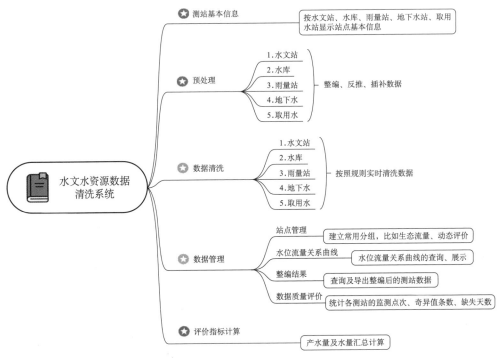

图 6.1-2　水文水资源数据清洗模块功能结构

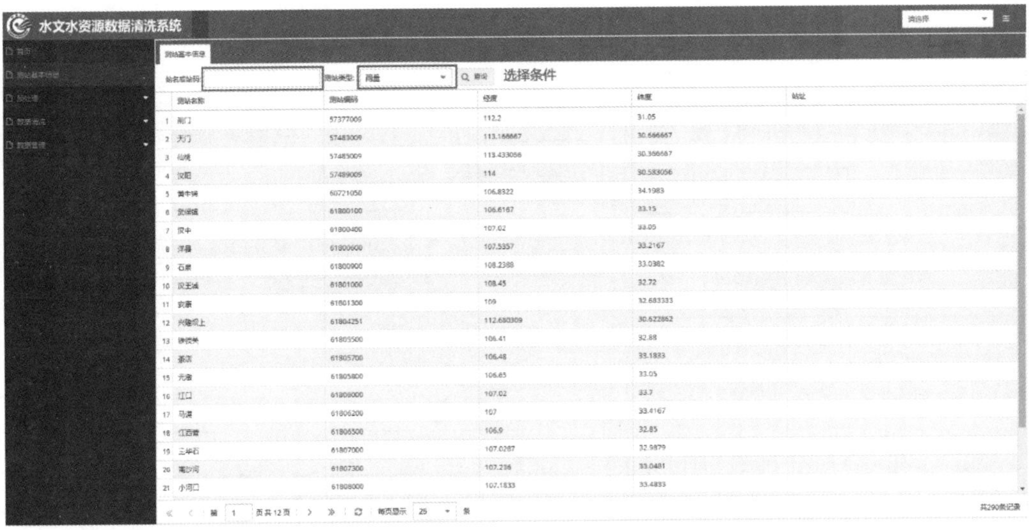

图 6.1-3　测站基本信息子界面

功能包括：获取原始数据、一键整编、短时插补、长时插补、导出等功能（见图 6.1-4）。

1）获取原始数据

通过导入功能完成水文数据的导入和覆盖，并可以通过设置查询条件对站点水文数据进行查询，如图 6.1-5 所示。

2）一键整编

图 6.1-4 数据预处理子界面

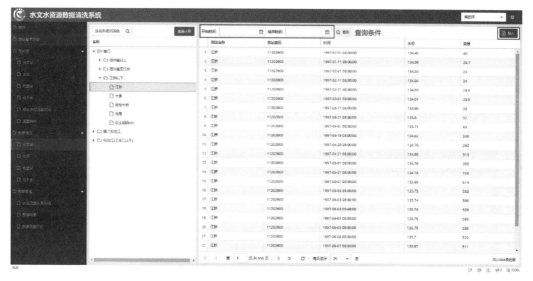

图 6.1-5 获取原始数据

一键整编主要完成异常值处理、日平均流量/水位计算、缺失值统计等功能,如图 6.1-6 所示。

(1)异常值处理:基于4.1.2节中的异常值判定方法确定站点水文数据的异常值,并可通过人工识别的方式对异常数据进行甄别,对误判异常数据进行批量放行,如图 6.1-7

所示。

（2）日平均流量/水位计算：采用梯形面积法，对清洗处理后的数据（前一天 0 点至当天 0 点）计算日平均水位和日平均流量。

（3）缺失值统计：基于整编后的日数据统计站点水文时间序列中的缺失时段，如图 6.1 - 8 所示。

图 6.1 - 6　一键整编

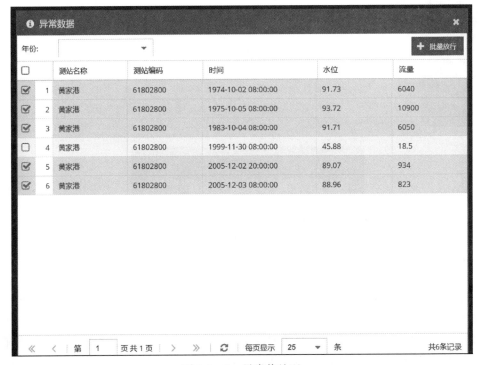

图 6.1 - 7　异常值处理

	开始时间	结束时间	缺失天数
	ℹ️ 缺测数据		📄 导出Excel ✕
1	1998-08-26	1999-07-15	324
2	1999-07-17	1999-07-21	4
3	1999-07-25	2000-03-31	251
4	2000-04-02	2000-08-16	136
5	2000-08-18	2000-08-27	9
6	2000-08-29	2003-08-07	1073
7	2005-07-04	2005-10-01	90
8	2005-10-05	2006-07-21	289
9	2006-07-23	2006-08-13	21
10	2006-08-15	2006-08-26	11
11	2006-08-30	2006-08-30	1
12	2006-09-03	2006-09-17	15
13	2006-09-19	2006-09-24	6
14	2006-09-26	2006-10-08	12
15	2006-10-10	2006-12-04	55
16	2006-12-06	2006-12-14	9

图 6.1 – 8　缺失值统计

3）短时插补

利用 4.1.3 节中的短时插补和中时插补方法对缺失时长为持续 15 天以下的数据进行插补。通过设置查询条件可以查询短时插补的结果，备注栏对插补失败的数据进行统计，如图 6.1 – 9 所示。

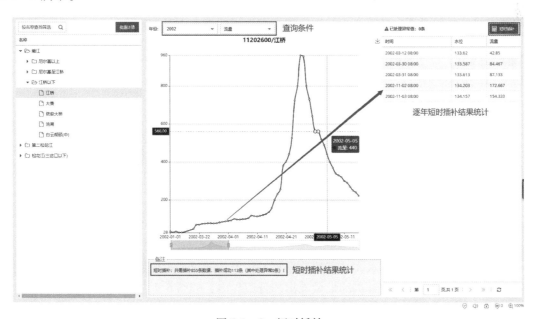

图 6.1 – 9　短时插补

4）长时插补

利用 4.1.3 节中的长时插补方法对缺失时长为持续 15 天以上的数据进行插补。通过设置查询条件可以查询长时插补的结果，备注栏对插补失败的数据进行统计，如图 6.1 - 10 所示。

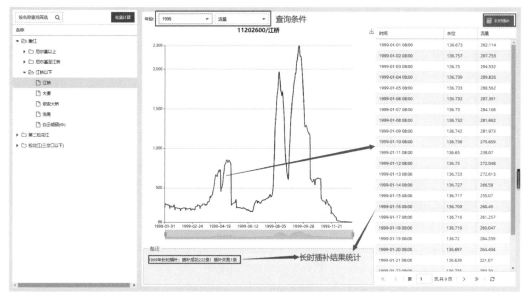

图 6.1 - 10　长时插补

3. 数据管理

1）水位 - 流量关系曲线

基于异常数据清洗之后的原始数据对站点的水位 - 流量关系曲线进行拟合，拟合方法包括多项式回归、指数回归、对数回归三种方法，并采用决定系数 R^2 对拟合效果进行评价（R^2 越趋近于 1，说明回归方程拟合得越好），默认展示拟合效果最佳的曲线，如图 6.1 - 11、图 6.1 - 12 所示。

$$R^2 = 1 - \frac{\text{RSS}}{\text{TSS}} = 1 - \frac{\sum_i (y_i - f_i)^2}{\sum_i (y_i - \hat{y})^2}$$

式中：

RSS——Residual sum of squares，残差平方和；

TSS——Total sum of squares，总平方和；

y_i 是实际值，f_i 是预测值，$\hat{y}$ 是实际值的平均。

2）整编结果

设置查询条件查询不同水文站点的数据整编结果，通过查看按钮查看整编结果的水位—流量折线图，并可实现整编结果的批量导出和分组导出，如图 6.1 - 13 ~ 图 6.1 - 15 所示。

3）数据质量评价

通过设置查询条件查询不同水文站点不同年份的逐月监测点次、奇异值条数、缺失天数，从而对站点的监测数据质量进行评价，如图 6.1 - 16 所示。

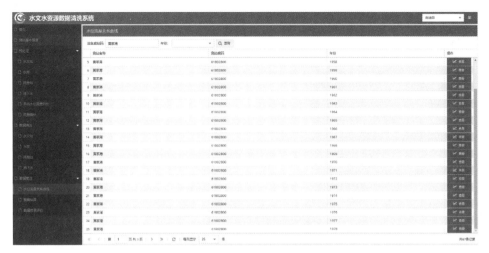

图 6.1 – 11　水位 – 流量关系曲线管理

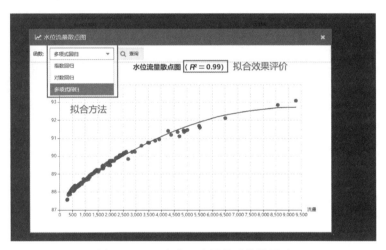

图 6.1 – 12　水位 – 流量关系曲线展示

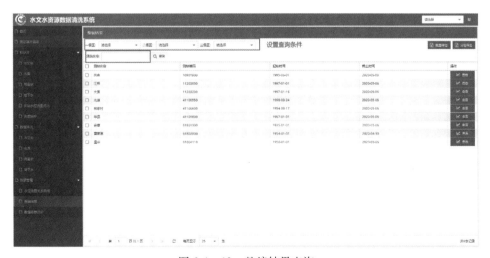

图 6.1 – 13　整编结果查询

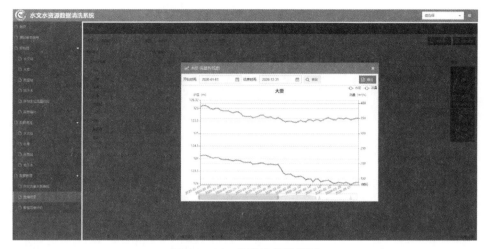

图 6.1 – 14 整编结果折线图

图 6.1 – 15 整编结果分组导出

图 6.1 – 16 数据质量评价

6.2　降水预报模块

定量降水预报系统包括三个子系统，系统组成和数据流关系如图 6.2－1 所示。敏感性方案构建子系统用于方便快捷地构建水平分辨率、区域范围和物理方案组合的对比试验；预报结果分析子系统从面平均雨量、TS 评分、相对误差、均方根误差、空间相关系数等指标评价预报效果；统计分析敏感性试验的评价结果，实时降水预报子系统优选适合本地暴雨预报的最佳方案进行实时降水预报。

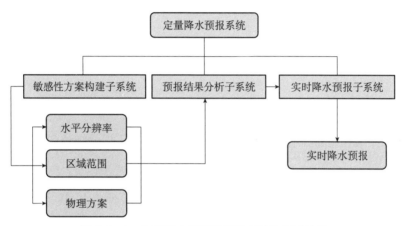

图 6.2－1　定量降水预报系统组成及数据流关系

该系统通过预报方案构建模块，可以向用户展示当前数值预报采用的方案信息。同时，也为用户提供了修改预报方案的接口，用于修改预报区域和物理参数化方案，同时还可以查询运行状态、预报结果，并对预报进行评价分析（见图 6.2－2）。

图 6.2－2　预报方案构建界面

用户进入预报区域信息查询界面，可以查看到当前预报的嵌套方案、投影方式、区域中心经纬度、水平分辨率、经度方向网格数、纬度方向网格数等信息。在该界面的右侧，是利用 NCL 脚本绘制的区域示意图（见图 6.2 - 3）。

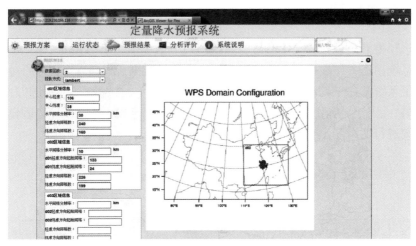

图 6.2 - 3　预报区域信息查询界面

物理参数化方案查询界面主要提供了云微物理过程参数化方案和积云对流参数化方案（见图 6.2 - 4）。

图 6.2 - 4　物理参数化方案查询界面

定量降水预报所使用的服务器为曙光 PHPC - 200，该服务器共有 5 个节点，每个节点有 2 个 CPU，每个 CPU 有 6 个核心。因此，该服务器共有 60 个核心可供计算使用，若开启超线程服务，则共有 120 个核心可使用，其中 60 个为虚拟核心。根据目前研究成果，按照现在设定的区域范围以及模式水平分辨率，利用 40 个核心，2h 即可完成未来 96h 天气过程的积分运算，仍有大部分核心处于空闲状态。为了能够更好地配置资源，使用 linux 的 pbs 服务器管理服务，实现服务器并行运算的集群调度。利用并行任务提交界面，修改运算节点，实现计算资源的充分利用（见图 6.2 - 5）。

预报区域修改界面如图 6.2 - 6 所示。由于地球为非规则椭圆形球体，在网页地图上绘

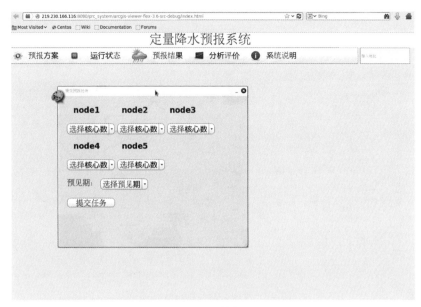

图 6.2 - 5　并行计算任务提交界面

制的矩形区域 d01 在球面上为曲面，经过投影转换，矩形的上边界长度小于下边界长度。为了满足模式模拟区域参数的相关要求，选取下边界长度作为模拟区域的长度。矩形左右边界长度接近，因此取矩形的左边界长度作为模拟区域的宽度。设置水平分辨率，即可获得最外层的网格数。如需要进一步嵌套，则需要在内部重新绘制模拟区域 d02，绘制方法同第一层的模拟区域一致，可获得第二层嵌套模拟区域的网格数。模式的运行需要提供内层模拟区域左下角相对于外层的位置。因此，在内层与外层模拟区域之间，绘制中间区域 d03，d01 的左下角为 d03 的左下角，d02 的左下角为 d03 的右上角，设置 d03 水平分辨率与 d01 一致，d03 纬度方向的网格数即为 d02 相对于 d01 纬度方向的起始网格点，d03 经度方向的网格数即为 d02 相对于 d01 经度方向的起始网格点。

　　点击提交信息按钮，用户将水平分辨率、网格数、起始网格点等信息传至后台服务器，修改后台服务器文件。同时，调用 ncl 脚本，绘制修改后的模拟区域，下一次查看预报区域信息时，即为修改后的模拟区域信息。

　　物理参数化方案修改界面目的在于方便快捷地构建数值预报模式物理参数化方案敏感性试验，提高参数方案敏感性分析的效率。用户只需要通过浏览器进行一些基本设置就可以修改参数化方案。由于参数化方案中主要影响降水的方案为微物理方案和积云对流参数化方案，因此仅在该接口中修改这两个参数化方案，如图 6.2 - 7 所示。点击提交参数化方案信息按钮，即可修改原模式中的物理参数化方案。

　　在逐日的滚动预报中，用户非常关心每日预报结果是否正常。若不正常，则需要发现是在什么环节出现了问题。WRF 模式是在 linux 平台下运行的，若出现问题，需要用户具有 linux 相关知识，才能够排查造成问题的原因。为了使用户更加方便地查找出预报出现的问题，设计了运行状态模块。在 linux 后台，每 5 分钟执行 bash 脚本，扫描运行所在目录，并生成相关日志文件。Flex 前台定时获取 bash 脚本运行生成的日志文件，并在浏览器中展示。因此，可以在浏览器中获取 WRF 模式运行的各个步骤中的输出，更加方便地查看 WRF 模

图 6.2 - 6   预报区域修改界面

图 6.2 - 7   物理参数化方案修改界面

式逐日预报运行状态,如图 6.2 - 8 所示。

预报降水查询界面如图 6.2 - 9 所示。用户只需要输入模式初始化时间、查询起始日期和结束日期,后台调用 java 程序提取网格降水数据,并将数据以异步的方式传递至 ArcGIS Server。ArcGIS Server 调用地理处理服务,绘制降水等值面,并将结果返回至前台。

降水过程线查询界面如图 6.2 - 10 所示。用户输入模式初始化时间,后台提取数据,计算逐小时区域的面平均雨量,并返回给前台。前台根据返回的降水量数据绘制相应的过程线。

用户进入预报数据下载界面,如图 6.2 - 11 所示,根据需要的要素类型如降水和温度等

图 6.2-8 物理参数化方案修改界面

图 6.2-9 预报降水查询界面

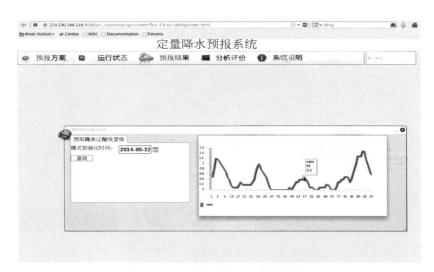

图 6.2-10 预报降水过程线查询界面

选择模式的初始化时间以及查询时刻，便可以方便地下载所需要的数据至本地。用户在 E-mail 定制界面（见图 6.2 – 12），输入自己的邮箱，点击提交按钮，便可以将每日的预报结果发送至该邮箱，实现预报数据的实时获取。

图 6.2 – 11　预报数据下载界面

图 6.2 – 12　E-mail 定制界面

目前系统提供逐日预报降水的分析功能。根据用户输入的时间，后台 NCL 脚本将预测数据双线性插值至实测点，分别计算不同量级的预报准确率 TS、空报率 FAR、漏报率 FOM、预报偏差 BS（见图 6.2 – 13）。

图 6.2 - 13　预报降水结果分析界面

6.3　地表水资源量评价模型模块

为了更精确地对地表水资源量进行统计评估，基于 4.2 节构建的自然 - 社会二元水循环耦合的分布式水循环模拟模型，研发了一套可视化的模型操作模块，其数据传递结构如图6.3 - 1 所示。

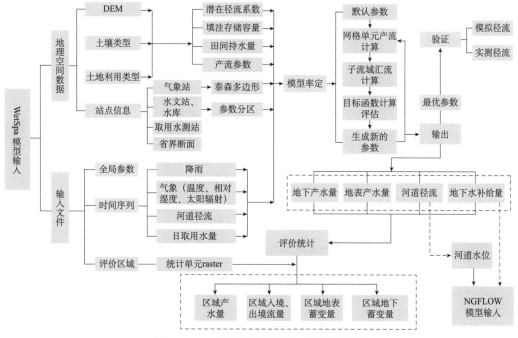

图 6.3 - 1　模型操作模块数据传递结构图

按照建模流程和输出评价指标，模型操作模块的主要功能包括：汇流建模、计算前处理、方案管理、统计单元水量计算、中间变量输出与统计、结果统计查询等 6 个模块，模型操作模块主界面如图 6.3 - 2 所示。

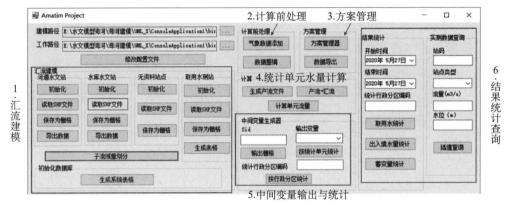

图 6.3 - 2　模型操作模块主界面

1. 汇流建模

通过模型操作模块，输入地理空间数据，包括：流域 DEM 数据、土壤类型、土地利用类型、站点信息。具体流程如下：

（1）对流域 DEM 数据、土壤类型、土地利用类型等基础数据进行分析处理，生成每个网格的潜在径流系数、填洼存储容量、田间持水量、产流参数等模型参数。

（2）通过添加的气象站信息生成泰森多边形，将雨量数据由点数据转化为面数据，生成每个网格的雨量数据。

（3）添加水文站、水库信息，并作为控制站点，将流域划分为多个参数分区，通过对各个参数分区分别进行参数率定，生成多套参数，降低流域空间的变化对模型模拟带来的影响。

（4）添加取用水测站信息，将各取用水测站与模型划分的子流域进行对应，生成每个子流域范围内的日取用水量，在汇流过程中考虑人类取用水对汇流过程的影响。

（5）添加省界断面信息，将河网与省界交叉点作为水资源评价区域入境、出境水量计算控制点。

在完成了水文站、水库、取用水测站和省界断面信息添加之后，就可以根据初始子流域图层与添加的站点信息，重新划分子流域，如图 6.3 - 3 所示。

完成子流域重划分后，可以分别对流域、参数分区、子流域、网格等不同尺度单元生成对应的基本信息和参数表，如图 6.3 - 4 所示。

2. 计算前处理

在计算前处理过程中，模型操作模块对输入的温度、相对湿度、太阳辐射等气象数据利用彭曼公式计算地表蒸散发。

读取气象站图层文件，通过站点划分泰森多边形来计算站点权重，从而实现每个气象站点的雨量数据到面雨量的转化，为模型提供气象驱动数据。同时，若气象站点密度不够，也可以通过图 6.3 - 5 的添加雨量站实现雨量站数据输入。

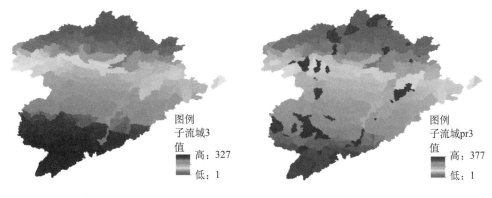

(a) 原子流域划分图　　　　　　　(b) 子流域重划分图

图 6.3 - 3　子流域重划分

图 6.3 - 4　生成系统表格

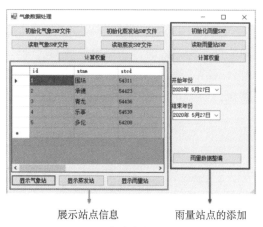

展示站点信息　　　　　雨量站点的添加

图 6.3 - 5　气象数据处理子界面

3. 方案管理

模型操作模块可建立多个满足不同计算需求的模拟方案，在方案管理器中，可选择所需计算时间段，设置当前方案运行的模式，包括是否加入取用水数据、是否将上游实测流量作为输入、率定方式、水库调蓄方式，如图 6.3-6 所示。

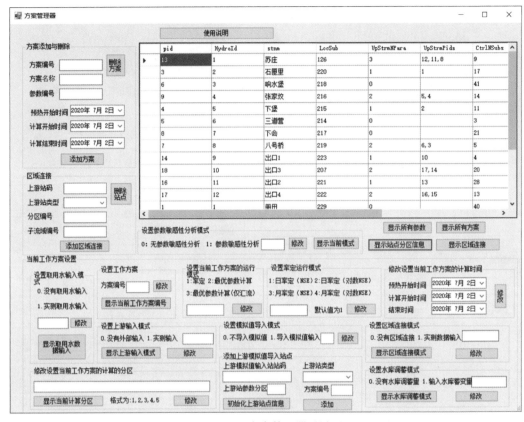

图 6.3-6　方案管理器子界面

同时，在方案管理器中可添加区域连接。当模拟区域存在上游入流的情况时，添加上游站点信息，将上游分区出口流量作为此模拟分区的入流量，避免因缺少入流而引起的模拟结果偏小，提高模拟精度。

方案中设置将上游实测流量作为输入时，在模拟流域参数分区时，导入模拟分区上游站点实测流量数据作为该参数分区的入流，减少传统汇流过程中逐个参数分区计算河道径流量并依流向传递导致的误差累积，如图 6.3-7 所示。

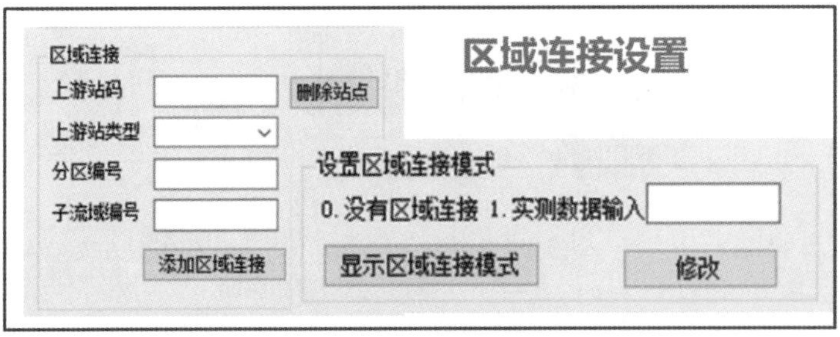

图 6.3-7　设置区域连接模式子界面

流域中若存在水库，将水库作为控制站，作为参数分区的划分依据。在模拟过程中，需要考虑水库调蓄作用，可进行水库调蓄模式设置（见图 6.3 - 8），将水库出库流量作为下游来水进行计算。

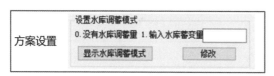

图 6.3 - 8　设置水库调蓄模式子界面

在水文过程中人类活动的影响也是不可忽视的。因此，在此模型中添加了取用水模块（见图 6.3 - 9），模型中通过导入的取用水测站信息与子流域栅格数据进行分析，将每个测站与其所在子流域进行对应，从而在产汇流过程，计算每个子流域出口流量时，可以通过考虑每个子流域内的日取用水总量，还原人类活动在水文模拟过程中产生的影响。

图 6.3 - 9　设置取用水输入模式子界面

模型中提供纳什效率系数（NSE）的四种形式作为目标函数进行率定，对不同阶段的流量进行计算时，可通过选择是否添加对数来提高模拟精度。当流量较小时，将 NSE 计算公式中的模拟流量值与实际流量值同时取对数进行计算；以日统计时，利用每日的模拟值与实测值代入计算；以月统计时，利用模拟值的月平均与实测值的月平均进行对比计算，可减弱奇异值的影响。不同情景下的目标函数见表 6.3 - 1。

表 6.3 - 1　不同情景下的目标函数

设置情景	目标函数
大流量、日模拟	$NSE = 1 - \dfrac{\sum\limits_{t=1}^{T}(Q_0^t - Q_m^t)^2}{\sum\limits_{t=1}^{T}(Q_0^t - \overline{Q_0})^2}$
小流量、日模拟	$NSE = 1 - \dfrac{\sum\limits_{t=1}^{T}(\lg Q_0^t - \lg Q_m^t)^2}{\sum\limits_{t=1}^{T}(\lg Q_0^t - \lg \overline{Q_0})^2}$
大流量、月模拟	$NSE = 1 - \dfrac{\sum\limits_{n=1}^{N}(Q_0^n - Q_m^n)^2}{\sum\limits_{n=1}^{N}(Q_0^n - \overline{Q_0})^2}$

设置情景	目标函数
小流量、月模拟	$$NSE = 1 - \dfrac{\sum\limits_{n=1}^{N}(\lg Q_0^n - \lg Q_m^n)^2}{\sum\limits_{n=1}^{N}(\lg Q_0^n - \lg \overline{Q_0})^2}$$

4. 统计单元水量计算

在方案设置后，即可通过整编后的降雨、蒸发、径流数据及生成的网格产流参数，对模拟区域的各个网格产流过程进行模拟计算，继而对子流域进行汇流计算，计算得出目标断面的模拟径流值。将纳什效率系数作为目标函数，采用 DDS 算法对模型参数进行率定，获得模型最优参数，同时输出地下产水量、地表产水量、河道模拟径流、地下水补给量等数据。

"计算单元流量"模块中，如图 6.3 – 10 所示，通过断面信息添加模块，添加每个断面信息，形成二级区套省统计单元的断面信息表格。选定计算的统计单元名称与对应的时间，就可以统计流经该统计单元所有出入境水量（见图 6.3 – 11）。

图 6.3 – 10　计算单元子界面

二级区套省
单元名称　　　　　　　　　　　入境水量　出境水量　　净水量

EleName	TM1	TM2	InW(E4m^3)	OutW(E4m^3)	W(E4m^3)
C0115	2017-02-01 08:00:00	2017-03-01 08:00:00	0	11495.7	-11495.7
C0113	2018-10-01 08:00:00	2018-10-31 08:00:00	5478.365	9964.451	-4486.086
C0113	2017-10-01 08:00:00	2017-10-31 08:00:00	5434.102	17265.71	-11831.61
C0113	2018-01-01 08:00:00	2018-10-31 08:00:00	114714.5	334817.6	-220103.1
C0115	2017-04-01 08:00:00	2017-04-30 08:00:00	602.7523	2665.311	-2062.559
C0113	2017-01-01 08:00:00	2018-12-31 08:00:00	199818.3	545551.3	-345732.9

图 6.3 – 11　统计单元出入境水量计算结果

5. 中间变量输出与统计

为了对计算结果更好地统计并进行评价，在模型中增添了"单元中间变量数据统计""按行政分区统计"模块。

"单元中间变量数据统计"模块（见图 6.3－12）包括输出栅格、按统计单元统计等功能。可输出的中间变量包括：地下产水量（Rg）、地下水补给量（perco）、地表产水量（R）。根据产汇流计算时输出的每个单元的中间变量值，输出为计算区域的栅格形式；继而通过叠加统计单元的图层，对应中间变量生成的栅格文件，统计出每个统计单元范围内的输出变量总值。

"按行政分区统计"模块中，可识别该省级行政分区所包含的二级区套省统计单元，并统计识别出的单元统计值，获得每个省级行政分区的输出变量总值。

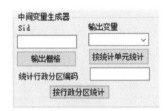

图 6.3－12　中间变量数据统计子界面

6. 结果统计查询

通过上述模型计算，可以输出月报中的产水量、蓄变量、出入境水量等各项评价指标。各项评价指标的统计计算如下：

（1）地下取用水统计。

本次研究获取到的原始地下水数据中包含地表取用水数据、地下取用水数据及日取用水数据三列，日取用水数据为日地表取用水数据与日地下取用水数据之和。在模型计算时会将统计单元即二级区套省单元的三类数据保存于模型计算结果数据库 result 的 ST_tempWiu 表中，如图 6.3－13 所示。

EleName	TM1	TM2	DAYW(m3)	DBC(m3)	DXC(m3)
C0211	2020-01-01 08:00:00	2020-01-31 08:00:00	69561880	42869636	26692248
C0212	2020-01-01 08:00:00	2020-01-31 08:00:00	8893393	8881172	12221
C0213	2020-01-01 08:00:00	2020-01-31 08:00:00	3082213.75	0	3082213.75
C0214	2020-01-01 08:00:00	2020-01-31 08:00:00	3207556	313210	2894346
C0215	2020-01-01 08:00:00	2020-01-31 08:00:00	106531	432	106099
C0113	2020-01-01 08:00:00	2020-02-28 08:00:00	0	0	0
C0115	2020-01-01 08:00:00	2020-02-28 08:00:00	0	0	0
C0121	2020-01-01 08:00:00	2020-02-28 08:00:00	0	0	0
C0113	2020-01-01 08:00:00	2020-01-31 08:00:00	883914.1875	0	883914.1875
C0115	2020-01-01 08:00:00	2020-01-31 08:00:00	157309	0	157309
C0121	2020-01-01 08:00:00	2020-01-31 08:00:00	0	0	0

图 6.3－13　ST_tempWiu 表结构

为了对月报中的行政区的地下水蓄变量进行计算，需要先对行政区的地下取用水量进行统计。模型界面如图 6.3－14 所示。

图 6.3 - 14   地下取用水统计子界面

输入不同行政区的代码，即可对所有模型计算结果数据库中该行政区的地下取用水数据进行统计，并将结果保存于模型计算结果数据库 result 的 ST_ResultWiu 表中，如图 6.3 - 15 所示。

ProvinceID	TM1	TM2	DAYW(m3)	DBC(m3)	DXC(m3)
11	2020-01	2020-01	69561880	42869636	26692248

图 6.3 - 15   ST_ResultWiu 表结构

（2）出入境水量统计。

本研究涉及出入境水量的计算，主要以二级区套省单元为统计单元，在计算过程中涉及无资料站点的输入、统计单元入境/出境对应的省界断面基本信息表的填写，以及模型界面计算单元流量功能的进行等步骤，得到各二级区套省单元的出入境水量。

通过模型界面计算单元流量功能可以得到二级区套省单元出入境水量之后，结果自动保存于 result 数据库的 ST_ElementW 表中，如图 6.3 - 16 所示。

	EleName	TM1	TM2	InW(E4m^3)	OutW(E4m^3)	W(E4m^3)
1	F0151	2020-01-01 08:00:00.000	2020-01-31 08:00:00.000	2333.802	20264.23	-17930.42
2	F0251	2020-01-01 08:00:00.000	2020-01-31 08:00:00.000	426718.8	25021.15	401697.7
3	F0252	2020-01-01 08:00:00.000	2020-01-31 08:00:00.000	0	2684.379	-2684.379
4	F0153	2020-01-01 08:00:00.000	2020-01-31 08:00:00.000	384626.5	393280.3	-8653.781
5	F0253	2020-01-01 08:00:00.000	2020-01-31 08:00:00.000	401119.5	472767.3	-71647.78
6	F0154	2020-01-01 08:00:00.000	2020-01-31 08:00:00.000	0	5633.981	-5633.981
7	F0163	2020-01-01 08:00:00.000	2020-01-31 08:00:00.000	0	32024.41	-32024.41
8	F0263	2020-01-01 08:00:00.000	2020-01-31 08:00:00.000	0	3873.995	-3873.995

图 6.3 - 16   ST_ElementW 结构

但是由于在月报中，出入境水量的统计单元为行政区，为此，本研究在模型界面提供了对行政区出入境水量的统计功能，即结果统计模块的"出入境水量统计"功能。通过在"统计行政分区编码"的输入框中输入行政分区的代码，即可得到该行政区的出入境水量，结果保存于 result 数据库的 ST_ResultW 表中，如图 6.3 - 17 所示。

但是需要注意的是，二级区套省单元之间有水量交换，所以行政区的出入境水量不等于行政区内二级区套省单元出入境水量的累计值。

湖北省的出入境水量应为在整个区域边界部分出入的水量，而不是湖北省所含二级区套省单元的出入境水量的简单叠加。

	ProvinceID	TM1	TM2	InW(m3)	OutW(m3)	NET_W(m3)
1	51	2020-01-01 08:00:00.000	2020-01-31 08:00:00.000	4290526020	452853800	3837672800
2	52	2020-01-01 08:00:00.000	2020-01-31 08:00:00.000	0	26843790	-26843790
3	53	2020-01-01 08:00:00.000	2020-01-31 08:00:00.000	7857460000	8660476000	-803015610
4	54	2020-01-01 08:00:00.000	2020-01-31 08:00:00.000	0	56339810	-56339810
5	63	2020-01-01 08:00:00.000	2020-01-31 08:00:00.000	0	358984050	-358984050

图 6.3 - 17　ST_ResultW 结构

（3）蓄变量统计。

对于行政区或者流域而言，蓄变量除了包含地表水蓄变量之外，还包括地下水蓄变量。对于二者的计算，本研究采用以下公式：

$$地下水蓄变量 = 地下水补给量 - 地下产水量 - 地下取用水量$$

$$地表水蓄变量 = 入境水量 - 出境水量 + 产水量 - 地下水蓄变量$$

与地表水蓄变量及地下水蓄变量计算的相关项可由模型计算得到，为了减少手动计算，本研究在模型操作界面增加了蓄变量统计功能，可以直接得到行政区的蓄变量值并将结果存储于 result 数据库 ST_Result 表中，如图 6.3 - 18 所示。

ProvinceID	TM1	TM2	R_W(m3)	RG_W(m3)	perco_W(m3)	In_W(m3)	Out_W(m3)	NET_W(m3)	DAYW(m3)	DBC(m3)	DXC(m3)	SUM_R(m3)	Storage_S(m3)	Storage_G(m3)
11	2020-04-01	2020-04-30	58875546.6	5631115.6875	484495.78125	0	0	0	0	0	0	64506660	-5146620	0
11	2020-05-01	2020-05-31	162168989	2476065.9843.0	0	0	0	0	0	0	0	164645100	-2476066	0
12	2020-04-01	2020-04-30	23822756	2313311.75	329112.46875	0	0	0	0	0	0	26136070	-1984199	23822760
12	2020-04-01	2020-04-30	23822756	2313311.75	329112.46875	0	0	0	0	0	0	26136070	-1984199	23822760
12	2020-05-01	2020-05-31	81187064	1003603.125	0	0	0	0	0	0	0	82190660	-1003603	81187060
13	2020-04-01	2020-04-30	627625440	76021406	30900478	89510.42	1600300.8	-1510790.4	69561880	42869636	2669224	703646800	-45120930	627625500
13	2020-05-01	2020-05-31	1682988873	33593184.5	0	0	0	0	0		0	1716582000	-33593180	1682989000

图 6.3 - 18　ST_Result 表结构

参 考 文 献

陈家琦，王浩，杨小柳，2002. 水资源学［M］. 北京：科学出版社.

成安宁，陈文，黄荣辉，1998. 积云对流参数化方案对气候数值模拟的影响［J］. 大气科学，22（6）：814－824.

丁春梅，2005. 浙江省水资源可持续利用研究［D］. 杭州：浙江大学.

董文杰，韦志刚，丑纪范，2001. 一种改进我国汛期降水预测的新思路［J］. 高原气象，20（1）：36－40.

董志高，黄勇，2002. 地下水动态预测模型综述［J］. 西部探矿工程（4）：36－39.

封志明，杨艳昭，丁晓强，等，2004. 气象要素空间插值方法优化［J］. 地理研究（3）：357－364.

冯尚友，梅亚东，1998. 水资源持续利用系统规划［J］. 水科学进展，9（1）：1－6.

关志成，朱元姓，段元胜，等，2001. 水箱模型在北方寒冷湿润半湿润地区的应用探讨［J］. 水文，21（4）：25－29.

郭洪宇，2001. 区域水资源评价模型技术及其应用研究［D］. 北京：中国农业大学.

郭生练，熊立华，杨井，等，2001. 分布式流域水文物理模型的应用和检验［J］. 武汉大学学报（工学版）（1）：1－5＋36.

郭志辉，2011. 松辽流域水资源综合评价及水资源演变规律研究［D］. 邯郸：河北工程大学.

贺伟程，1983. 论区域水资源的基本概念和定量方法［J］. 海河水利（1）：49－56.

胡兴林，2001. 概化的 Tank 模型及其在龙羊峡水库汛期旬平均入库流量预报中的应用［J］. 冰川冻土，23（1）：57－62.

纪玲玲，王昌雨，张志华，2003. Logistic 回归及其在概率降水预报中的应用［J］. 解放军理工大学学报（自然科学版）（5）：92－94.

李广贺，1998. 水资源利用工程与管理［M］. 北京：清华大学出版社.

李贺丽，2011. 地下水动态预测方法分析［J］. 河南水利与南水北调（7）：54－55.

李兰，李志永，刘金才，2000. BOD_5－DO 参数反问题偶合模型的研究［J］. 水科学进展（3）：255－259.

李萌，罗天文，徐锐，等，2020. 多源时空数据融合的大坝性状多维云评价模型［J/OL］. 水利规划与设计（7）：118－123［2020－07－02］. http：//kns. cnki. net/kcms/detail/11，5014. TV，20200630，1635. 050. html.

李雁，李峰，赵志强，等，2013. 中国区域自动气象站运行监控系统建设［J］. 气象科技（2）：231 – 235.

梁犁丽，龚家国，冶运涛，等，2014. 基于分布式水文模型 SWAT 的缺资料地区水资源评价方法［J］. 中国水利水电科学研究院学报（1）：54 – 59.

梁莉，赵琳娜，齐丹，等，2013. 基于贝叶斯原理降水订正的水文概率预报试验［J］. 应用气象学报（4）：416 – 424.

林爱兰，2002. 广东前汛期月降水异常的强信号研究及预测概念模型［J］. 热带气象学报，18（3）：219 – 226.

刘为，2010. 基于 GIS 的城市暴雨积水模拟预测方法及应用研究［D］. 长沙：中南大学.

刘瑀，许士国，汪天祥，等，2020. 基于多源数据融合的碧流河水库库区地形更新方法及应用［J］. 水电能源科学，38（5）：26 – 30.

刘长生，2017. 地下水资源评价方法的研究［J］. 石化技术，24（9）：210.

马轩龙，李春娥，陈全功，2008. 基于 GIS 的气象要素空间插值方法研究［J］. 草业科学（11）：13 – 19.

马占东，高航，杨俊，等，2014. 基于多源数据融合的南四湖湿地生态系统服务功能价值评估［J］. 资源科学，36（4）：840 – 847.

毛炜峄，陈颖，白素琴，等，2011. 用统计集合方法制作全国汛期降水滚动预测试验［J］. 气象，37（5）：547 – 554.

潘旸，沈艳，宇婧婧，等，2015. 基于贝叶斯融合方法的高分辨率地面—卫星—雷达三源降水融合试验［J］. 气象学报（1）：177 – 186.

彭兆亮，2014. 统计模型与动力模型相结合的中国季度降水预测及应用研究［D］. 大连：大连理工大学.

平建华，李升，钦丽娟，等，2006. 地下水动态预测模型的回顾与展望［J］. 水资源保护，22（4）：11 – 15.

齐学斌，1999. 地表水地下水联合调度研究现状及其发展趋势［J］. 水科学进展，10（1）：89 – 94.

曲晓慧，安钢，2003. 数据融合方法综述及展望［J］. 舰船电子工程（2）：2 – 4.

任国玉，郭军，徐铭志，等，2005. 近 50 年中国地面气候变化基本特征［J］. 气象学报（6）：942 – 956.

任立良，刘新仁，2000. 数字高程模型信息提取与数字水文模型研究进展［J］. 水科学进展（4）：463 – 469.

任立良，刘新仁，1999. 数字高程模型在流域水系拓扑结构计算中的应用［J］. 水科学进展（2）：3 – 5.

沈振荣，1992. 水资源科学实验与研究——大气水、地表水、土壤水、地下水相互转化关系［M］. 北京：中国科学技术出版社.

石玉波，陆中央，1990. 对现行水资源评价方法中存在问题的初探［J］. 海河水利（6）：10 – 12.

苏日图，2018. 融合多源数据的草原区土壤水分监测方法研究［D］. 呼和浩特：内蒙古工业大学.

吴胜刚，刘屹岷，邹晓蕾，等，2016. WRF 模式对青藏高原南坡夏季降水的模拟分析〔J〕. 气象学报，（5）：744 – 756.

伍华平，束炯，顾莹，等，2009. 暴雨模拟中积云对流参数化方案的对比试验〔J〕. 热带气象学报，（2）：175 – 180.

熊喆，2014. 不同积云对流参数化方案对黑河流域降水模拟的影响〔J〕. 地球科学进展（5）：590 – 597.

严华生，严小冬，2004. 前期高度场和海温场变化对我国汛期降水的影响〔J〕. 大气科学，28（3）：405 – 414.

叶锦昭，1993. 世界水资源概论〔M〕. 北京：科学出版社.

宇婧婧，沈艳，潘旸，等，2013. 概率密度匹配法对中国区域卫星降水资料的改进〔J〕. 应用气象学报，24（5）：544 – 553.

张存杰，2003. 提高气候预测准确率的有效途径〔J〕. 干旱气象（3）：90 – 93.

张狄，2016. 融合多源数据的太行山区月降水精细化空间估算研究〔D〕. 南京：南京信息工程大学.

张海飞，2016. 地下水动态预测模型概述〔J〕. 地下水，38（1）：68 – 70.

张洪刚，郭生练，刘攀，等，2005. 基于贝叶斯方法的实时洪水校正模型研究〔J〕. 武汉大学学报（工学版）（1）；58 – 63.

赵人俊，1984. 流域水文模拟——新安江模型与陕北模型〔M〕. 北京：水利电力出版社.

赵亚锋，张济世，2014. ENSO 指数与我国降水延时相关分析〔J〕. 兰州交通大学学报，33（3）：31 – 34.

国家计划委员会，1994. 中国 21 世纪议程——中国 21 世纪人口、环境与发展白皮书〔M〕. 北京：科学出版社.

钟逸轩，吴裕珍，王大刚，等，2016. 基于贝叶斯模式平均的大渡河流域集合降水概率预报研究〔J〕. 水文（1）：8 – 14.

ABBOTT M B, BATHURST J C, CUNGE J A, et al, 1986. An introduction to the European hydrological system, "SHE", 2：Structure of a physically-based, distributed modelling system〔J〕. Journal of Hydrology.

ARAKAWA A, SCHUBERT W H, 1974. Interaction of a cumulus cloud ensemble with the large-scale environment, Part I〔J〕. Journal of the Atmospheric Sciences, 31（3）：674 – 701.

ATTILA KOV？ CS, PIERRE PERROCHET, 2007. A quantitative approach to spring hydrograph decomposition〔J〕. Journal of Hydrology, 352（1）.

BATHURSTA J C, COOLEYB K R, 1996. Use of the SHE hydrological modelling system to investigate basin response to snowmelt at Reynolds Creek, Idaho〔J〕. Journal of Hydrology, 175：181 – 211.

BELLERBY T, TODD M, KNIVETON D, et al, 2000. Rainfall Estimation from a Combination of TRMM Precipitation Radar and GOES Multispectral Satellite Imagery through the Use of an Artificial Neural Network〔J〕. Journal of Applied Meteorology, 39（12）：2115 – 2128.

BETTS A K, 1986. A new convective adjustment scheme. Part I: Observational and theoretical basis [J]. Quarterly Journal of the Royal Meteorological Society, 112 (473): 677 – 691.

BETTS A K, MILLER M J, 1986. A new convective adjustment scheme. Part II: Single column tests using GATE wave, BOMEX, ATEX and arctic - mass data sets [J]. Quarterly Journal of the Royal Meteorological Society, 112 (473): 693 – 709.

BEVEN K J, LAMB R, ROMANNOWICZ P, et al, 1995. TOPMODEl [M] //Singh V. J. Computer Models of Watershed Hydrology. Littleton, Colorado: Water Resources Publications.

BRASINGTON K R, 1998. Interactions between model predictions, parameters and DTM scales for TOPMODEL [J]. Computers & Geosciences, 24 (4): 299 – 314.

BURNASH R J C, 1995. The NWS river forecast system-catchment modeling [M] //Singh V. P. Computer Models of Watershed Hydrology. Littleton, Colorado: Water Resources Publications.

CHARNEY J G, ELIASSEN A, 1964. On the growth of the hurricane depression [J]. Journal of the Atmospheric Sciences, 21 (1): 68 – 75.

CHRISTENSEN J H, CHRISTENSEN O B, 2003. Climate modelling: Severe summertime flooding in Europe [J]. Nature, 421 (6925): 805 – 806.

CIARAPICA L, TODINI E, 2002. TOPKAPI: a model for the representation of the rainfall-runoff process at different scales [J]. Hydrol. Process, 16: 207 – 229.

CRAWFORD N H, LINSLEY R K, 1966. Digital simulation in hydrology: Stanford Watershed Model IV [R]. evapotranspiration.

DEE D P, UPPALA S M, SIMMONS A J, et al, 2011. The ERA-Interim reanalysis: configuration and performance of the data assimilation system [J]. Quarterly Journal of the Royal Meteorological Society, 137 (656A): 553 – 597.

DONIGIAN A S, JR IMHOFF A S. From the Stanford Model to BASINS: 40 Years of Watershed Modeling [EB/OL]. Mountain View, CA: AQUQ TERRA Consultants.

FENG S, HU Q, QIAN W H, 2004. Quality control of daily meteorological data in China, 1951 – 2000: A new dataset [J]. International Journal of Climatology, 24 (7): 853 – 870.

GHASEMIZADEH R, HELLWEGER F, BUTSCHER C, et al, 2012. Groundwater flow and transport modeling of karst aquifers, with particular reference to the North Coast Limestone aquifer system of Puerto Rico [J]. Hydrogeology journal, 20 (8): 1441 – 1461.

GIORGI F, COPPOLA E, SOLMON F, et al, 2012. RegCM4: model description and preliminary tests over multiple CORDEX domains [J]. Climate Research, 52 (129): 7 – 29.

GOCHIS D J, SHUTTLEWORTH W J, YANG Z L, 2002. Sensitivity of the modeled North American Monsoon regional climate to convective parameterization [J]. Monthly Weather Review, 130 (5): 1282 – 1298.

GRELL G A, 1993. Prognostic evaluation of assumptions used by cumulus parameterizations [J]. Monthly Weather Review, 121 (3): 764 – 787.

GRELL G A, DEVENYI D, 2002. A generalized approach to parameterizing convection combining ensemble and data assimilation techniques [J]. Geophysical Research Letters, 29 (14).

GRELL G A, DUDHIA J, STAUFFER D R, 1994. A description of the fifth-generation Penn State/NCAR mesoscale model (MM5) [R] . NCAR Tech.

HODGSON F D I, 1978. The use of multiple linear regression in simulating ground - water level responses [J] . Groundwater, 16 (4): 249 – 253.

HUANG X, GAO L, CROSBIE R S, et al, 2019. Groundwater Recharge Prediction Using Linear Regression, Multi-Layer Perception Network, and Deep Learning [J] . Water, 11 (9): 1879.

HUFFMAN G J, ADLER R F, ARKIN P, et al, 1997. The Global Precipitation Climatology Project (GPCP) Combined Precipitation Dataset [J] . Bulletin of the American Meteorological Society, 78 (1): 5 – 20.

HUFFMAN G J, ADLER R F, RUDOLF B, et al, 1995. Global Precipitation Estimates Based on a Technique for Combining Satellite-Based Estimates, Rain Gauge Analysis, and NWP Model Precipitation Information [J] . Journal of Climate, 8 (5): 1284 – 1295.

HUFFMAN GEORGE J, ADLER ROBERT F, BOLVIN DAVID T, et al, 2007. The TRMM multisatellite precipitation analysis (TMPA): Quasi-global, multiyear, combined-sensor precipitation estimates at fine scales [J] . Journal of Hydrometeorology, 8 (1): 38 – 55.

JIANG SHANHU, REN LILIANG, HONG YANG, et al, 2012. Comprehensive evaluation of multi-satellite precipitation products with a dense rain gauge network and optimally merging their simulated hydrological flows using the Bayesian model averaging method [J] . Journal of Hydrology, 452: 213 – 225.

JIN BAISUO, WU YUEHUA, MIAO BAIQI, et al, 2014. Bayesian spatiotemporal modeling for blending in situ observations with satellite precipitation estimates [J] . Journal of Geophysical Research-Atmospheres, 119 (4): 1806 – 1819.

JONES DAVID A, WANG WILLIAM, FAWCETT ROBERT, 2009. High-quality spatial climate data-sets for Australia [J] . Australian Meteorological and Oceanographic Journal, 58 (4): 233 – 248.

JOYCE R J, JANOWIAK J E, ARKIN P A, et al, 2004. CMORPH: A method that produces global precipitation estimates from passive microwave and infrared data at high spatial and temporal resolution [J] . Journal of Hydrometeorology, 5 (3): 487 – 503.

KAIN J S, FRITSCH J M, 1993. Convective parameterization for mesoscale models: The Kain-Fritsch scheme [M] . Boston MA: American Meteorological Society, 165 – 170.

KENDON ELIZABETH JANE, ROWELL DAVID P, JONES RICHARD G, 2010. Mechanisms and reliability of future projected changes in daily precipitation [J] . Climate Dynamics, 35 (2 – 3): 489 – 509.

KIDD C, BECKER A, HUFFMAN G J, et al, 2017. So, How Much of the Earth's Surface Is Covered by Rain Gauges? [J] . Bulletin of the American Meteorological Society, 98 (1): 69 – 78.

KLOIBER S M, MACLEOD R D, SMITH A J, et al, 2015. A semi-automated, multi-source data fusion update of a wetland inventory for east-central Minnesota, USA [J] . Wetlands, 35

（2）：335 - 348.

KOBAYASHI SHINYA, OTA YUKINARI, HARADA YAYOI, et al, 2015. The JRA-55 Reanalysis: General Specifications and Basic Characteristics [J]. Journal of the Meteorological Society of Japan, 93（1）：5 - 48.

KOSTOPOULOU E, TOLIKA K, TEGOULIAS I, et al, 2009. Evaluation of a regional climate model using in situ temperature observations over the Balkan Peninsula [J]. Tellus A-Dynamic Meteorology and Oceanography, 61（3）：357 - 370.

KOUWEN N, SOULIS R, SEGLENIEKS F, et al, 1990. An introduction to WATFLOOD and WATCLASS [M]. Waterloo, Ontario, Canada.

KOUWEN N, 1986. WATFLOODTM/WATROUTE Hydrological Model Routing & Flow Forecasting System [M]. Waterloo, Ontario, Canada.

KUO H L, 1965. On formation and intensification of tropical cyclones through latent heat release by cumulus convection [J]. Journal of the Atmospheric Sciences, 22（1）：40 - 63.

LENDERINK G, VAN ULDEN A, VAN DEN HURK B, et al, 2007. A study on combining global and regional climate model results for generating climate scenarios of temperature and precipitation for the Netherlands [J]. Climate Dynamics, 29（2 - 3）：157 - 176.

LIANG X, LETTENMAIER D P, WOOD E F, 1994. A simple hydrologically based model of land surface water and energy fluxes for general circulation models [J]. Journal of Geophysical Research：Atmospheres, 99（7）：14415 - 14428.

LIANG X Z, LI L, KUNKEL K E, et al, 2004. Regional Climate Model Simulation Of US Precipitation During Part I Annual Cycle [J]. Journal of Climate, 17（18）：3510 - 3529.

LIN Z G, XU L Z, HUANG F C, et al, 2004. Multi-source monitoring data fusion and assessment model on water environment [C] //Proceedings of 2004 International Conference on Machine Learning and Cybernetics（IEEE Cat. No.04EX826）. IEEE, 4：2505 - 2510.

LINDSROM G, JOHANSSON B, PERSSON, et al, 1997. Development and test of the distributed HBV-96 hydrological model [J]. Journal of Hydrology, 201：272 - 288.

LINSLEY R K, CRAWFORD N H, 1960. Computation of a synthetic stream-flow record on a digital computer [J]. Hydrol. Sci. Bull, 51：526 - 538.

LORD S J, ARAKAWA A, 1980. Interaction of a cumulus cloud ensemble with the large-scale environment. Part Ⅱ [J]. Journal of the Atmospheric Sciences, 37（12）：2677 - 2692.

MANABE S, SMAGORIN J, 1967. Simulated Climatology of a general circulation model with a hydrologic cycle 2：analysis of tropical atmosphere [J]. Monthly Weather Review, 95（4）：155.

MANABE S, STRICKLER R F, 1964. Thermal Equilibrium of The Atmosphere With A Convective Adjustment [J]. Journal of The Atmospheric Sciences, 21（4）：361 - 385.

MANZIONE R L, CASTRIGNANÒ A, 2019. A geostatistical approach for multi-source data fusion to predict water table depth [J]. Science of The Total Environment, 696：133763.

MAZARAKIS N, KOTRONI V, Lagouvardos K, et al, 2009. The sensitivity of numerical forecasts to convective parameterization during the warm period and the use of lightning data as an indicator for convective occurrence [J]. Atmospheric Research, 94 (4): 704 – 714.

MITRA A K, BOHRA A K, RAJEEVAN M N, et al, 2009. Daily Indian Precipitation Analysis Formed from a Merge of Rain-Gauge Data with the TRMM TMPA Satellite-Derived Rainfall Estimates [J]. Journal of the Meteorological Society of Japan, 87A (3): 265-279.

NIKULIN GRIGORY, JONES COLIN, GIORGI FILIPPO, et al, 2012. Precipitation Climatology in an Ensemble of CORDEX-Africa Regional Climate Simulations [J]. Journal of Climate, 25 (18): 6057 – 6078.

POLI PAUL, HERSBACH HANS, DEE DICK P, et al, 2016. ERA-20C: An Atmospheric Reanalysis of the twentieth century [J]. Journal of Climate, 29 (11): 4083 – 4097.

RAFTERY A E, GNEITING T, BALABDAOUI F, et al, 2005. Using Bayesian model averaging to calibrate forecast ensembles [J]. Monthly Weather Review, 133 (5): 1155 – 1174.

RATNA S B, RATNAM J V, BEHERA S K, et al, 2014. Performance assessment of three convective parameterization schemes in WRF for downscaling summer rainfall over South Africa [J]. Climate Dynamics, 42 (11 – 12): 2931 – 2953.

ROCKWOOD D M, 1968. Application of streamflow synthesis and reservoir regulation-SSARR-program to the lower Mekong River [J]. American Journal of Obstetrics & Gynecology.

ROZANTE J R, MOREIRA D S, DE GONCALVES L G G, et al, 2010. Combining TRMM and Surface Observations of Precipitation: Technique and Validation over South America [J]. Weather & Forecasting, 25 (3): 885 – 894.

SAHA SURANJANA, MOORTHI SHRINIVAS, PAN HUA-LU, et al, 2010. The NCEP Climate Forecast System Reanalysis [J]. Bulletin of the American Meteorological Society, 91 (8): 1015 – 1057.

SCHAR C, VIDALE P L, LUTHI D, et al, 2004. The role of increasing temperature variability in European summer heatwaves [J]. Nature, 427 (6972): 332 – 336.

SCHEPEN ANDREW, WANG Q J, ROBERTSON DAVID E, 2012. Combing the strengths of statistical and dynamical modelling approaches for forecasting Australian seasonal rainfall [J]. Journal of Geophysical Research: Atmosphere, D20 (117).

SCHMEITS M J, KOK K J, VOGELEZANG DHP, 2005. Probabilistic forecasting of (severe) thunderstorms in the Netherlands using model output statistics [J]. Weather and Forecasting, 20 (2): 134 – 148.

US DEPARTMENT OF AGRICULTURE, 1956. SCS National Engineering Handbook [S]. Hydrology, section 4, Soil Conservation Service.

SHEFFIELD J, GOTETI G, WOOD E F, 2006. Development of a 50-Year High-Resolution Global Dataset of Meteorological Forcings for Land Surface Modeling [J]. Journal of Climate, 19 (13): 3088 – 3111.

SLOUGHTER J MCLEAN, RAFTERY ADRIAN E, GNEITING TILMANN, et al, 2007. Probabilistic quantitative precipitation forecasting using Bayesian model averaging [J]. Monthly Weather Review, 135 (9): 3209 – 3220.

SMITH R E, WOOLHISER D A, 1971. Overland Flow on an Infiltrating Surface [J]. Water

Resources Research, 7 (4): 899 – 913.

SMITH S R, LEGLER D M, VERZONE K V, 2001. Quantifying uncertainties in NCEP rean-alyses using high-quality research vessel observations [J] . Journal of Climate, 14 (20): 4062 – 4072.

SNAUFFER A M, HSIEH W W, CANNON A J, et al, 2018. Improving gridded snow water equivalent products in British Columbia, Canada: multi-source data fusion by neural network mod-els [J] . The Cryosphere, 12 (3): 891 – 905.

SOKOL Z, 2003. MOS-based precipitation forecasts for river basins [J] . Weather and Fore-casting, 18 (5): 769 – 781.

TODINI, E, BOUILLOT, E, 1975. A rainfall-runoff Kalman filter model. In G. C. Vnteenk-iste ED. , system simulation in water resources, North-Holland, Amsterdam.

TODINI, E, MARTELLIED, S, 1973. CLS: Constrained Linear System.

UNESCO, WMO, 1988. Water resource assessment activities: handbook for national Evalua-tion [M] .

US ARMY CORPS OF ENGINEERS HYDROLOGIC ENGINEERING CENTER, 1998. Flood Hydrograph Package User's Manual [CP] .

VERDIN ANDREW, RAJAGOPALAN BALAJI, KLEIBER WILLIAM, et al, 2015. A Bayesian kriging approach for blending satellite and ground precipitation observations [J] . Water Resources Research, 51 (2): 908 – 921.

VILA D A, GONCALVES L G G D, TOLL D L, et al, 2009. Statistical evaluation of com-bined daily gauge observations and rainfall satellite estimates over continental South America [J]. Journal of Hydrometeorology, 10 (2): 533 – 543.

WALTER T SITTNER, CHARLES E SCHAUSS, JOHN C MONRO, 1969. Continuous hydro-graph synthesis with an API-type hydrologic model [J] . Water Resources Research, 5 (5): 1007 – 1022.

WANG Q J, SHRESTHA D L, ROBERTSON D E, et al, 2012. A log-sinh transformation for data normalization and variance stabilization [J] . Water Resources Research, 48 (W05514) .

WCED, 1989. Sustainable Development and Water: Statement on the WCED Report "Our Common Future" [J] . Water International, 14 (3): 151 – 152.

WIGMOSTA M S, VAIL L W, LETTENMAIER D P, 1994. A distributed hydrology-vegeta-tion model for complex terrain [J] . Water Resources Research, 30 (6): 1665 – 1697.

WOOD E F, LETTENMAIER D P, ZARTARIAN V G, 1992. A land-surface hydrology pa-rameterization with subgrid variability for general circulation models [J] . Journal of Geophysical Research: Atmospheres, 97 (3): 2717 – 2728.

XIE P, XIONG A Y, 2011. A conceptual model for constructing high-resolution gauge-satellite merged precipitation analyses [J] . Journal of Geophysical Research Atmospheres, 116 (D21): 21106.

XU J, SMALL E E, 2002. Simulating summertime rainfall variability in the North American monsoon region: The influence of convection and radiation parameterizations [J] . Journal of Geo-physical Research-Atmospheres, 107 (D23) .

XUE YONGKANG, JANJIC ZAVISA, DUDHIA JIMY, et al, 2014. A review on regional dynamical downscaling in intraseasonal to seasonal simulation/prediction and major factors that affect downscaling ability [J]. Atmospheric Research, 147: 68 – 85.

ZHANG Y, VORONTCOV A M, SUN J, et al, 2012. Rolling prediction of single water quality parameter based on neural network [C] //2012 8th International Conference on Natural Computation. IEEE, 350 – 353.

ZHENGHUI X, FENGGE S, XU L, et al, 2003. Applications of a surface runoff model with Horton and Dunne runoff for VIC [J]. Advances in Atmospheric Sciences, 20 (2): 165 – 172.